전기전자 기초

Basic **Electrical and Electronic**

박태희, 서정도 지음

홍릉과학출판사

머리말

전기전자공학은 현대 사회의 기반 기술로서 폭넓은 응용성과 효율성을 가질 뿐만 아니라 최근의 반도체와 디지털 기술의 발달에 힘입어 신기술 창출과 첨단 기술 개발을 선도하고 있다. 특히 기술 문명이 점차 고도화되고 인간의 편리하고 풍요로운 삶을 계속해서 추구하는 한 전기전자공학의 역할은 더욱 증대될 것이다. 이에 본 교재는 로봇, 컴퓨터, 정보통신, 반도체 등의 전기전자 관련 학생들 뿐만 아니라 전기에 관한 기초 지식을 배우려는 비전공자들을 위해 서술되었다. 특히 공대에서 오랫동안 전공 분야를 지도해 온 경험을 바탕으로 전기 및 전자 공학의 전체적 개념을 알기 쉽게 파악할 수 있도록 접근하였다.

본 교재는 모두 10장으로 이루어져 있으며 전기전자에 관련된 기본 이론을 상세하게 정리하고, 전공에 관련된 용어를 개념 위주로 정리하였다. 먼저 1장에서는 전기의 기초 개념인 전류와 전압, 그리고 전원의 종류에 대해 살펴본다. 2장에서는 옴의 법칙과 키르히호프의 법칙, 중첩의 원리 및 테브난/노턴 등가 회로와 같은 다양한 회로 해석법에 대해 설명한다. 3장에서는 RLC 수동 소자의 원리 및 직병렬 연결을 설명하고, 4장에서는 전기와 자기의 관계에 대해 살펴본다. 다음으로 5장에서는 교류 회로 해석법을, 6장에서는 반도체와 다이오드의 원리에 대해 자세히 알아본다. 특히 7장에서는 전자공학의 새로운 장을 열게 한 트랜지스터의 원리 및 증폭 원리에 대해 설명하고, 8장에서는 트랜지스터를 이용한 연산 증폭기의 원리와 종류에 대해 살펴본다. 9장에서는 제어 시스템의 해석과 안정도에 대해 설명하고, 끝으로 10장에서는 컴퓨터 시스템을 이해하기 위한 디지털 공학의 기초 내용을 다룬다. 또한 각 단원에는 주제와 관련한 이론을 이해하기 위한 다양한 형태의 연습 문제를 제시하였다.

아무쪼록 이 교재가 공학을 전공하는 학생들에게 좋은 길잡이가 되길 바라며, 전기전자공학에 대한 흥미와 자신감을 갖는 기회가 되었으면 한다. 또한 교재의 내용에 충실하기 위해 노력하였으나 부족한 부분이 많을 것으로 생각되며, 이는 앞으로 지속적으로 수정 및 보완할 것을 약속드린다.

끝으로 본서가 출판되도록 많은 도움을 주신 동명대학교 HUNIC 사업단과 홍릉과학출판사 사장님을 비롯한 편집부 직원 여러분께 깊이 감사드리며, 아무쪼록 이 책이 전기전자 관련 지식 습득에 좋은 길잡이가 되기를 바라는 바이다.

2012. 저자

차 례

Chapter 01
전기의 기초

전기 회로를 해석하는데 있어서 가장 기본적인 양은 전하이다. 전기 회로의 특정한 선로를 따라 전하가 이동하면 이것이 바로 전류가 되고 전기를 발생시키기 때문이다. 이 장에서는 물질을 이루는 원자의 구조에 대해 살펴보고 전류 및 전압 그리고 전력의 정의를 알아본다. 또한 회로에 전기를 공급하는 다양한 전원을 소개하고 각각의 동작을 예제를 통해 살펴본다.

1.1 전기와 전류

모든 물질에는 전기가 있다. 전기는 우리 몸 뿐만 아니라 수풀과 심지어 땅 속에도 존재한다. 그러나 우리의 몸이 감전되지 않는 이유는 전기의 세기가 너무 약해서 미처 느끼지 못하기 때문이다.

전기는 897년경 영국의 물리학자 J.J.톰슨(Tomson)에 의해 처음으로 밝혀졌다. 톰슨은 그림 1.1과 같이 유리관의 양끝에 전극을 붙인 후 내부의 공기를 제거하고 양극에 높은 전압을 인가하였다. 그 결과 음극에서 양극으로 빛과 같은 것이 흐르는 것을 발견하였으며 이것은 곧 미세 입자인 전자의 흐름임을 알게 되었다.

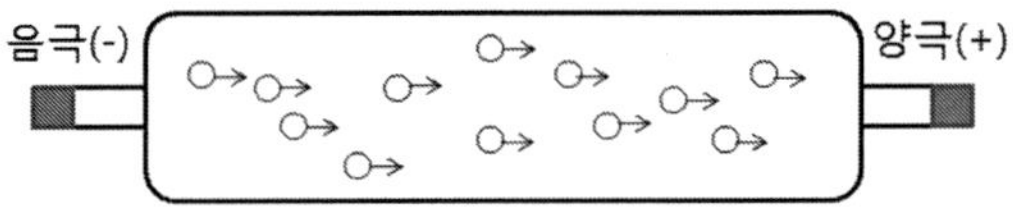

❙그림 1.1 유리관 속의 전자의 흐름

그렇다면 전자는 어떻게 이동하는 것일까? 전자의 흐름을 이해하기 위해 먼저 원자의 구조에 대해 살펴보자. 모든 물질은 그림 1.2와 같이 원자로 구성되어 있으며, 원자는 원자핵과 전자가 결합된 형태를 이룬다. 원자핵은 양(+)의 전하를 띠는 양성자와 중성자가 강하게 결합되어 있으며, 전자는 음(−)의 전하를 띠며 원자핵 주위를 따라 계속해서 주회한다.

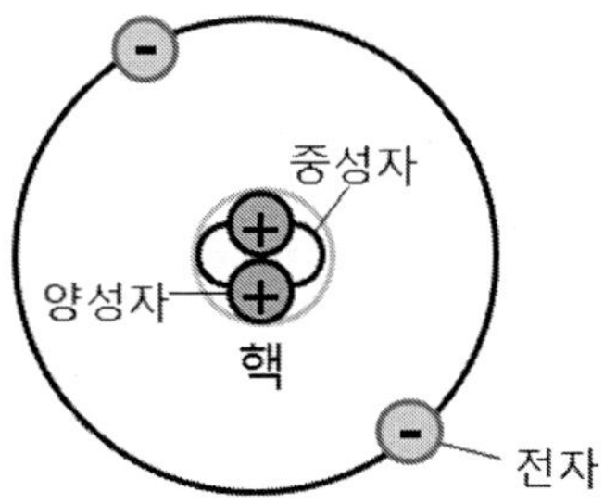

❙그림 1.2 원자의 구조

평소에는 양성자와 전자의 수가 같기 때문에 원자는 전기적으로 중성 상태이다. 그러나 그림 1.3과 같이 열이나 마찰 등 외부의 힘에 의해 원자핵으로부터의 구속력이 가장 약한 외곽의 전자가 떨어져 나가거나 또는 채워지면 원자는 전기적인 중성이 깨져 양(+) 또는 음(−)의 전기를 띠게 된다. 이때 원자의 구속에서 벗어나 자유롭게 떠돌아 다니는 전자를 자유 전자라 하며, 전류는 이 자유 전자가 도선을 따라 흐르는 현상을 말한다.

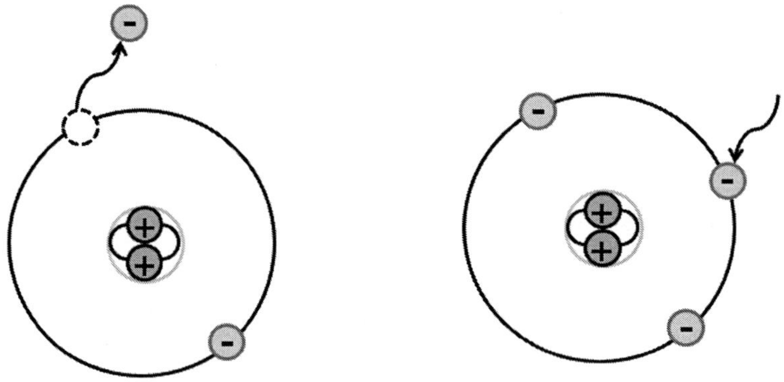

(a) 전자가 빠져 나가 양(+)의 전기를 띤다　　(b) 전자를 얻어 음(−)의 전기를 띤다

▌그림 1.3　전자의 이동에 의한 전기의 발생

따라서 전류는 식 (1.1)과 같이 임의의 시간에 도선의 한 점을 통과하는 음의 전하량(전기의 양)으로 정의된다.

$$I = \frac{dQ}{dt} \tag{1.1}$$

이때 t는 시간, 단위는 초, 기호는 [S]이며 I는 전류를 의미하고 단위는 암페어(amphere), 기호는 [A]를 사용한다. 또한 Q는 전하량을 뜻하고 단위는 쿨롬, 기호는 [C]를 사용한다.

그림 1.4와 같이 도선에 전압을 걸었을 때 음전하인 전자는 척력으로 인해 음(−)의 단자에 의해 밀려나고 인력으로 인해 양(+)의 단자로 끌려가므로 전류의 방향은 전자의 이동 방향인 음(−)→양(+)으로 볼 수 있다.

그러나 오랜 관습상 전류는 물에 비유되었고 물은 항상 높은 곳에서 낮은 곳으로 흐르기 때문에 전류의 방향을 양(+)→음(−)으로 약속하였다. 일반적으로 회로에서 전류는 화살표로 표시한다.

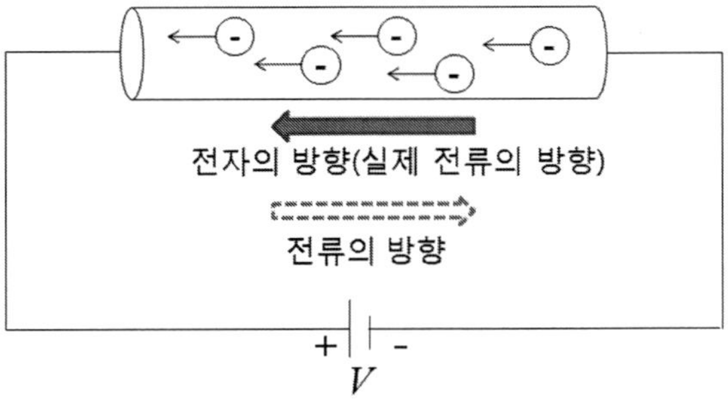

▌그림 1.4 전류의 방향

예제 1.1

도체의 단면을 1분 동안 300[C]의 전하가 이동하고 있다면 도체에 흐르는 전류는 얼마인가?

풀이

전류의 정의식에 따라 $I = \frac{dQ}{dt} = \frac{300}{60} = 5\,[\mathrm{A}]$

전류는 원자핵의 구속으로부터 벗어나 임의의 시간에 도선을 따라 자유롭게 이동하는 자유 전자의 전하량으로 정의된다.

$$I = \frac{dQ}{dt}[\mathrm{A}]$$

전류의 방향은 실제 자유 전자의 이동 방향이 아닌 양(+) → 음(-)으로 정의된다.

1.2 전압

물과 마찬가지로 많은 수의 자유 전자가 모여 흘러야 전기가 들어오게 된다. 전자는 크기가 매우 작지만 질량을 가지고 있기 때문에 밀어주는 힘이 없으면 결코 흐를 수 없다. 이때 전자를 밀어주는 힘이 전압(voltage)이다. 전압은 마치 수도국에서 가정으로 물을 보낼 때 보내는 힘, 즉 수압이 강할수록 수도꼭지에서 물이 많이 나오는 것과 같은 원리이다. 이때 수도국에서 물을 보내는 힘을 전압, 수도꼭지에서 떨어지는 물이 전류가 되는 것이다.

그림 1.5에서 양(+)의 전기를 띤 물체 A와 음(-)의 전기를 띠는 물체 B를 도선으로 연결하면 도선 내의 전위차, 즉 전압에 의해 B의 전자는 A로 이동하게 된다.

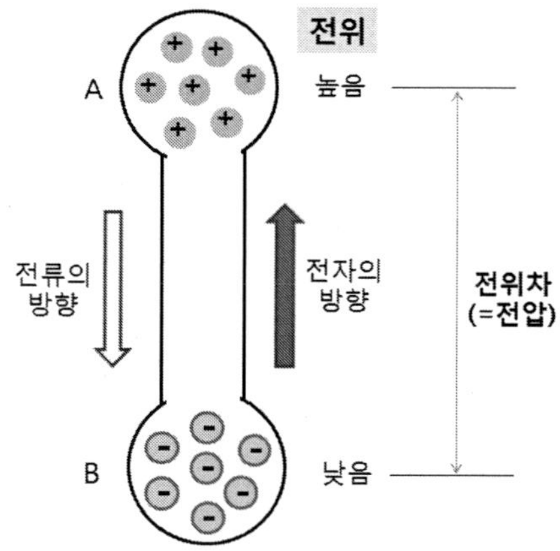

▌그림 1.5 전압

이러한 전자의 이동은 두 물체의 전자 수가 같아질 때까지 계속되며, 결국 A의 전위와 B의 전위가 같아지게 되면 전자의 이동은 중지된다. 따라서 일정한 저항을 가진 도체에서는 전압이 높을수록 더 많은 양의 전류를 전송할 수 있게 된다. 전압의 단위는 볼트(Volt), 기호는 [V]를 사용한다.

전압에 의해 회로 내의 한 점에서 다른 점으로 전류가 흐르게 되면 에너지를 얻거나 잃게 된다. 예를들어 전류가 발전기에 흐를 때는 전기 에너지를 얻게 되고, 이 전기 에너지는 전등에서는 빛으로, 전열기에서는 열로, 그리고 전동기에서는 회전력으로 소모된다. 이때 전압 V에 의해 전하 q가 회로의 두 점 사이를 이동할 때 얻거나 잃게 되는 에너지 W는 다음과 같이 정의된다.

$$W = Vq \tag{1.2}$$

따라서 1[J]은 1[V]의 전위차로 인해 1[C]의 전하가 두 점 사이를 이동할 때 얻거나 잃는 에너지를 말한다.

또한 그림 1.6과 같이 전류가 두 점 a에서 b로 흐를 때 에너지를 얻으면 b점의 전압은 a점의 전압보다 높다. 즉 $V_b > V_a$가 된다. 반면 점 a에서 b로 흐를 때 에너지를 잃으면 $V_a > V_b$이다. 일반적으로 회로에서 전압이 높은 점은 +, 낮은 점은 −극성으로 표시한다.

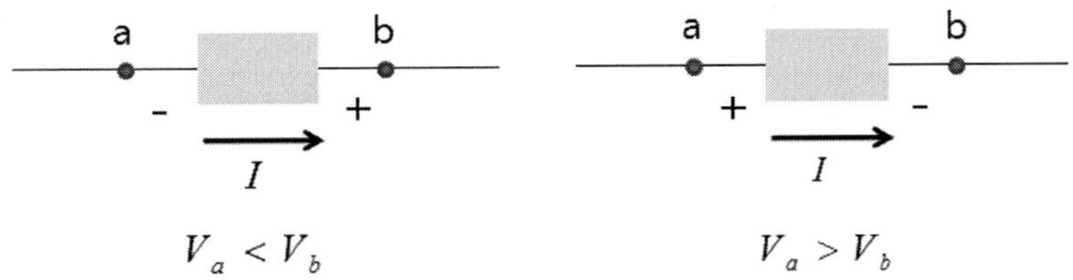

(a) 에너지를 얻을 때 (b) 에너지를 잃을 때

▌그림 1.6 전압의 극성

예제 1.2

회로 내의 한 점 a에서 b로 3[C]의 전하가 이동할 때 12[J]의 에너지를 소비한다면 두 점간의 전압과 전압의 극성은 어떠한가?

풀이

$V=\dfrac{W}{Q}=\dfrac{12}{3}=4[\mathrm{V}]$이고 에너지를 소비하였으므로 점 a의 전위 V_a가 점 b의 전위 V_b보다 높다. 즉 전압 강하가 발생한다. 따라서 전압의 극성은 V_a는 (+), V_b는 (−) 이다.

전압은 자유 전자가 이동할 수 있도록 밀어주는 힘이다. 전압에 의해 회로 내의 한 점 a에서 b로 전류가 흐르게 되면 에너지를 얻거나 잃게 된다. 이때 에너지를 얻으면 $V_a < V_b$, 에너지를 잃으면 $V_a > V_b$이 된다. 회로에서 전압이 높은 점은 (+), 낮은 점은 (−)로 표시한다.

1.3 전력

전압에 의한 전류의 발생은 전력과 밀접한 관계가 있다. 전력(power)이란 식 (1.3)과 같이 단위 시간에 전기가 한 일의 양을 말하며, 기호는 P, 단위는 와트(watt)의 줄임인 [W]를 사용한다.

$$P=\frac{W}{t} \tag{1.3}$$

따라서 1[W]는 1초 동안에 전기가 한 일이 1[J]임을 의미한다.

또한 식 (1.1)과 (1.2)를 식 (1.3)에 대입하면 다음과 같이 전력에 관한 또 다른 공식이 유도될 수 있다.

$$P = \frac{W}{t} = \frac{Vq}{t} = VI \tag{1.4}$$

만일 전력의 변화율이 일정하지 않다면 각 순간에서의 전력을 $0 \sim t$초 동안 적분함으로써 구할 수 있다.

$$W = \int_0^t P dt = \int_0^t VI dt \tag{1.5}$$

그리고 전력의 부호를 알면 이 소자가 능동 소자인지 수동 소자인지를 구별할 수 있다. 즉 그림 1.7(a)와 같이 전압의 극성과 전류의 방향이 반대가 되면 전력은 음이 되고 이는 능동 소자를 의미한다. 즉 능동 소자는 전류가 흐를 때 전력을 생산하며, 대표적인 능동 소자는 전원이다. 반면 그림 1.7(b)와 같이 전압의 극성과 전류의 방향이 같으면 전력은 양이 되고, 이는 전력을 소모한다는 의미이므로 수동 소자이다.

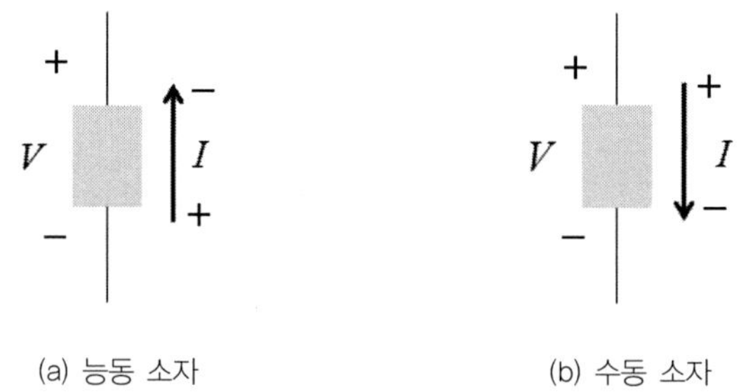

그림 1.7 능동 소자와 수동 소자의 극성

> 수동 소자의 전류 방향은 높은 전위로부터 낮은 전위로의 방향이며, 능동 소자의 전류 방향은 낮은 전위로부터 높은 전위로의 방향이다.

예제 1.3

전압이 10[V]이고 용량이 60[Ah]인 배터리에 전력이 42[W]인 전구를 연결하였을 때 전구에 흐르는 전류와 배터리가 완전히 방전될 때까지 사용할 수 있는 시간 및 전구에 전달된 에너지를 구하라. 여기서 Ah는 Ampere hour이다.

풀이

$V=10$[V], $P=42$[W]이므로 $I=\frac{P}{V}=\frac{42}{10}=4.2$[A]이고,

배터리의 용량은 최대의 축적된 전하, 즉 $Q=60$[Ah]이므로 배터리의 총 사용 시간은 $t=\frac{Q}{I}=\frac{60}{4.2}=14.3$[h]가 된다.

따라서 전구에 전달된 에너지는 $W=Pt=VIt=42\times14.3\times3600=2,162,160$ [J]이다.

1.4 전원

전원(power supply)은 회로나 기기를 동작시키기 위해 전기 에너지를 공급하는 장치로서 독립 전원과 종속 전원이 있다. 독립 전원(independent source)은 부하와 무관하게 에너지를 공급하는 2단자 소자를 말하며, 전압을 공급하는 전압원(voltage source)과 전류를 공급하는 전류원(current source)이 있다. 반면 종속 전원(controlled source)은 회로 내의 한 부분의 전압이나 전류가 다른 부분의 전원이나 전류에 의해 제어를 받아 결정된다. 회로에서 전원이 연결되어 전기 에너지를 공급받는 수동 소자들을 부하(load)라 한다.

1.4.1 전압원

전압원은 발전기나 축전지와 같은 회로 소자로서 그림 1.8(a)는 독립 전압원의 기호를 나타낸 것이다. 만일 전압이 시불변이면 그림 1.8(b)와 같이 나타낼 수도 있다. 그림 1.8(a)는 이상적인 독립 전압원의 등가 회로를 보인 것이다. 전압원은 양단 전압이 단자 a-b에 연결되는 외부 회로에 의해 어떠한 영향도 받지 않고, 그림 1.8(b)와 같이 회로 소자에 흐르는 전류의 크기에 무관하게 일정한 전압을 유지할 수 있는 이상적인 전원이다.

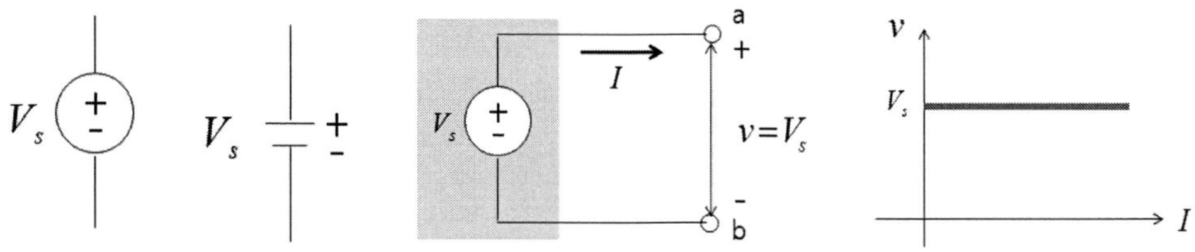

(a) 기호 (b) 시불변 전압원 (c) 등가 회로 (d) 전류–전압 특성

▌그림 1.8 이상적인 독립 전압원

따라서 전압원이 0이라는 것은 전압은 0으로 하되 전류는 제한하지 않는 것을 의미하므로 이는 곧 단락 회로의 특성과 같다.

그러나 실제 전압원은 그림 1.9(a)에서 보는 바와 같이 이상적인 전압원과는 달리 내부 저항을 가지고 있기 때문에 전지 양단의 전압이 변하게 된다. 즉 내부 저항 r_s에 의한 전압 강하에 의해 전지 양단에는 $V_s - r_s I$의 전압이 나타난다. 따라서 전압원의 내부 저항이 0에 가까울수록 이상적인 전압원에 가까워진다. 그림 1.9(b)는 실제적인 전압원의 전류–전압 특성을 보인 것이다.

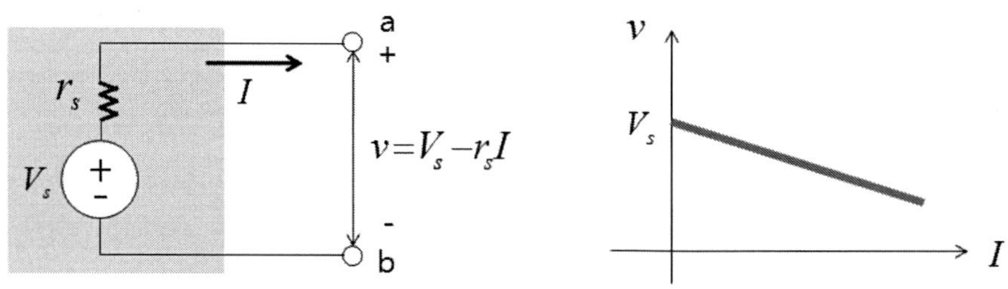

(a) 등가 회로 (b) 전류–전압 특성

▌그림 1.9 실제적인 독립 전압원

일반적으로 전압원이 포함된 회로를 해석할 때는 복잡성을 피하기 위해 이상적인 전압원으로 간주한다.

> 실제 전압원은 직렬 연결된 내부 저항을 가지고 있으나, 이상적인 전압원의 내부저항은 0에 가깝다

1.4.2 전류원

전류원은 부하의 전압에 관계없이 항상 일정한 전류를 공급하는 이상적인 전원을 말한다. 따라서 전류원이 0일지라도 전류만 0이 되고 양단 전압은 전류와 무관한 개방 회로와 같다. 전류원은 그림 1.10과 같이 전류 방향을 화살표로 표시하여 나타낸다.

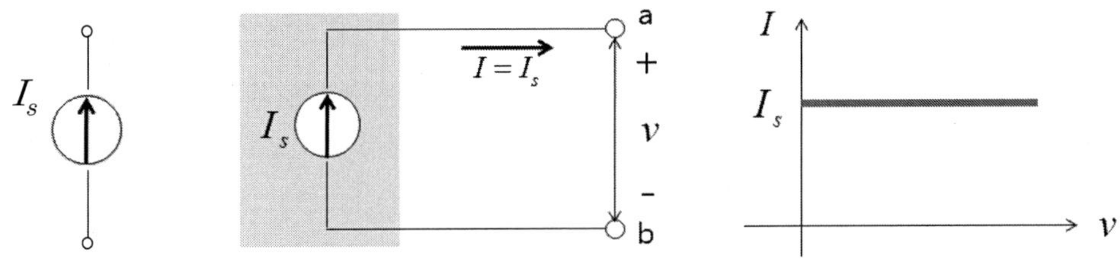

(a) 기호 (b) 등가 회로 (c) 전압-전류 특성

▍그림 1.10 이상적인 독립 전류원

그러나 실제 전류원은 이상적인 전류원과는 달리 내부 저항과 병렬 연결되어 있어 무한대의 전류를 공급할 수 없다. 즉 내부 저항 r_s로 인해 $\frac{v}{r_s}$의 전류가 흐르게 되므로 $a-b$ 양단에는 $I = I_s - \frac{v}{r_s}$의 전류만이 흐른다. 따라서 전류원의 내부 저항이 무한대(∞)에 가까울수록 이상적인 전류원에 가까워지게 된다. 그림 1.11(b)는 실제적인 전류원의 전압-전류 특성을 보인 것이다.

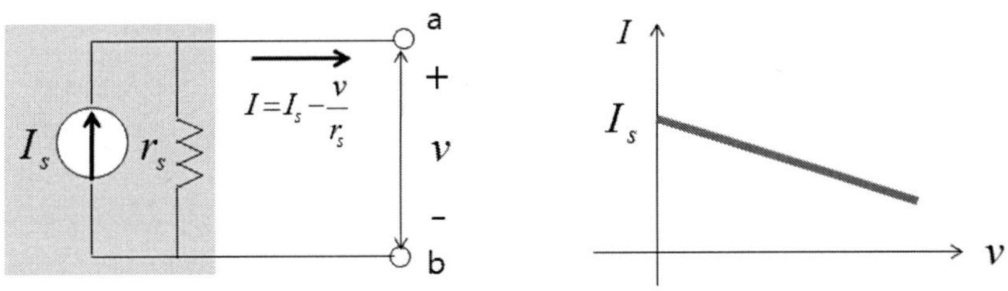

(a) 등가 회로 (b) 전압-전류 특성

▍그림 1.11 실제 독립 전류원

회로 해석시 전압원과 마찬가지로 전류원은 주로 이상적인 전류원으로 취급한다.

실제 전류원은 병렬 연결된 내부 저항을 가지고 있으나, 이상적인 전류원의 내부 저항은 ∞에 가깝다

1.4.3 종속 전원

앞에서 설명한 이상적인 전압원은 전원 전압이나 전류가 또 다른 전압이나 전류에 의존하지 않는다. 그러나 증폭기나 다른 전기 장치를 모델링할 때 어떤 다른 전압이나 전류에 의존하는 전원을 갖고 동작하는 것이 필요하며, 이러한 전원을 종속 전원이라 한다. 종속 전원으로는 종속 전압원과 종속 전류원이 있다.

그림 1.12(a)는 종속 전압원의 기호를 나타낸 것이다. 종속 전압원은 다이아몬드 기호를 사용하며, 전압이 또 다른 전압에 의해 제어됨을 의미한다. 종속 전압원은 크게 전압-제어 전압원(VCVS : voltage-controlled voltage source)과 전류-제어 전압원(CCVS : current-controlled voltage source)이 있다. 그림 1.12(b)와 그림 1.12(c)는 이상적인 선형 VCVS 및 CCVS에 대한 기호를 보인 것이다.

VCVS는 전원에 흐르는 전류에 상관없이 전원 전압 v가 회로 내 다른 소자의 전압 v_1에 비례한다. 즉 다음의 식이 성립한다.

$$v = \alpha v_1 \tag{1.6}$$

여기서 비례 상수 α는 전압 이득(voltage gain)을 나타낸다. VCVS의 예로는 선형 전압 증폭기 또는 전압-증폭 장치를 들 수 있다.

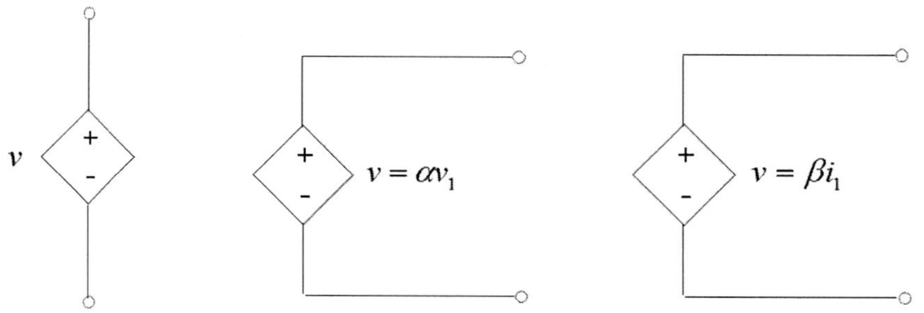

(a) 기호 (b) 전압-제어 전압원(VCVS) (c) 전류-제어 전압원(CCVS)

▌그림 1.12 종속 전압원

반면 CCVS는 다음과 같이 전압 전원이 전원을 흐르는 전류 i_1에 비례한다.

$$v = \beta i_1 \tag{1.7}$$

여기서 β는 전류를 전압원으로 전달하는 역할을 하는 비례 상수이다.

종속 전류원은 그림 1.13과 같이 전류가 회로 내 다른 소자의 전류나 전압에 의해 제어되거나 종속된다. 종속 전류원에는 전압-제어 전류원(VCCS : Voltage-Controlled Current Source)과 전류-제어 전류원(CCCS : Current Controlled Current Source)이 있다.

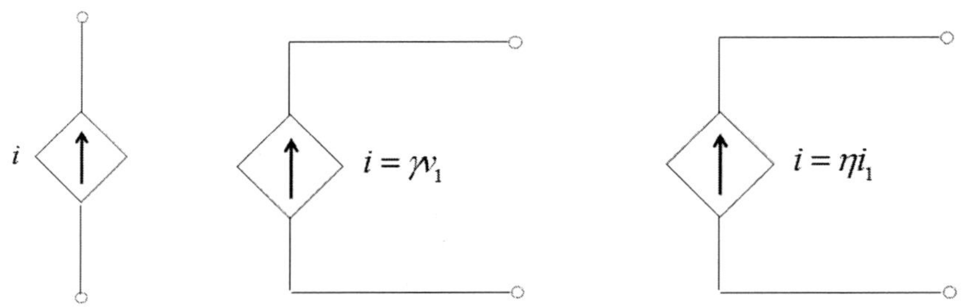

(a) 기호 (b) 전압 제어 전류원(VCCS) (c) 전류 제어 전류원(CCCS)

▌그림 1.13 종속 전류원

VCCS는 전원의 전류가 회로 내 다른 소자의 전압 v_1에 따라 조정되므로 다음 식과 같이 표현된다.

$$i = \gamma v_1 \tag{1.8}$$

여기서 γ는 전압에서 전류로의 전달 효과를 나타내는 상수이다.

마찬가지로 CCCS는 전원 전류가 회로 내 다른 소자의 전류 i_1에 의해 정해지므로 다음과 같다.

$$i = \eta i_1 \tag{1.9}$$

여기서 η은 전류 이득을 나타내는 양이다. 실제적인 종속 전원은 독립 전원과 마찬가지로 실제로는 내부 저항을 포함한다는 사실을 항상 염두에 두어야 한다.

종속 전원은 회로 내 다른 소자의 전압이나 전류에 의존하는 전원으로서 전압에 의해 전원 전압이 제어되는 전압-제어 전압원(VCVS)과 전류에 의해 전압이 제어되는 전류-제어 전압원(CCVS)이 있다. 또한 소자의 전압에 의해 전류가 제어되는 전압 제어 전류원(VCCS)과 전류에 의해 전원 전류가 제어되는 전류 제어 전류원(CCCS)이 있다.

예제 1.4

다음은 전압-제어 전압원 회로를 보인 것이다. 출력 전압을 구하라.

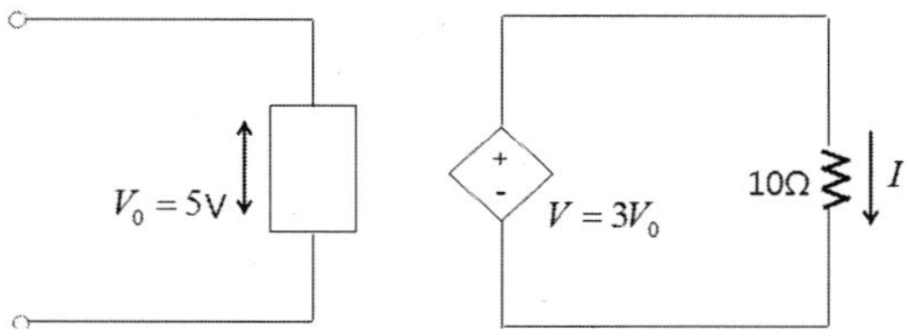

풀 이

좌측 전압 $V_0 = 5$[V]이므로 우측 회로의 전원 전압은 $V = 3\,V_0 = 15$[V]이다.

따라서 10Ω에 흐르는 전류는 $I = \dfrac{15}{10} = 1.5$[A]이다.

예제 1.5

다음의 회로에서 종속 전원의 출력 전압은 24[V]이다. 제어 전류 I_0를 구하라.

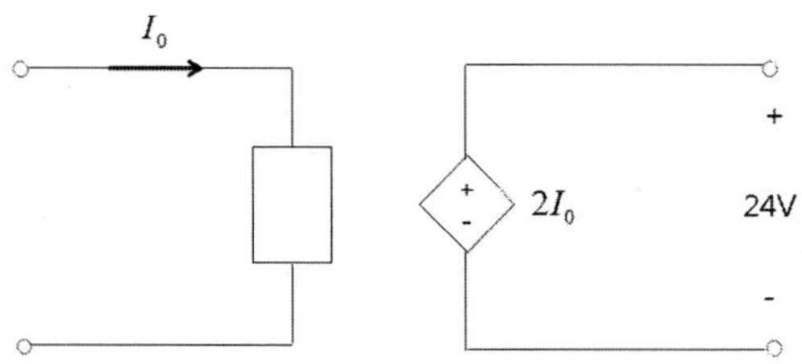

풀 이

종속 전원의 출력 전압이 24V이므로 $2I_0 = 24$이다.

따라서 제어 전류는 $I_0 = 12$[V]가 된다.

연 습 문 제

1. 어떤 회로 소자에 흐르는 전하량이 $q = 6t^2 - 3t$[mC]일 때 $t = 3$초에서의 전류값을 구하라.

2. 도선에 흐르는 전류가 $I = 20t - 5$[mA]일 때 $t = 1$초와 $t = 5$초 동안 유입되는 전하량은 얼마인가?

3. 다음의 회로에서 소자가 얼마만큼의 전력을 흡수 또는 공급하는지 설명하라.

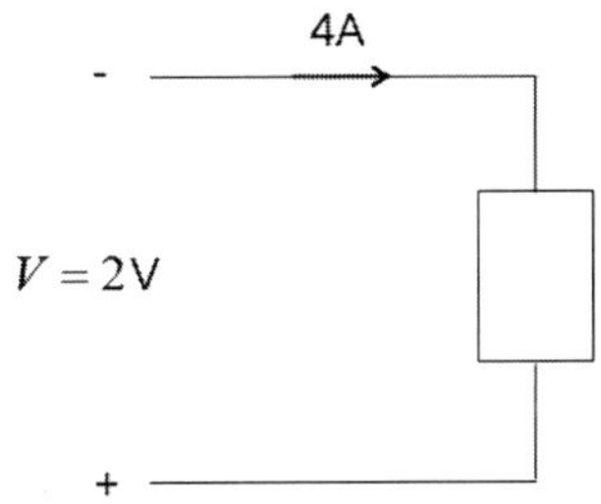

4. 그림의 회로에서 $V = 10$[V]이고 $I = 4$[A], $V = 4$[V]이고 $I = -2$[A]일 때 어느 정도의 전력이 흡수 또는 공급되는지를 구하라.

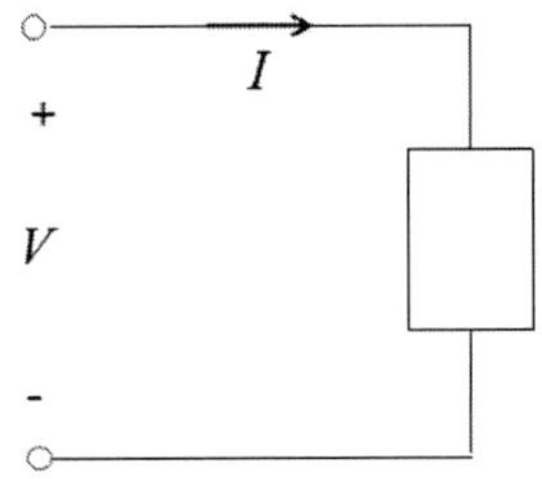

5. 아래의 회로에서 저항에 흐르는 전류를 구하라.

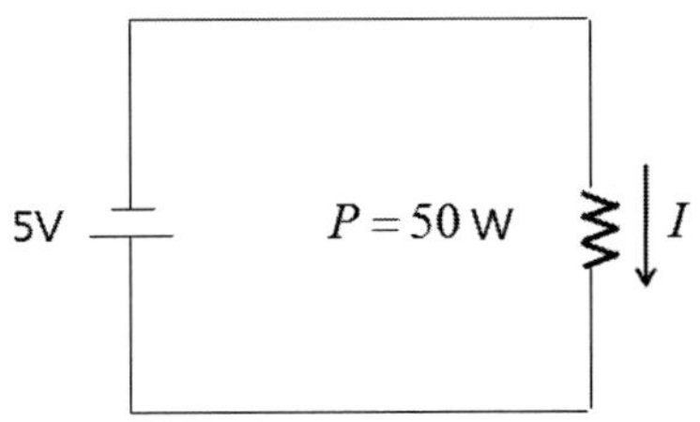

6. 다음의 전압 제어 전류원 회로에서 5Ω의 양단 전압을 구하라.

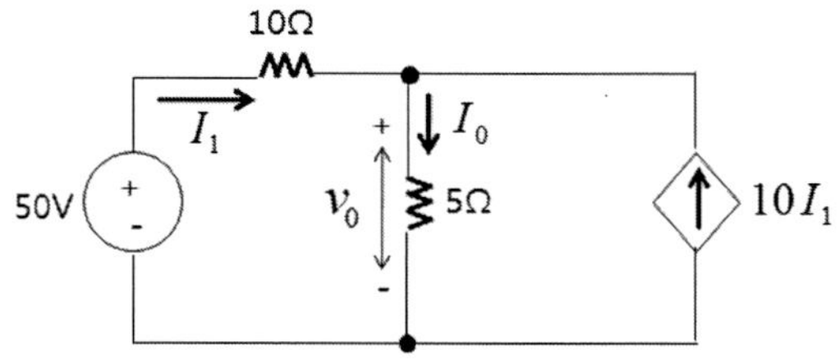

7. 다음은 6Ω 양단 전압 v_2에 의해 전압원 V_c가 제어되는 전압-제어 전압원 회로를 보인 것이다. 12Ω에 흐르는 전류 I를 구하라.

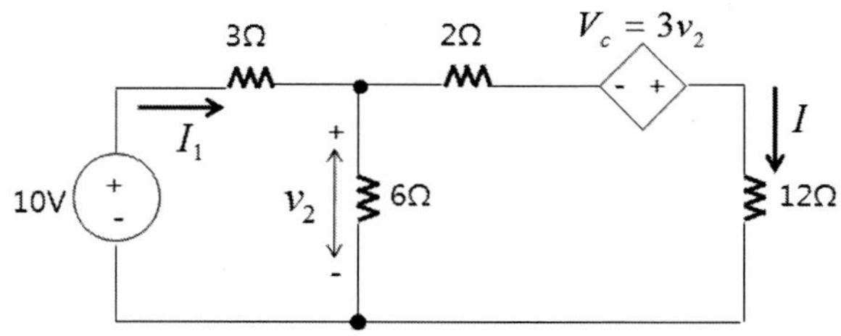

Chapter 2
회로 법칙

대부분의 많은 전기 장치들은 복잡한 내부 회로로 구성되어 있다. 이러한 전기 회로를 해석하거나 원하는 기능의 회로를 설계하려면 다양한 회로 법칙을 이해할 수 있어야 한다.
이 장에서는 먼저 전기 회로를 해석하는데 있어서 가장 기본이 되는 옴의 법칙과 키르히호프 법칙에 대해 설명한다. 또한 전압원 또는 전류원으로만 구성된 회로 해석에 유용한 마디 전압법과 망 전류법에 대해 살펴보고 전압원과 전류원이 동시에 존재하는 회로의 경우 자주 사용되는 중첩의 원리에 대해 알아본다. 마지막으로 키르히호프의 법칙의 단점을 보완한 테브난 및 노턴 등가 회로에 대해 설명한다.

2.1 옴의 법칙

그림 2.1과 같이 저항 R의 양단에 전압 V가 인가되면 저항에는 전류 I가 흐르게 된다.

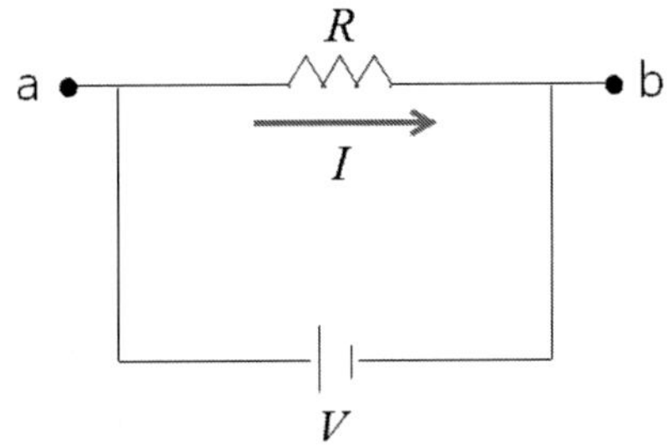

▌그림 2.1 옴의 법칙

이때 전류 I는 전압 V에 비례하며 저항 R에 반비례한다. 이와같이 저항의 전압과 전류 사이의 관계를 옴의 법칙(Ohm's law)이라 하며 다음의 관계식이 성립한다.

$$V = IR \tag{2.1}$$

여기서 저항(resistance) R의 단위는 [Ω]이며 오옴(Ohm)이라 읽는다.

옴의 법칙은 직류 회로 뿐만 아니라 교류 회로에서도 적용되는 가장 기본적인 회로 법칙이므로 잘 기억해 두어야 한다.

식 (2.1)을 전압-전류 그래프로 나타내면 그림 2.2와 같이 원점을 지나는 직선이 된다.

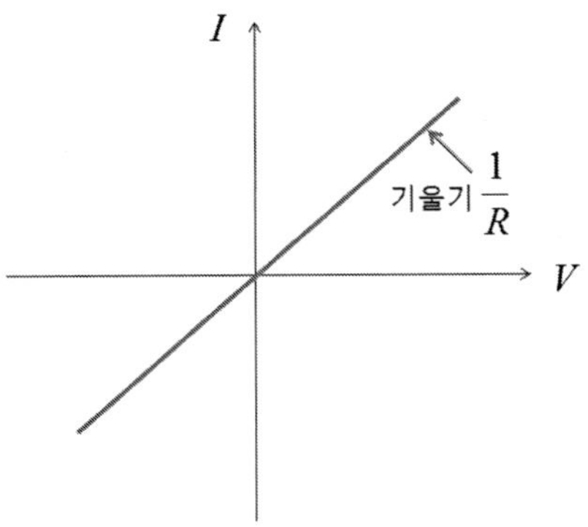

▌그림 2.2 저항의 전압-전류 특성

이와같이 전압과 전류의 비가 일정한 상수가 되는 회로 소자를 선형 저항기 (linear resistor)라 한다.

옴의 법칙 :

회로 해석시 가장 기본이 되는 법칙으로서, 저항 R의 양단 전압이 V 일 때 저항에 흐르는 전류 I의 관계를 기술한 것이다.

$$V = IR$$

예제 2.1

10[KΩ]의 저항에 10[mA]의 전류가 흐를 때 저항 양단 전압은 얼마인가?

풀이

$V = IR = (10\times10^{-3})\cdot(10\times10^{3}) = 100$[V]

예제 2.2

150[Ω]의 저항에 10[V]의 전압을 가할 때 저항에 흐르는 전류는 얼마인?

풀이

$I = \frac{V}{R} = \frac{10}{150} = 0.0667 = 66.7$[mA]

2.2 키르히호프의 법칙

키르히호프의 법칙은 에너지 보존의 법칙에 근거를 둔 법칙으로서 전류 법칙과 전압 법칙이 있으며, 옴의 법칙과 함께 회로를 해석하는 기본 법칙이다.

2.2.1 제 1법칙 : 전류 법칙(KCL)

회로 내에서 두 개 이상의 소자들의 접합점, 즉 마디에서 전하량 보존의 법칙에 근거한 키르히호프의 전류 법칙(Kirchhoff's current law : KCL)은 다음과 같다.

회로 내 임의의 마디로 흘러 들어오거나 흘러 나가는 전류의 대수적인 합은 0이다. 즉 N개의 전류가 마디로 흘러 들어오고 나간다고 할 때

$$\sum_{i=1}^{N} I_i = 0$$

이 성립한다.

예를들어 그림 2.3과 같이 하나의 마디점으로 세 개의 전류 I_1, I_2, I_3가 들어오고, 마디점으로부터 두 개의 전류 I_4, I_5가 나간다고 하자. 이때 마디로 흘러 들어오는 전류의 부호를 +, 나가는 전류의 부호를 −로 하고 이들을 모두 합하면 0이 되어야 한다.

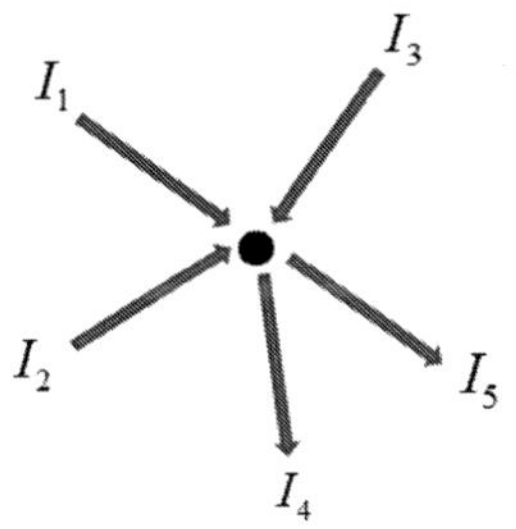

▌그림 2.3 키르히호프의 전류 법칙

따라서

$$I_1 + I_2 + I_3 - I_4 - I_5 = 0$$

이 성립하며, 이를 정리하면 다음과 같다.

$$I_1 + I_2 + I_3 = I_4 + I_5$$

이는 회로 내 임의의 마디로 흘러 들어오는 전류의 합은 그 마디에서 흘러 나가는 전류의 합과 같음을 의미한다.

키르히호프의 전류 법칙(KCL) :

회로 내 임의의 마디로 흘러 들어오는 모든 전류의 합은 그 마디에서 흘러 나가는 모든 전류의 합과 같다.

예제 2.3

그림과 같이 다섯 개의 도선이 한 마디의 접합점을 이루고 있다. 어떤 순간에 $I_1 = 5$[A], $I_2 = 8$[A], $I_3 = 10$[A], $I_4 = 7$[A]의 전류가 흐른다고 할 때, I_5의 크기와 방향을 결정하라.

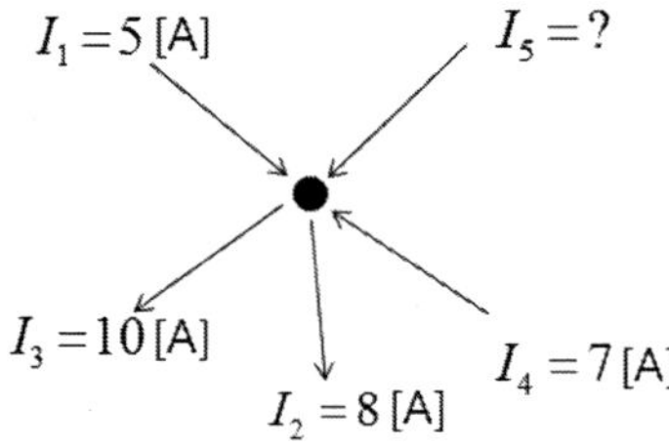

풀 이

전류 I_5의 방향을 그림과 같이 가정하고, KCL을 적용하면 다음의 식이 성립한다.

$$I_1 + I_4 + I_5 = I_2 + I_3$$

$$5 + 7 + I_5 = 8 + 10$$

그러므로 $I_5 = 6$[A]가 되며, + 부호는 처음에 가정했던 전류의 방향과 동일하게 마디로 들어감을 의미한다.

예제 2.4

그림과 같이 종속 전류원이 포함된 회로에서 KCL에 의해 저항 3Ω의 양단 전압 V를 구하라.

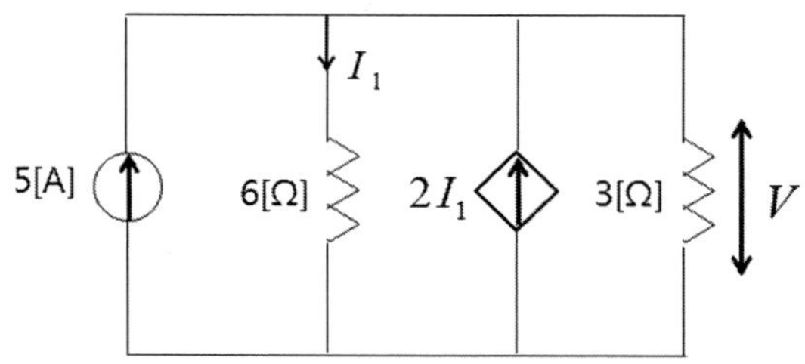

풀 이

저항 3[Ω]의 양단 전압이 V이므로 3[Ω]에 흐르는 전류는 옴의 법칙에 의해 $\frac{V}{3}$이 된다. 따라서 6[Ω]의 저항이 연결된 접합점을 기준 마디로 둘 때, KCL에 의한 전류 방정식은 다음과 같다.

$$5 + 2I_1 = I_1 + \frac{V}{3}$$

이때 옴의 법칙에 의해 6[Ω]에 흐르는 전류는 $I_1 = \frac{V}{6}$이므로 위의 식에 대입하면

$5 + \frac{V}{3} = \frac{V}{6} + \frac{V}{3} = \frac{V}{2}$가 된다. 따라서 $V = 30$[V]가 된다.

2.2.2 제 2법칙 : 전압 법칙(KVL)

폐회로(closed circuit)에서 에너지 보존 법칙에 근거한 키르히호프의 전압 법칙(Kirchhoff's Voltage Law : KVL)은 다음과 같다.

임의의 폐회로를 따라 한 방향으로 일주하면서 취한 전압 상승 또는 전압 강하의 대수적 합은 0이다. 즉 폐회로 내에서 N개의 모든 전압을 합하면 0이 된다.

$$\sum_{i=1}^{N} V_i = 0$$

예를 들어 그림 2.4의 직렬 회로에서 전원 전압은 저항 세 개에서 소비된다. 이때 폐회로를 흐르는 전류의 방향에 따라 전압이 상승되면 양(+)의 부호를, 전압이 하강되면 음(−)의 부호를 붙인다. 전류가 저항을 지날 때는 전압 강하가 발생하므로 저항 양단 전압의 부호는 음(−)이 된다. 전류의 방향은 시계 방향이든 반시계 방향이든 모두 무관하다. 만일 전류의 방향을 시계 방향으로 가정할 때 키르히호프의 KVL 방정식을 세우면 다음의 식이 성립한다.

$$\sum_{i=1}^{3} V_i = V - V_1 - V_2 - V_3 = 0$$

$$\text{즉, } V = V_1 + V_2 + V_3$$

이는 주어진 폐회로에서 기전력의 총합은 각 소자의 전압 강하의 합과 같음을 의미한다.

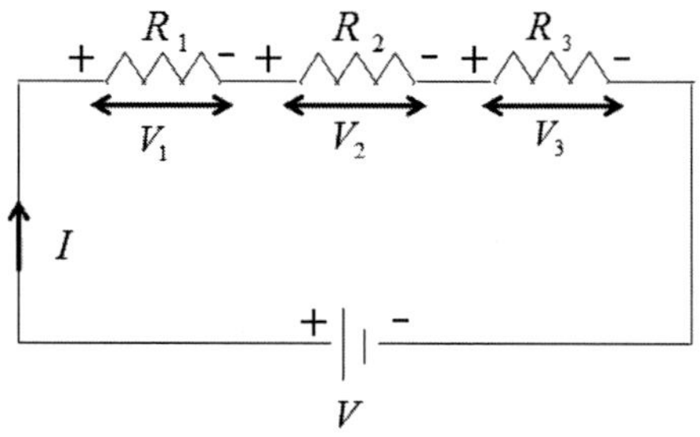

▌그림 2.4 키르히호프의 전압 법칙

키르히호프의 전류 법칙(KCL) :

임의의 폐회로에 가해진 기전력의 총합은 각 소자의 전압강하의 합과 같다.

$$\Sigma\text{기전력} = \Sigma\text{전압강하}$$

예제 2.5

다음의 회로에서 저항 50Ω과 150Ω에 흐르는 전류의 크기와 방향을 구하라.

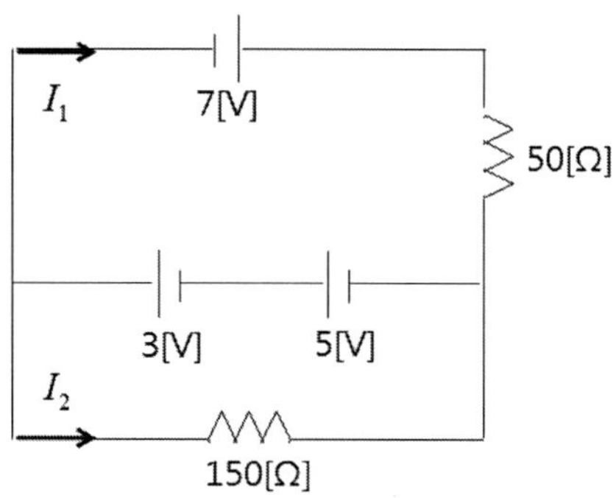

풀 이

첫 번째 폐회로의 경우 전류의 방향을 시계 방향으로 가정하면 키르히호프의 KVL 법칙에 의해 $7+5+3=50I_1$ 이므로 $I_1=0.3$[A]이다.

또한 두 번째 폐회로에서 전류의 방향을 반시계 방향으로 하면 KVL 법칙에 의해 $5+3=150I_2$이 되므로 $I_2=0.053$[A]가 된다. 두 전류의 부호가 모두 양(+)이므로 회로를 해석하기 위해 처음에 가정한 전류의 방향과 동일하다.

2.3 망 전류법과 마디 전압법

2.3.1 망 전류법

망 전류법은 전압원으로만 이루어진 회로의 해석에 유용하다. 망(mesh)은 가장 간단한 폐회로를 말하며, 망 전류는 분기되지 않고 망 둘레를 흐른다고 가정한 전류이다.

망 전류법은 독립된 각각의 망에 대해 망을 구성하는 모든 저항의 전류는 양(+)으로 가정한다. 그러나 이웃한 망과 공유되는 저항이 있다면 이 저항에는 이웃망의 전류도 흐르기 때문에 함께 고려해 주어야 한다. 이때 이웃 망의 전류의 방향과 같으면 양(+), 다르면 음(−)의 부호를 붙인다. 이와같이 처음 가정한 망의 방향으로 전류가 흐른다고 가정하고 그 망에 대한 KVL 방정식을 구한다. 망 전류법에서 망의 수는 망 전류의 수와 같다. 이 수는 회로를 해석하기 위해 필요한 방정식의 수와 같다. 다음의 예제를 통해 망 전류법에 의한 회로 해석법에 대해 자세히 살펴보자.

망 전류법 :

전압원으로만 이루어진 폐회로의 해석에 유용한 해석법으로서 회로망내에서 독립적인 망을 선택하고 이 망 전류를 미지수로 하여 만든 키르히호프의 전압 방정식을 연립으로 푸는 방법이다.

예제 2.6

그림의 회로에서 각 망에 흐르는 전류 i_1, i_2를 망 전류법에 의해 구하라.

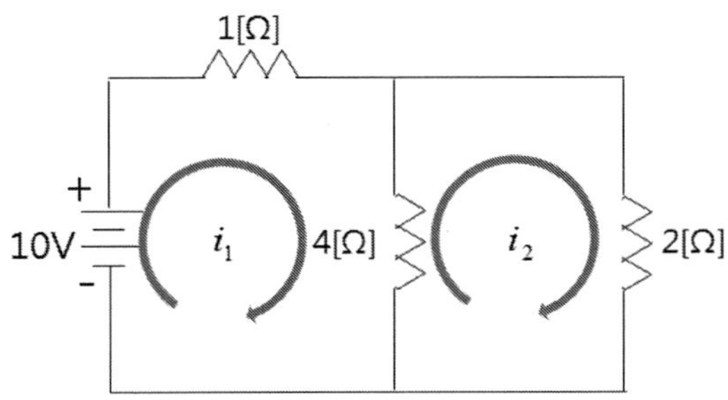

Chapter 02 회로 법칙

풀 이

먼저 각 망에 흐르는 전류 i_1, i_2의 방향을 시계 방향으로 가정해 보자.
망 전류 i_1은 전압원 10V를 지날 때 전압이 상승하는 방향으로 지나므로 양(+)의 부호를 붙혀 준다. 또한 1Ω과 4Ω의 저항은 전류 i_1이 흐를 때 전압 강하(+→−)가 발생 한다. 이때 4Ω의 저항에는 망 전류 i_2도 흐르고 있으며 i_1과는 반대 방향으로 흐르므로 음(−)의 부호를 가진다. 따라서 망 전류 i_1이 폐회로를 따라 지날 때 회로 방정식은 다음과 같다.

$$10 = 5i_1 - 4i_2 \quad (1)$$

마찬가지로 망 전류 i_2은 4Ω과 2Ω의 저항을 지날 때 전압 강하가 발생하며, 4Ω의 저항에는 i_2와는 반대 방향으로 망 전류 i_1도 흐르고 있으므로 음(−)의 부호를 붙힌다. 즉 망 전류 i_2이 폐회로를 지날 때 회로 방정식은 아래와 같다.

$$0 = -4i_1 + 6i_2 \quad (2)$$

따라서 식 (1)과 (2)를 연립하여 풀면 $I_1 = 4.286$[A], $I_2 = 2.857$[A]이다.
이제 폐회로를 따라 흐르는 망 전류의 방향을 모두 반시계 방향으로 가정해 보자.

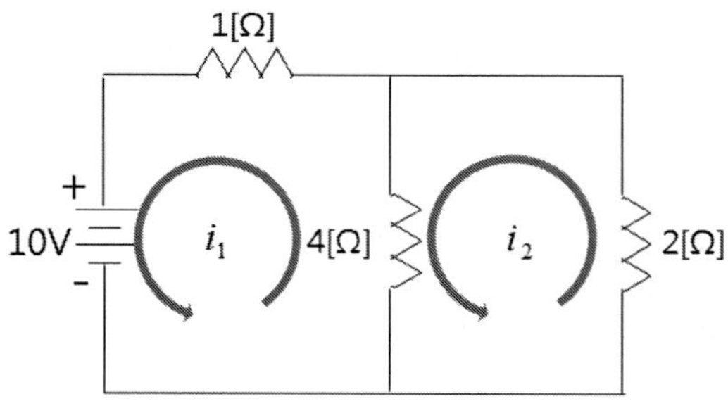

위에서 설명한 방법을 사용하면 다음과 같은 폐회로 방정식을 유도할 수 있다.

$$-10 = 5i_1 - 4i_2 \quad (3)$$

$$0 = -4i_1 + 6i_2 \quad (4)$$

따라서 식 (3)과 (4)를 풀면 $I_1 = -4.286$[A], $I_2 = -2.857$[A]이다.
여기서 전류의 부호가 음(−)이므로 실제 전류의 방향은 처음 가정했던 반시계 방향과는 반대임을 의미한다. 즉 폐회로 전류 i_1, i_2는 시계 방향으로 각각 4.286[A],2.857[A]만큼 흐르게 된다. 결과적으로 처음에 시계 방향으로 가정한 후 폐회로 전류를 구한 것과 결과가 동일함을 알 수 있다.

예제 2.7

다음의 회로에서 4Ω에 흐르는 전류를 구하라.

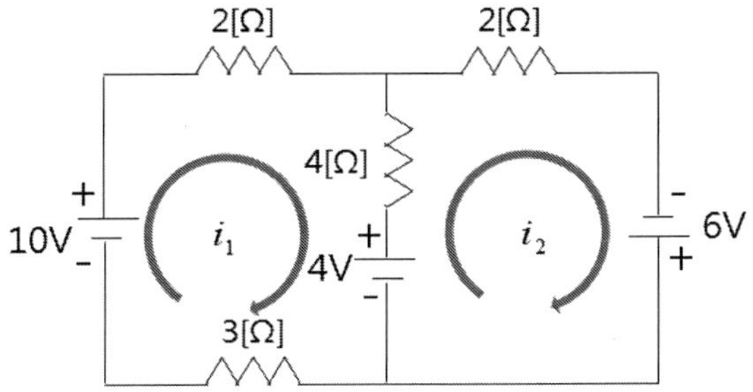

풀 이

망 전류 i_1, i_2가 시계 방향으로 흐른다고 가정할 때 KCL 방정식은 다음과 같다.

$$10-4=9i_1-4i_2 \tag{1}$$

$$6+4=-4i_1+6i_2 \tag{2}$$

따라서 식 (1)과 (2)로부터 $i_1=2$[A], $i_2=3$[A]이 되고 모두 시계 방향으로 흐른다.

2.3.2 마디 전압법

마디 전압법은 마디 전압을 변수로 하여 KCL 방정식으로 회로를 해석하는 방법으로서 주로 전류원으로 구성된 회로 해석에 유용하다. 마디 전압이란 접지 또는 기준 마디에 대한 다른 마디의 상대적 크기를 의미한다. n개의 마디로 된 회로는 $n-1$개의 마디 전압이 존재하며, 이를 해석하려면 $n-1$개의 마디 방정식이 필요하다.

마디 전압법은 먼저 주어진 회로에서 마디 수를 파악한다. 이들 마디 중 하나를 기준 마디로 선택한다. 기준 마디는 가장 많은 지로가 연결된 마디 또는 맨 아래 마디를 사용하는 것이 가장 좋다. 그리고 기준 마디를 제외한 마디에 마디 전압을 지정하고 KCL을 적용하면 된다. 예제 2.8을 살펴보자.

예제 2.8

다음의 회로에 대한 마디 방정식을 세우고 마디 전압 v_1과 v_2, v_3를 구하라.

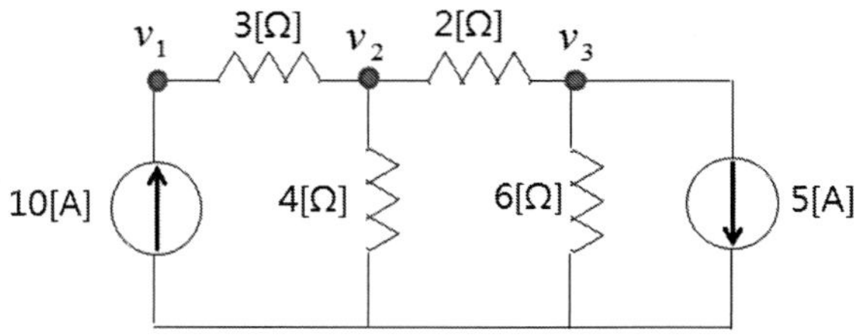

풀이

주어진 회로에서 기준 마디를 아래의 그림과 같이 정하고 각 지로에 흐르는 전류를 i_1, i_2, i_3, i_4라 하고 각 마디에 대해 KCL 방정식을 세우면 다음과 같다.

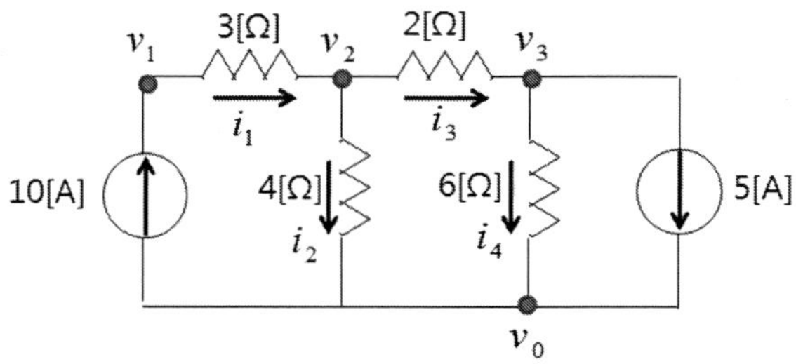

v_1에 대한 마디 방정식 : $10 = i_1$ (1)

v_2에 대한 마디 방정식 : $i_1 = i_2 + i_3$ (2)

v_3에 대한 마디 방정식 : $i_3 = i_4 + 5$ (3)

이제 위의 식을 마디 전압으로 표현하면 다음과 같다.

$$10 = \frac{v_1 - v_2}{3} \quad (1)$$

$$\frac{v_1 - v_2}{3} = \frac{v_2}{4} + \frac{v_2 - v_3}{2} \quad (2)$$

$$\frac{v_2 - v_3}{2} = \frac{v_3}{6} + 5 \quad (3)$$

위의 식을 연립하여 풀면 마디 전압 $v_1 = 46.67$[V], $v_2 = 16.67$[V], $v_3 = 5$[V]가 된다.

마디 전압법 :

회로망 내의 어느 특정 마디를 기준 마디로 선정하고 이 기준 마디에 대한 다른 마디의 전압을 미지수로 하여 키르히호프의 전류 방정식을 세워 연립으로 푸는 방법이다.

예제 2.9

다음의 회로에서 마디 전압법을 이용하여 표시된 마디 전압을 구하라.

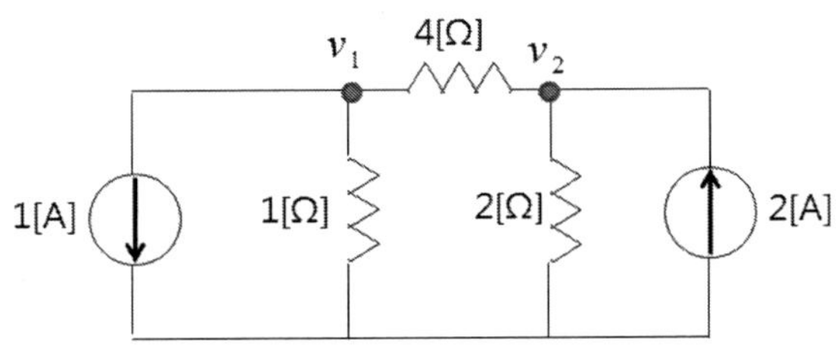

풀이

기준 마디를 아래의 그림과 같이 정하고 각 지로에 흐르는 전류를 i_1, i_2, i_3라 하고 각 마디에 대해 KCL 방정식을 세우면 다음과 같다.

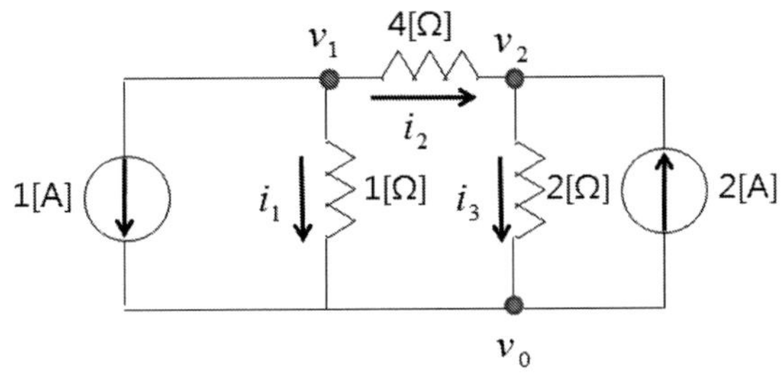

v_1에 대한 마디 방정식 : $0 = 1 + i_1 + i_2$ (1)

v_2에 대한 마디 방정식 : $i_2 + 2 = i_3$ (2)

따라서 위의 식을 마디 전압으로 표현하면 다음과 같다.

$$0 = 1 + \frac{v_1}{1} + \frac{v_1 - v_2}{4} \quad (3)$$

$$\frac{v_1 - v_2}{4} + 2 = \frac{v_2}{2} \quad (4)$$

식 (3)과 (4)를 연립하여 풀면 마디 전압 $v_1 = -0.286$[V], $v_2 = 2.571$[V]가 된다.

2.4 중첩의 원리

중첩의 원리란 여러 개의 전원을 포함하는 회로 해석시 유용한 법칙으로서 임의의 단자에 대한 전류 및 전압은 각각의 전원이 단독으로 작용할 때의 전류 및 전압을 모두 합한 것과 같다는 것이다. 여기서 각 전원을 단독으로 적용한다는 것은 하나의 전원을 기준으로 할 때 다른 전압 전원은 단락시키고, 전류 전원은 개방하는 것을 의미한다. 다음의 예제를 살펴보자.

예제 2.10

그림과 같이 전압원과 전류원으로 구성된 회로에서 중첩의 원리를 이용하여 3[Ω]에 흐르는 전류를 구하라.

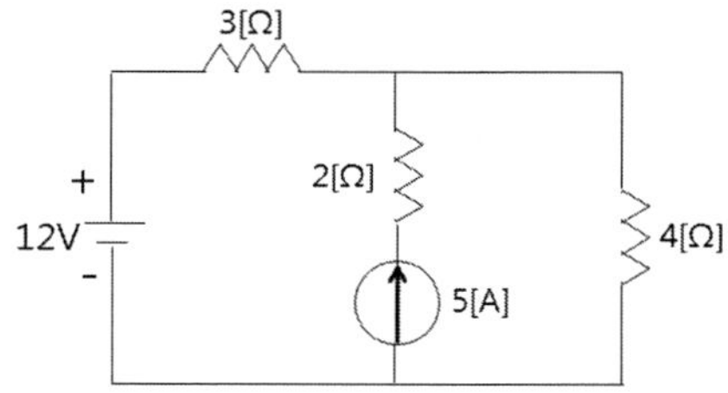

풀 이

먼저 그림 (a)와 같이 전압원이 0인 경우, 즉 전압원이 단락된 경우를 생각해 보자.

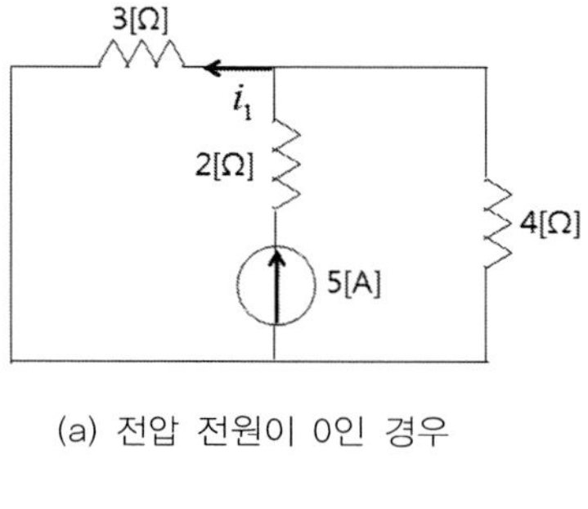

(a) 전압 전원이 0인 경우

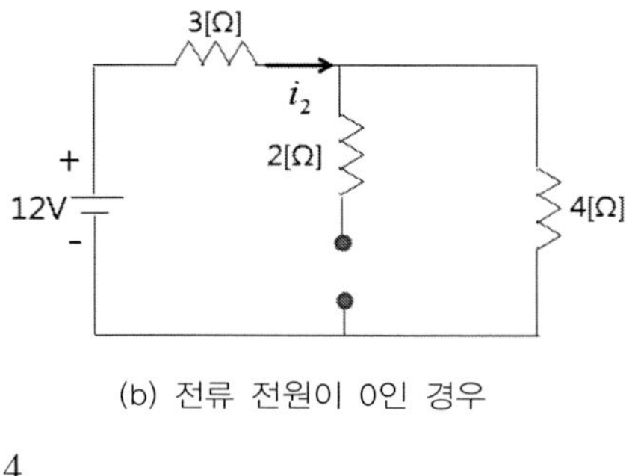

(b) 전류 전원이 0인 경우

이때 저항 3Ω에 흐르는 전류는 $i_1 = 5 \cdot \dfrac{4}{3+4} = 2.857$[A]가 된다.

이제 그림 (b)와 같이 전류 전원이 0, 즉 전류 전원이 개방된 경우를 고려해 보자.

이때 3Ω에 흐르는 전류는 $i_2 = \dfrac{12}{7} = 1.714$[A]이다. 따라서 3Ω에 흐르는 전체 전류는 $i = i_1 - i_2 = 1.143$[A]이고 방향은 i_1의 방향과 같다.

중첩의 원리 :
여러 개의 전원을 포함하는 선형 회로망에서 회로 내의 임의의 점에 흐르는 전류 또는 임의의 두 점 사이에 나타나는 전압은 각 전원이 독립적으로 작용할 때에 그 점에 흐르는 전류 또는 그 두 점 사이에 나타나는 전압을 합한 것과 같다.

2.5 테브난 및 노턴 등가 회로

2.5.1 테브난 등가 회로

키르히호프의 KCL 및 KVL 법칙을 사용하면 폐회로 내 모든 지로의 전류와 전압을 구할 수 있다. 그러나 특정 지로의 전류와 전압을 구할 경우 키르히호프의 법칙을 이용하면 특정 지로 이외의 다른 모든 지로에 대해서도 KCL 및 KVL의 연립 방정식을 풀어야 하므로 매우 번거롭다. 이러한 번거로움을 해결하기 위한 방법이 테브난 정리이다.

테브난 정리는 관심 지로 이외의 부분을 단계적으로 단순화함으로써 하나의 전압원과 저항의 직렬 연결로 등가화하는 방법이다. 즉 폐회로에 대해 특정한 두 단자 a-b 외측에 대해 그림 2.5(a)와 같이 하나의 전압원 V_0에 하나의 저항 R_0가 직렬 연결된 것으로 등가화할 수 있다.

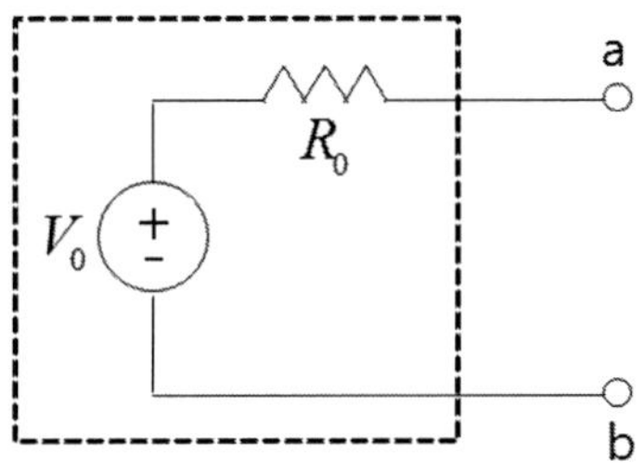

(a) 테브난 등가 회로

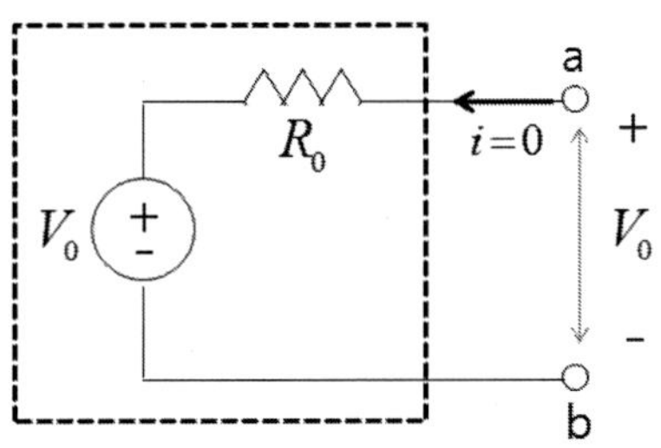

(b) 단자 a-b를 개방하였을 때의 등가 전압

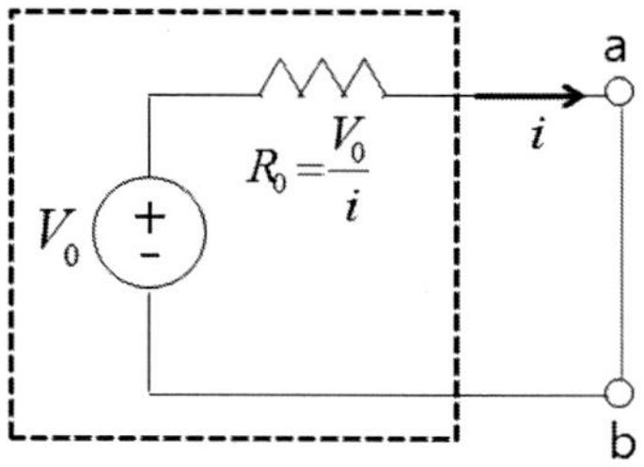

(c) 단자 a-b를 단락하였을 때의 등가 저항

▌그림 2.5 테브난 등가 회로

여기서 등가 전압은 그림 2.5(b)와 같이 회로망의 단자 a-b를 개방했을 때 양단에 나타나는 전압과 같다. 또한 등가 저항 R_0는 그림 2.5(c)와 같이 회로망 내의 모든 전원을 제거하였을 때, 즉 전압원은 단락시키고 전류원은 개방하였을 때 단자 a-b에서 회로망 쪽을 본 저항과 같다. 단자 a-b를 따라 흐르는 전류를 i라 할 때 등가 저항은 다음과 같다.

$$R_0 = \frac{V_0}{i} \tag{2.2}$$

테브난 정리 :

선형 회로망을 단일 등가 전압원과 직렬로 연결된 등가 저항으로 대치할 수 있다는 이론이다. 테브난 등가 회로에서 등가 전압과 등가 저항을 구하는 과정은 다음과 같다.

단계 1. 등가 회로를 구하려는 두 단자를 개방한다. 즉 부하 저항을 제거한다.
단계 2. 개방된 두 단자 사이의 전압(등가 전압)을 구한다.
단계 3. 모든 전압원을 단락시키고 모든 전류원을 개방한 후 두 단자 사이의 저항(등가 저항)을 구한다.
단계 4. 등가 전압과 등가 저항을 직렬 연결시켜 원래의 회로를 대신하는 테브난 등가 회로를 만든다.
단계 5. 테브난 등가 회로의 양단에 부하 저항을 연결한다. 그리고 옴의 법칙을 이용하여 부하 전류를 계산한다.

2.5.2 노턴 등가 회로

테브난 등가 회로에서 등가 전원을 전류원으로 변환시킨 회로를 노턴 등가 회로라 한다. 즉 그림 2.5를 그림 2.6과 같이 전류원 등가 전류 I_0와 등가 저항 R_0를 병렬 연결한 것이 노턴의 등가 회로이다.

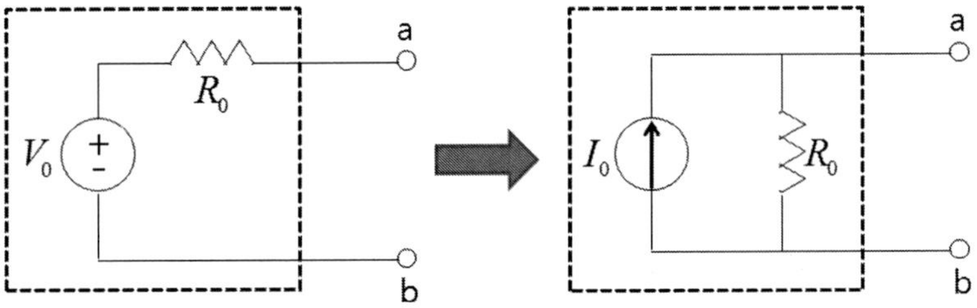

▌그림 2.6 노턴의 등가 회로

여기서 등가 전류 I_0는 회로망의 단자 a-b를 단락했을 때 흐르는 단락 전류, 즉 $I_0 = \dfrac{V_0}{R_0}$이다.

노턴의 정리 :

테브난의 정리와 쌍대(Duality) 관계에 있는 정리로서 복잡한 회로를 하나의 전류원과 병렬 저항으로 대치하는 것이다.

단계 1. 등가 회로를 구하려는 두 단자를 개방한다. 즉 부하 저항을 제거한다.
단계 2. 모든 전원을 소거(전압원은 단락, 전류원은 개방)한 후 두 단자 사이의 저항(등가 저항)을 구한다.
단계 3. 모든 전원을 포함한 단락 전류를 구한다.
단계 4. 단락 전류와 병렬로 등가 저항을 연결한 후 부하 저항을 연결한다. 그리고 옴의 법칙을 이용하여 부하 전류를 계산한다.

예제 2.11

다음의 회로에서 6[Ω]의 저항에 흐르는 전류를 테브난 정리와 노턴 정리를 이용하여 구하라.

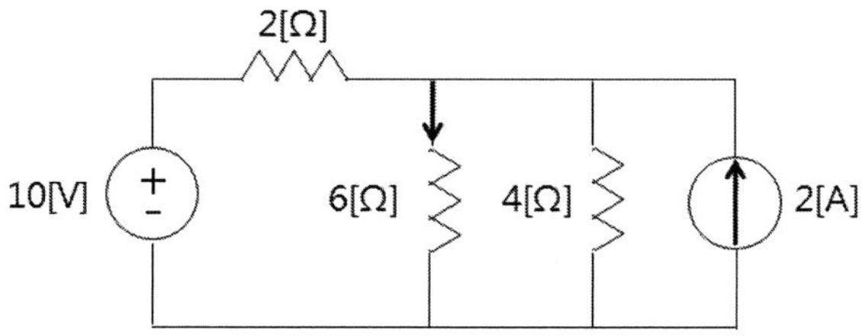

풀 이

6[Ω]을 단자 a–b로 나타내기 위해 저항의 위치를 이동시키면 다음과 같다.

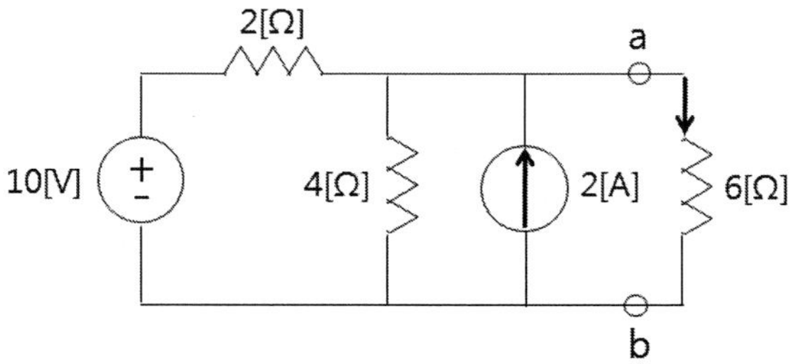

이제 등가 전압 V_0를 구하기 위해 단자 a–b를 개방한 후 양단 전압 V_{ab}를 구한다. 아래와 같이 중첩의 원리를 적용하기 위해 전류원을 0으로 두면 $V_{ab} = 6.67$[V]이다.

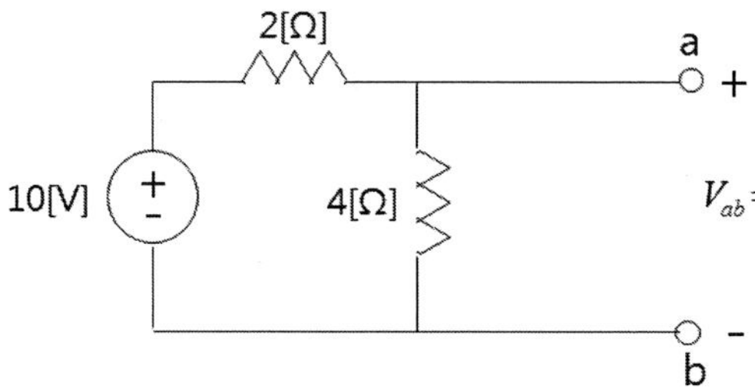

$$V_{ab} = \frac{4}{2+4}(10V) = 6.67V$$

또한 전압원을 0으로 두면 아래의 그림과 같이 $V_{ab} = 2.67$[V]가 된다.

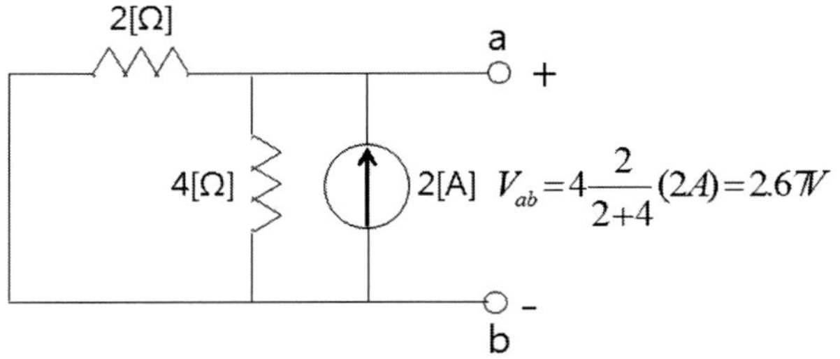

따라서 등가 전압은 $V_0 = V_{ab} = 6.67 + 2.67 = 9.34$ [V]가 된다.

이제 등가 저항을 구하기 위해 아래의 그림과 같이 전압 전원을 단락시키고 전류 전원을 개방하면 $R_0 = 2[\Omega]//4[\Omega] = \frac{2 \cdot 4}{2+4} = \frac{4}{3}[\Omega]$이 된다.

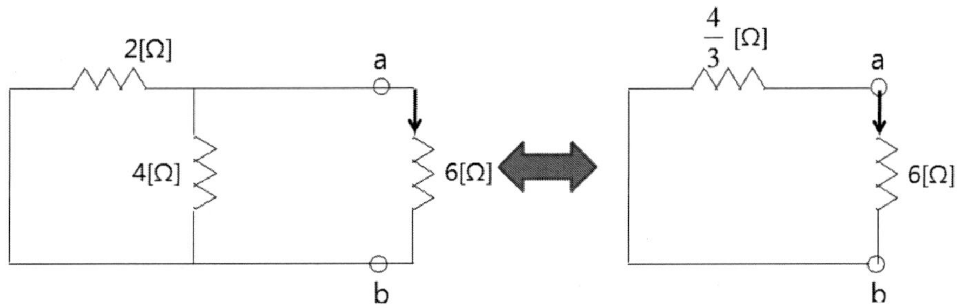

따라서 테브난 등가 회로 및 노턴 등가 회로는 다음과 같다. 여기서 전류원은 $i = \frac{9.34}{\left(\frac{4}{3}\right)} = 7.005$ [A]이다.

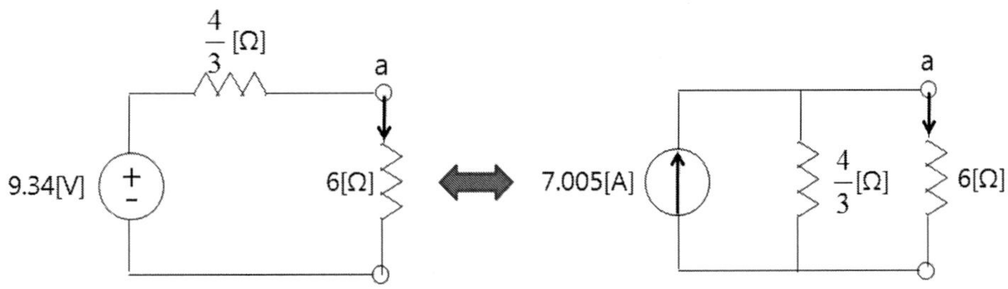

그러므로 $6[\Omega]$의 저항에 흐르는 전류는 다음과 같다.

$$i_{ab} = \frac{\frac{4}{3}}{\frac{4}{3}+6}(7.005A) = 1.274[A]$$

연 습 문 제

1. 저항 100[Ω]에 5[A]의 전류가 흐른다고 할 때 저항 양단의 전압은 얼마인가? 그리고 이 저항이 소비하는 전력은 얼마인가?

2. 주어진 회로에서 키르히호프 법칙을 사용하여 220Ω에 흐르는 전류의 방향과 크기를 구하라.

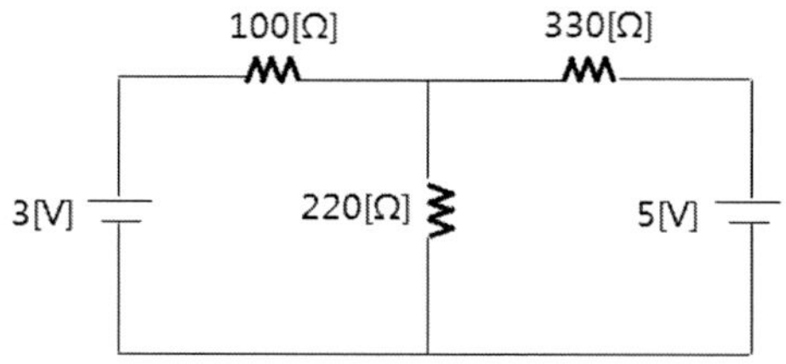

3. 다음의 회로에서 망 전류법을 사용하여 R과 v를 구하라.

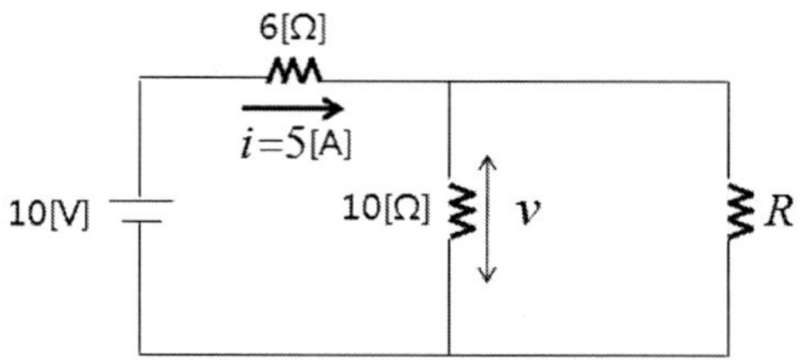

4. 마디 전압법을 이용하여 250[Ω]의 양단 전압을 구하라.

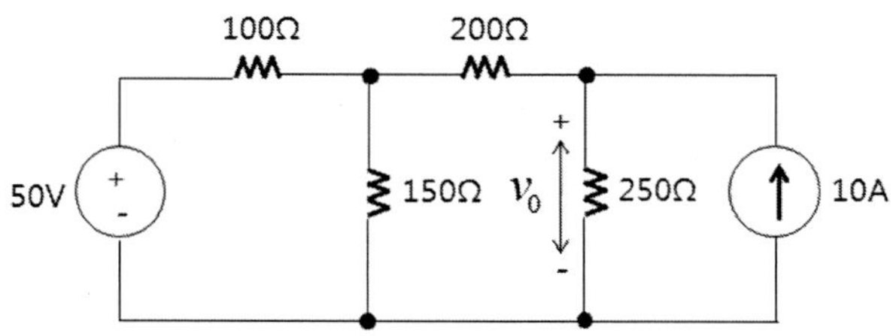

5. 다음의 회로에서 중첩의 원리를 이용하여 10Ω의 양단 전압 v_1을 구하라.

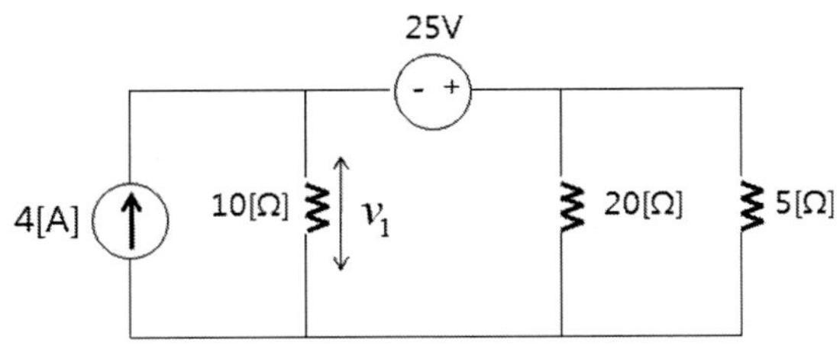

6. 아래의 회로에서 테브난 정리를 사용하여 부하 저항 $R_L = 330[\Omega]$에 흐르는 전류와 전압을 구하라.

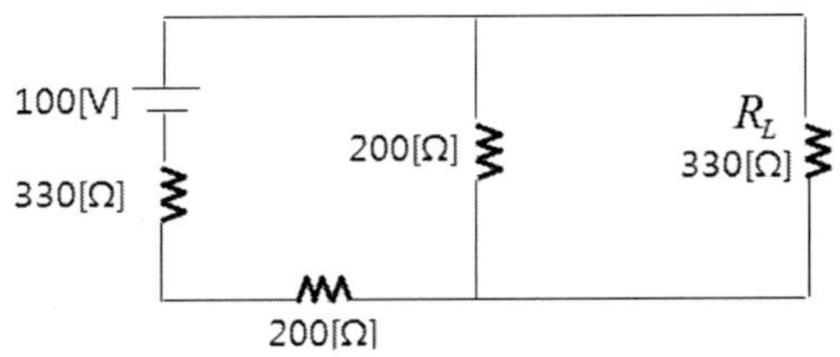

7. 노턴의 정리를 이용하여 부하 저항 $R_L = 330[\Omega]$에 흐르는 전류와 전압을 구하라.

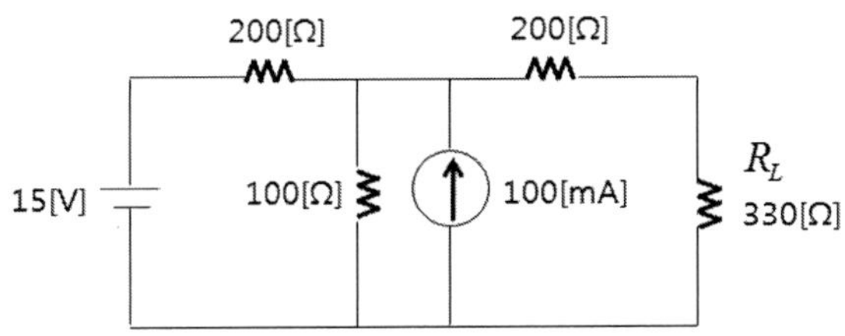

Chapter 3
회로 소자

일반적으로 회로 소자는 수동 소자와 능동 소자로 분류된다. 수동 소자는 외부에서 전압이나 전류의 공급 없이는 전기적인 효과를 얻을 수 없는 소자로서 저항, 인덕터, 콘덴서 등을 들 수 있다. 반면 능동 소자는 전기적인 에너지를 공급하는 전원으로서 발전기, 트랜지스터, 연산 증폭기 등을 들 수 있다. 이 장에서는 이들 세 가지 수동 소자의 특성 및 회로에서의 역할에 대해 설명한다.

3.1 저항

3.1.1 저항의 정의

1장에서 설명한 바와 같이 자유 전자가 이동함에 따라 물질은 전기적인 성질을 띠게 된다. 그러나 자유 전자가 그 물질을 지날 때 물질을 구성하고 있는 원자들의 틈새를 이동해야 하므로 흐름에 방해를 받는다. 이와 같이 자유 전자의 이동을 전류라 할 때 전류의 흐름을 방해하는 것을 저항(Resistance)이라 한다.

전류의 흐름을 어느 정도 방해하는가에 따라 물질은 크게 도체와 반도체 그리고 부도체로 나눌 수 있다. 도체(conductor)는 전류가 잘 흐르는 반면, 부도체(insulator)는 전류가 잘 흐르지 못한다. 그러나 반도체(semiconductor)는 불순물의 도핑 정도에 따라 전류가 잘 흐를 수도 또는 그렇지 못할 수도 있다.

물질의 저항은 물질의 종류와 단면적, 길이 그리고 온도에 따라 달라진다. 모든 물질은 원자의 구조가 각각 다르기 때문에 자유 전자가 이동하는 틈새가 다르다. 따라서 단위 시간당 통과하는 전자의 수는 물질의 종류에 따라 달라지게 된다. 또한 대부분의 물질은 온도가 높아지면 원자가 활발하게 운동하기 때문에 자유 전자가 이동할 때 방해를 받게 된다. 이로인해 물질의 전기 저항은 증가한다.

또한 그림 3.1과 같이 같은 물질일지라도 단면적 A가 작으면 자유 전자가 이동할 수 있는 공간이 좁아지고, 길이 L이 길면 자유 전자가 물질의 양 끝을 통과하는데 많은 시간이 걸리게 되므로 저항은 커지게 된다.

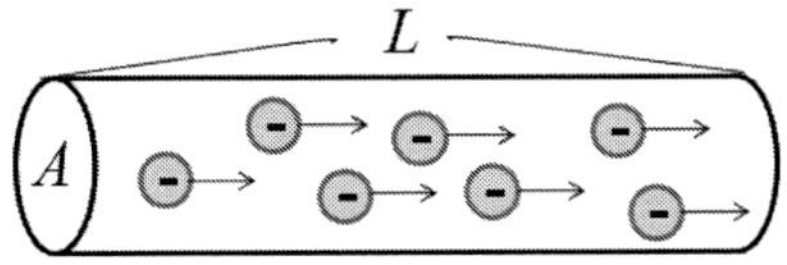

▌그림 3.1 단면적이 A, 길이가 L인 도선

따라서 전기 저항은 식 (3.1)과 같이 표현될 수 있다.

$$R = \rho\frac{L}{A} \tag{3.1}$$

여기서 ρ는 비저항이며, 단위는 [Ω·m]이다.

모든 물질은 물질의 종류와 온도에 의존하는 고유한 비저항값을 가진다. 비저항은 도체에서는 매우 낮은 값을 가지고, 부도체에서는 높은 값을 가진다. 즉 이상적인 도체의 경우 비저항은 0, 이상적인 부도체의 경우는 무한대의 값을 가지게 된다. 표 3.1은 20°C에서의 여러 가지 물질의 비저항과 비저항의 온도 계수를 나타낸 것이다.

▌표 3.1 20℃에서 여러 가지 물질의 비저항 및 비저항의 온도 계수

물질	비저항[Ω·m]	온도 계수[(°C)−1]
금	2.44×10^{-8}	3.4×10^{-3}
은	1.59×10^{-8}	3.8×10^{-3}
구리	1.7×10^{-8}	3.9×10^{-3}
알루미늄	2.82×10^{-8}	3.9×10^{-3}
철	10×10^{-8}	5.0×10^{-3}
백금	11×10^{-8}	3.92×10^{-3}
게르마늄	0.46	-48×10^{-3}
실리콘	2.3×10^{3}	-75×10^{-3}
유리	$10^{10}\sim10^{14}$	
유황	10^{15}	
석영	75×10^{16}	

예제 3.1

길이가 1m이고 단면의 반지름이 0.2mm인 구리가 있다. 이 구리의 저항은 얼마인가 ?

풀이

$L=1$[m], $A=\pi r^2=\pi(0.2\times10^{-3})^2=0.1256\times10^{-6}$[m²], $\rho=1.7\times10^{-8}$[Ω·m]이므로 식 (3.1)에 의해

$$R=1.7\times10^{-8}\frac{1}{0.1256\times10^{-6}}=13.54\times10^{-2}=0.1354\Omega$$

이다.

3.1.2 저항기

모든 물질은 저항 성분을 가지며, 이로 인해 물질에 흐르는 전류가 제한된다. 이러한 성질을 이용하여 전기 회로에서 전류를 필요에 따라 제한하는 물질을 저항기(resistor)라 한다. 저항기의 회로도 기호는 이다.

저항기에는 일반적인 고정 저항, 퓨즈(fuse), 필라멘트(filament) 및 서미스터(thermister) 등이 있다. 또한 저항값이 고정되지 않고 여러 가지 저항값을 가질 수 있도록 조절할 수 있는 가변 저항기(variable resistor)도 있다. 고정 저항기과 함께 가변 저항기는 회로에서 많이 사용되며, 이들의 기호는 그림 3.2와 같다.

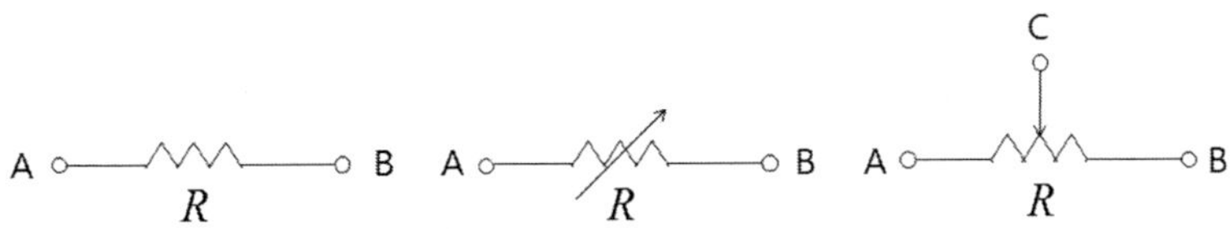

(a) 고정 저항기 (b) 가변 저항기 (c) 가변 저항기

▌그림 3.2 저항기의 기호

고정 저항값은 미국의 EIA(Electronic Industries Association) 방식에 의해 색띠로 표시되며, 표시 방법은 네 개의 색띠로 표시하는 방법과 정밀 저항의 경우 다섯 개의 색띠로 표시된다. 네 개의 색띠로 표시할 경우 첫 번째와 두 번째 색띠는 유효 숫자를 나타내며, 세 번째는 승수, 다섯 번째는 오차를 의미한다. 반면 다섯 개의 색 띠인 경우 세 번째 색띠까지는 유효 숫자를 네 번째는 승수, 다섯 번째는 오차를 표시한다. 그림 3.3은 저항값 읽는 방법을 나타낸 것이고, 표 3.2는 색에 대응되는 수치를 보인 것이다.

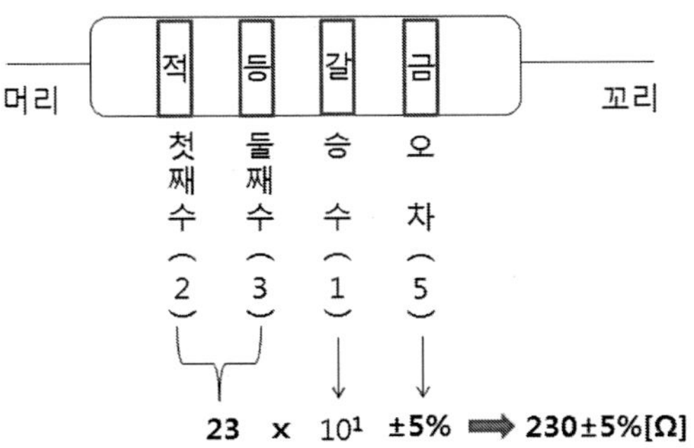

▌그림 3.3 저항값 읽기

표 3.2 저항기의 색에 따른 수치값

색상	수치
흑	0
갈	1
적	2
등	3
황	4
녹	5
청	6
자	7
회	8
백	9
금	±5%
은	±10%
무	±20%

예제 3.2

다음 4색띠의 저항값은 얼마인가?

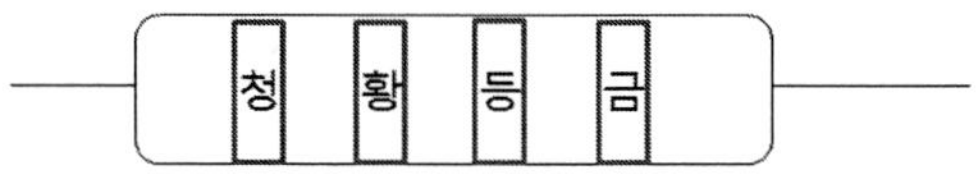

풀이

청 : 6, 황 : 4, 등 : 3, 금 : ±5% 이므로 64×10^3 ± 5% = 64K ± 5%[Ω]이다.

예제 3.3

다음 5색띠의 저항값은 얼마인가?

풀이

등 : 3, 갈 : 1, 황 : 4, 적 : 2, 은 : ±10% 이므로

314×10^2 ±10% = 31400 ± 10% = 31.4K ± 10%[Ω]이다.

3.1.3 저항기의 직병렬 연결

일반적으로 전기 회로는 하나 또는 그 이상의 저항기가 직렬 또는 병렬, 직병렬 연결되어 있다. 따라서 회로에서 전류를 제어하려면 저항의 효과나 결과를 예측하고 결정할 수 있어야 한다. 이는 2장에서 설명했던 옴의 법칙과 키르히호프 법칙을 이용하여 저항에 흐르는 전류나 양단 전압 등의 해석이 가능하다.

3.1.3.1 직렬 연결

그림 3.4는 세 개의 저항 R_1, R_2, R_3를 직렬 연결한 회로를 보인 것이다.

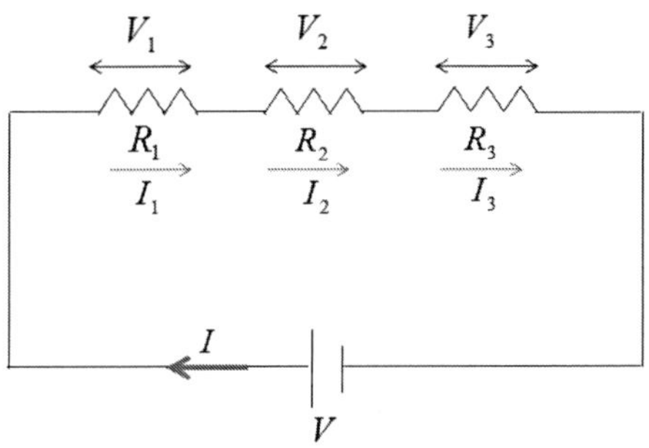

▌그림 3.4 저항기의 직렬 연결

세 저항에 흐르는 전류를 각각 I_1, I_2, I_3라 하고 각 양단 전압을 V_1, V_2, V_3라 할 때, 옴의 법칙에 의해 각 저항 양단에 걸리는 전압은 다음과 같다.

$$V_1 = R_1 I_1, \quad V_2 = R_2 I_2, \quad V_3 = R_3 I_3 \tag{3.2}$$

또한 키르히호프의 전류 법칙에 의해 세 저항에 흐르는 전류는 모두 같고 이는 전체 전류와도 같다. 즉 직렬 회로에서 소자에 흐르는 전류는 모두 동일함을 의미한다.

$$I = I_1 = I_2 = I_3 \tag{3.3}$$

이제 키르히호프의 전압 법칙에 의해 다음의 식이 성립함을 알 수 있다.

$$V = V_1 + V_2 + V_3 \tag{3.4}$$

따라서 식 (3.4)에 식 (3.2)와 식 (3.3)을 대입하면 아래와 같다.

$$V = R_1 I_1 + R_2 I_2 + R_3 I_3$$

$$= R_1 I + R_2 I + R_3 I$$

$$= (R_1 + R_2 + R_3) I \tag{3.5}$$

여기서 V는 전체 전류, I는 전체 전류이므로 $R = R_1 + R_2 + R_3$는 전체 저항이 된다.

> n개의 저항이 직렬 연결되어 있을 때, 각 저항에 흐르는 전류는 모두 같고 전체 저항은 $R = R_1 + R_2 + \cdots + R_n$이다. 즉, 직렬 연결에서 전체 저항은 각 저항을 모두 더한 것과 같다.

예제 3.4

두 개의 저항 $R_1 = 100[\Omega]$, $R_2 = 200[\Omega]$이 직류 전원 5[V]에 직렬 연결되어 있을 때 전체 저항을 구하고, 각 저항에 흐르는 전류 및 양단 전압을 구하라.

풀이

먼저 전체 저항을 구하면 $R = 100 + 200 = 300[\Omega]$이 된다. 따라서 전체 전류는 $I = \dfrac{5}{300} = 0.0167$[A] 또는 16.7[mA]가 된다. 또한 직렬 회로에서 전체 전류는 각 소자에 흐르는 전류와 같으므로 각 저항에 흐르는 전류는 $I_1 = I_2 = 16.7$[mA]이다.

따라서 각 저항의 양단 전압은 $V_1 = R_1 I_1 = 100(16.7 \times 10^{-3}) = 1.67$[V], $V_2 = R_2 I_2 = 200(16.7 \times 10^{-3}) = 3.34$[V]가 된다.

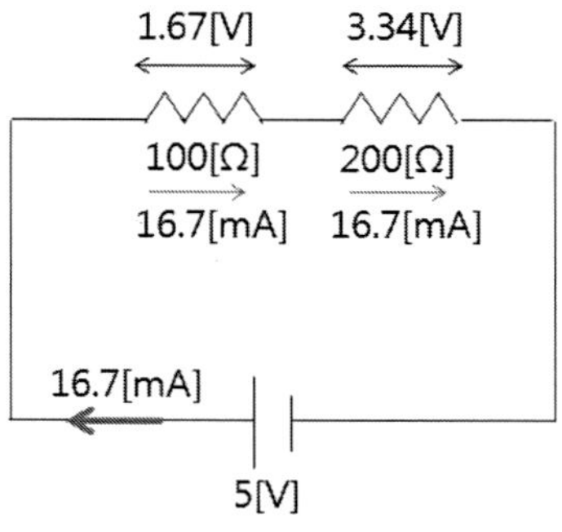

참고 : 전압 분배 법칙

두 개의 저항이 직렬 연결되어 있을 때, 전체 전류는 각 소자에 흐르는 전류와 같으므로 $i = i_1 = i_2$이고, 전체 전류는 전체 전압을 총 저항으로 나눈 것이므로 $i = \frac{V}{R_1 + R_2}$가 된다. 따라서 각 저항 양단에 걸리는 전압은 다음과 같이 구할 수 있다.

$$V_1 = R_1 i_1 = R_1 i = R_1 \frac{V}{R_1 + R_2} = \frac{R_1}{R_1 + R_2} V$$

$$V_2 = R_2 i_2 = R_2 i = R_2 \frac{V}{R_1 + R_2} = \frac{R_2}{R_1 + R_2} V$$

예제 3.4에 이 식을 적용하면 아래와 같다.

$$V_1 = \frac{100}{100 + 200} 5 = 1.67[\mathrm{V}],$$

$$V_2 = \frac{200}{100 + 200} 5 = 3.34[\mathrm{V}]$$

이다. 즉, 직렬 연결에서 전체 저항은 각 저항을 모두 더한 것과 같다.

3.1.3.2 병렬 연결

그림 3.5는 세 개의 저항 R_1, R_2, R_3를 병렬 연결한 회로를 보인 것이다.

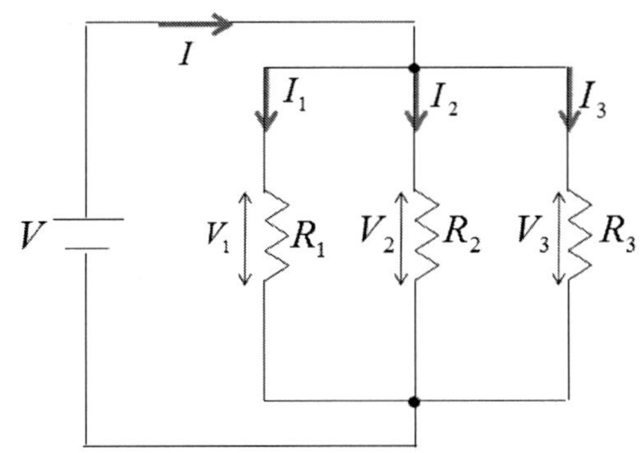

▍그림 3.5 저항기의 병렬 연결

세 저항에 흐르는 전류를 각각 I_1, I_2, I_3라 하고 각 양단 전압을 V_1, V_2, V_3라 할 때, 옴의 법칙에 의해 각 저항 양단에 걸리는 전압은 다음과 같다.

$$V_1 = R_1 I_1, \quad V_2 = R_2 I_2, \quad V_3 = R_3 I_3 \qquad (3.6)$$

또한 전원과 세 저항은 모두 같은 점에 연결되어 있으므로 전원 및 세 저항의 양단 전압은 모두 동일하다.

$$V = V_1 = V_2 = V_3 \tag{3.7}$$

이는 병렬 회로에서 소자의 양단에 걸리는 전압은 모두 동일함을 의미한다.

또한 키르히호프의 전류 법칙에 의해 전체 전류는 세 저항에 흐르는 전류의 합과 같다.

$$I = I_1 + I_2 + I_3 \tag{3.8}$$

따라서 식 (3.8)에 식 (3.6)과 식 (3.7)을 대입하면 아래와 같다.

$$\begin{aligned} I &= I_1 + I_2 + I_3 \\ &= \frac{V_1}{R_1} + \frac{V_2}{R_2} + \frac{V_3}{R_3} \\ &= \left(\frac{1}{R_1} + \frac{1}{R_2} + \frac{1}{R_3}\right)V \end{aligned} \tag{3.9}$$

여기서 V는 전체 전압, I는 전체 전류이므로 전체 저항 R은 $\frac{1}{R} = \frac{1}{R_1} + \frac{1}{R_2} + \frac{1}{R_3}$이다.

예제 3.5

두 개의 저항 $R_1 = 100[\Omega]$, $R_2 = 200[\Omega]$이 직류 전원 5[V]에 병렬 연결되어 있을 때 전체 저항을 구하고, 각 저항에 흐르는 전류 및 양단 전압을 구하라.

풀 이

먼저 전체 저항을 구하면 $R = \dfrac{1}{\left(\dfrac{1}{R_1} + \dfrac{1}{R_2}\right)} = \dfrac{R_1 \cdot R_2}{R_1 + R_2} = \dfrac{100 \cdot 200}{100 + 200} = 66.7\,[\Omega]$

이다. 따라서 전체 전류는 $i = \dfrac{5}{66.7} = 0.075$[A] 또는 75[mA]가 된다.

병렬 연결 회로에서 전체 전압과 각 소자의 양단 전압은 모두 같으므로 각 저항에 걸리는 전압은 $V = V_1 = V_2 = 5$[V]이다.

따라서 각 저항에 흐르는 전류는 $i_1 = \dfrac{V_1}{R_1} = \dfrac{5}{100} = 0.05$[A] 또는 50[mA], $i_2 = \dfrac{V_2}{R_2} = \dfrac{5}{200} = 0.025$[A] 또는 25[mA]가 된다.

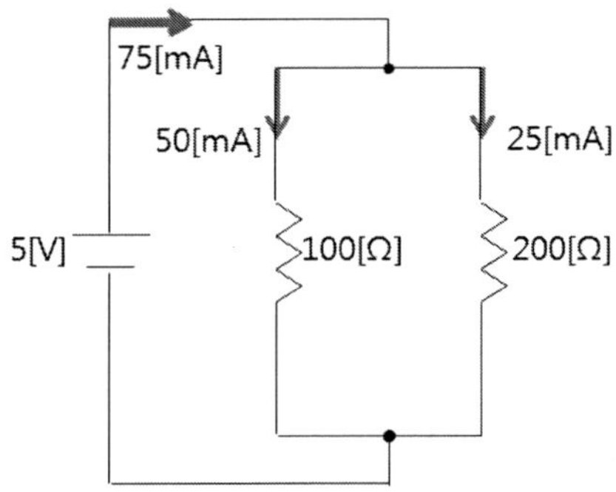

n개의 저항이 병렬 연결되었을 때, 전체 저항은 $\dfrac{1}{R} = \dfrac{1}{R_1} + \dfrac{1}{R_2} + \cdots + \dfrac{1}{R_n}$ 이다.

즉 $R = \dfrac{1}{\left(\dfrac{1}{R_1} + \dfrac{1}{R_2} + \cdots + \dfrac{1}{R_n}\right)}$ 가 된다.

이는 병렬 연결에서 전체 저항은 각 저항의 역수를 모두 더한 후 그 합을 다시 역수한 것과 같다.

참고 : 전류 분배 법칙

두 개의 저항이 병렬 연결되어 있을 때, 전체 전압은 각 소자의 양단 전압과 같으므로 $V = V_1 = V_2$이고, 전체 전류는 전체 전압을 총 저항으로 나눈 것이므로 $i = \dfrac{V}{R} = \left(\dfrac{1}{R_1} + \dfrac{1}{R_2}\right)V$ 가 된다. 즉 전체 전압은

$V = \dfrac{1}{\left(\dfrac{1}{R_1} + \dfrac{1}{R_2}\right)} i = \dfrac{R_1 \cdot R_2}{R_1 + R_2} i$와 같다.

따라서 각 저항에 흐르는 전류는 다음과 같이 구할 수 있다.

$$i_1 = \frac{V_1}{R_1} = \frac{V}{R_1} = \frac{1}{R_1}\left(\frac{R_1 \cdot R_2}{R_1 + R_2} i\right) = \frac{R_2}{R_1 + R_2} i$$

$$i_2 = \frac{V_2}{R_2} = \frac{V}{R_2} = \frac{1}{R_2}\left(\frac{R_1 \cdot R_2}{R_1 + R_2} i\right) = \frac{R_1}{R_1 + R_2} i$$

예제 3.6

그림과 같이 세 개의 저항 $R_1 = 100[\Omega]$, $R_2 = 200[\Omega]$, $R_3 = 150[\Omega]$이 직병렬 연결되어 있을 때 전체 저항 및 각 저항에 흐르는 전류와 전압을 구하라.

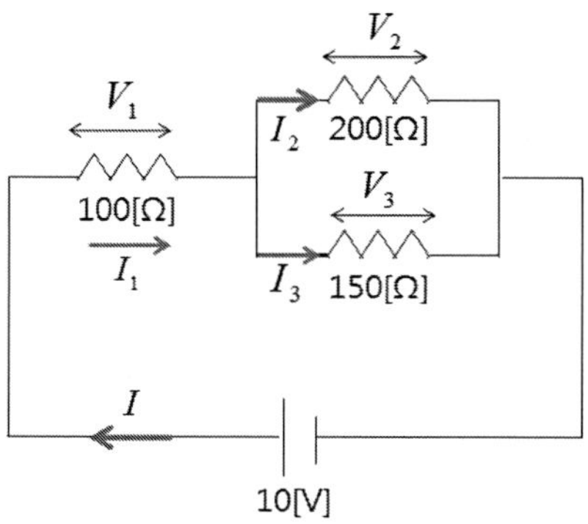

풀 이

150[Ω]과 200[Ω]은 병렬 연결되어 있으므로 두 저항의 합성 저항은 $R_{150\Omega//200\Omega} = \dfrac{200 \cdot 150}{200+150} = 85.7[\Omega]$이다. 여기서 100[Ω]의 저항이 직렬 연결되어 있으므로 전체 저항은 $R = 100 + 85.7 = 185.7[\Omega]$다.

따라서 전압 분배 법칙에 의해 100[Ω] 및 병렬 합성 저항의 양단 전압은 각각 다음과 같다.

$$V_1 = \frac{100}{100+85.7}(10\,V) = 5.39[\mathrm{V}]$$

$$V_{85.7\Omega} = V_2 = V_3 = \frac{85.7}{100+85.7}(10\,V) = 4.61[\mathrm{V}]$$

이제 전체 저항에 의해 전체 전류를 구하면 $I = I_1 = \dfrac{10}{185.7} = 53.9[\mathrm{mA}]$이다.

따라서 전류 분배 법칙에 의해 I_2 및 I_3를 구하면 다음과 같다.

$$I_2 = \frac{150}{200+150}(53.9mA) = 23.1\,[\mathrm{mA}]$$

$$I_3 = \frac{200}{200+150}(53.9mA) = 30.8[\mathrm{mA}]$$

3.1.4 저항기의 전력

전원과 같은 에너지원에서 공급되는 에너지는 전구 등 회로에 연결되는 부하로 전달된다. 이때 1장에서 설명한 바와 같이 단위 시간에 전달되는 에너지를 전력(power)이라 하며 기호는 P, 단위는 [W](Watt)를 사용한다. 따라서 1[W]는 1초 동안 전달된 에너지가 1[J]임을 의미한다.

$$P = \frac{W}{t} \tag{3.10}$$

여기서 W는 에너지, t는 시간을 나타낸다. 따라서 저항기에 전달되는 전력을 구하면 식 (1.4)와 옴의 법칙에 의해 다음과 같이 표현될 수 있다.

$$P = VI = I^2 R = \frac{V^2}{R} \tag{3.11}$$

이 전력은 저항기에서 열로 소비되기 때문에 항상 전압 강하가 발생한다.

예제 3.7

220V, 40W용 전구의 저항은 얼마인가?

풀이

$R = \frac{V^2}{P} = \frac{220^2}{40} = 1210[\Omega]$, 또는 $1.21[\mathrm{K}\Omega]$

예제 3.8

120V용 전기 토스터기의 소비 전력이 600W로 표시되어 있다. 토스터기에 흐르는 전류와 저항의 크기를 구하라.

풀이

$$I = \frac{P}{V} = \frac{600}{120} = 5[\mathrm{A}],\ R = \frac{120^2}{600} = 24[\Omega]$$

예제 3.9

그림은 내부 저항이 r_s인 전원으로부터 부하 저항 R_L에 전력을 공급하는 회로이다. 전압원과 부하 사이에 최대 전력을 전송하려면 부하 저항은 얼마여야 하는가?

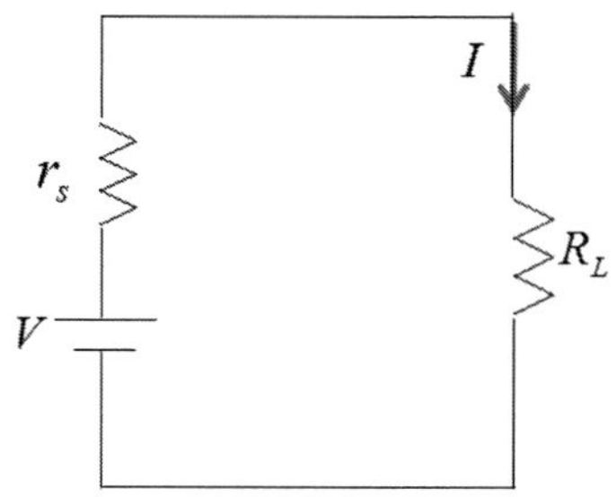

풀이

R_L에 흐르는 전류가 I라 할 때 R_L에서 소비되는 전력 P는

$$P = R_L I^2$$

이고, 이때 전류 I는 전압 V에 의해 다음과 같다.

$$I = \frac{V}{r_s + R_L}$$

따라서 R_L에서 소비 전력은 다음과 같다.

$$P = R_L\left(\frac{V}{r_s + R_L}\right)^2 = \frac{R_L V^2}{(r_s + R_L)^2}$$

여기서 부하 저항에서 소비되는 전력이 최대가 되려면 $\dfrac{\partial P}{\partial R_L} = 0$ 이어야 하므로 이때의 R_L의 값을 구해야 한다.

$$\frac{\partial P}{\partial R_L} = V^2 \frac{(r_s + R_L)^2 - 2R_L(r_s + R_L)}{(r_s + R_L)^4} = V^2 \frac{(r_s + R_L)[(r_s + R_L) - 2R_L]}{(r_s + R_L)^4}$$
$$= V^2 \frac{(r_s - R_L)}{(r_s + R_L)^3} = 0$$

즉 $R_L = r_s$일 때 R_L에서 소비되는 전력이 최대가 됨을 알 수 있다.

3.2 인덕터

인덕터(inductor)는 전류의 변화량에 비례하여 전압을 유도하는 회로 소자로서 코일이라고도 한다. 인덕터는 전기를 저장하는 콘덴서와는 달리 자기를 저장하므로 콘덴서와 세부적인 성질은 반대이다. 예를들면 콘덴서는 전압의 급속한 변화를 억제하는 반면, 인덕터는 전류의 급한 변화를 억제한다. 따라서 인덕터는 빠른 전류의 변화를 억제하여 전자파의 발생을 최소화하는 EMI 필터 또는 각종 전원 회로에서 전류 저장 소자로 이용된다. 또한 발진회로, 라디오 등의 RF 회로 등에도 중요하게 사용된다.

3.2.1 구조 및 원리

인덕터는 그림 3.6과 같이 원통 또는 철심에 길고 가는 도선을 감은 구조를 가진다. 인덕터의 구조적인 차이는 사용 용도 및 인가되는 전압의 주파수에 관련이 있다. 예를들면 가정용 전기와 같은 60Hz의 저주파에서는 철심이 있는 인덕터를 사용하고, 수십-수백 kHz 이상의 고주파는 철심이 없는 인덕터를 사용한다. 반면 라디오 동조회로에서는 철심 대신 페라이트라는 자성체를 사용하기도 한다.

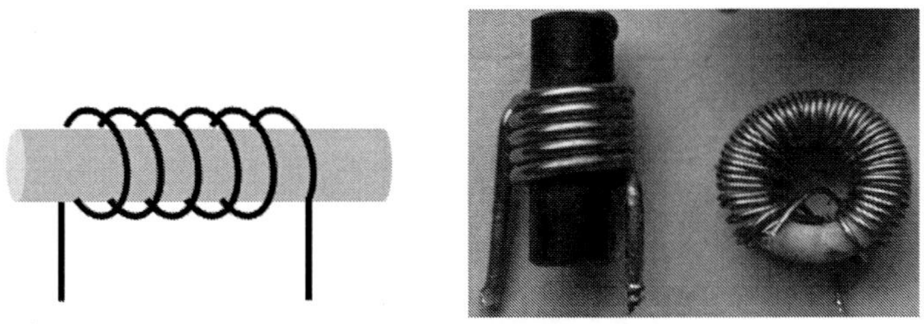

▌그림 3.6 인덕터의 구조

인덕터에 전류를 흘려주면 그림 3.7과 같이 주변에 자기장이 형성되며, 이 자기장은 인덕터에 저장된다. 그러나 전류가 변하면 자기장도 변하게 되고, 전류의 변화를 방해하는 방향으로 전류의 변화량에 비례하는 유도전압이 발생한다. 즉, 전류가 급격한 비율로 변하면 높은 전압이 유도되고 전류가 천천히 변하면 낮은 전압이 유도된다.

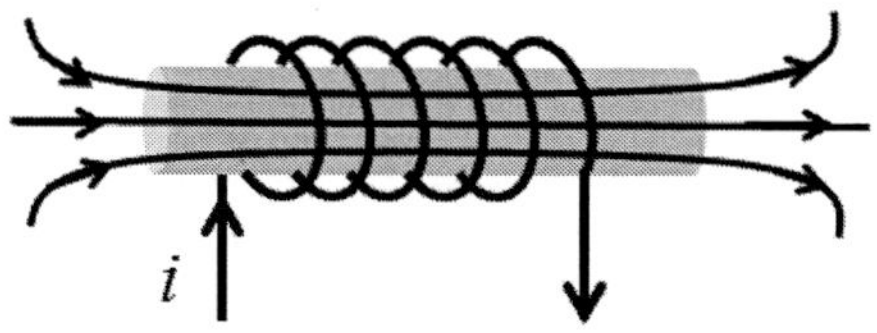

▌그림 3.7 인덕터에 전류를 흘리면 자기장이 발생한다

따라서 전류의 변화율이 $\frac{di}{dt}$일 때 인덕터에 유도되는 전압 ε는 다음과 같다.

$$\varepsilon = -L\frac{di}{dt} \tag{3.12}$$

여기서 L은 인덕터에 흐르는 전류의 변화량과 인덕터에 유도되는 전압의 비를 의미하는 것으로서 인덕턴스라 하고, 단위는 [H](Henry)이다. 만일 식(3.12)로부터 인덕터에 직류 전류가 흐른다면 $\frac{di}{dt}=0$이므로 유도 전압은 0이 된다. 즉 인덕터는 직류 전류에 대해 단락 회로처럼 동작함을 알 수 있다. 또한 음(-)의 부호는 전류의 변화를 방해하는 방향으로 전압이 유도됨을 의미한다.

인덕턴스 L은 인덕터의 구조와 형태에 따라 달라진다. 일반적으로 도선의 감은 수가 N, 도선의 단면적이 A 그리고 철심 도체의 비투자율이 μ_r, 인덕터의 길이가 l일 때 인덕턴스는 다음과 같다.

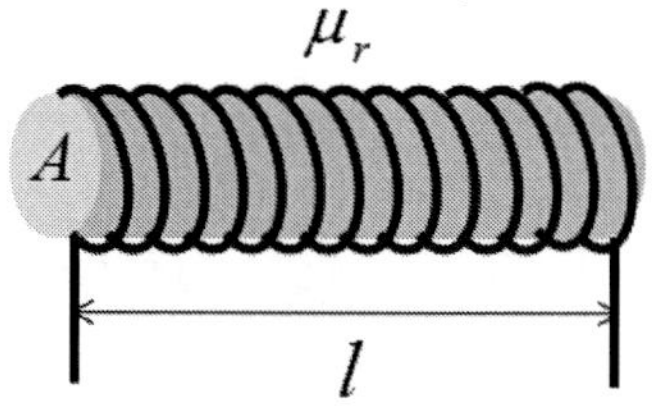

▌그림 3.8 단면적 A, 길이가 L, 비투자율이 μ_r인 철심으로 된 인덕터

$$L = \frac{\mu_0\mu_r N^2 A}{L} \tag{3.13}$$

여기서 μ_0은 진공의 투자율을 나타내며, $4\pi\times10^{-7}$[T·m/A]의 값을 가진다. 표 3.3은 여러 가지 물질의 비투자율을 나타낸 것이다.

표 3.3 여러 가지 물질의 비투자율

물질	비투자율(μ_r)
구리	0.999
공기	1.000
물	0.999
알루미늄	1.000
페라이트	1,000
철	4,000
니켈	50

예제 3.10

구리에 감긴 도선의 단면적이 3[cm²]이고 길이가 10cm, 코일의 감은 수가 500회일 때 인덕턴스는 얼마인가?

풀이

$\mu_r = 0.999$, $A = 3\times10^{-4}$[m²], $l = 10\times10^{-2}$[m], $N = 500$이므로

$$L = \frac{4\pi\times10^{-7}\times0.999\times500^2\times3\times10^{-4}}{10\times10^{-2}} = 0.94[\text{mH}]$$

예제 3.11

인덕터에 흐르는 전류가 3μs 동안 2A 만큼 변화할 때 유도되는 전압이 120V이면 인덕턴스는 얼마인가?

풀이

$$L = \frac{V}{di/dt} = \frac{120}{2/(3\times10^{-6})} = 180\times10^{-6} = 0.18\times10^{-3} = 0.18[\text{mH}]$$

3.2.2 인덕터에 저장되는 에너지

인덕터 회로에 전류가 흐르면 전류가 증가하는 방향과는 반대로 기전력이 유도된다. 이 유도 기전력을 극복하고 인덕터 양단의 전압을 회로 전체의 전

압으로 유지하려면 외부 기전력은 일을 해 주어야 한다. 따라서 전위차 V를 극복하고 인덕터에 미소 전류 di가 회로에 흐를 수 있도록 하는데 필요한 일률은 다음과 같다.

$$\frac{dW}{dt} = \mathcal{E}i = i \cdot L\frac{di}{dt} \tag{3.14}$$

따라서 $i=0$에서 $i=I$까지 전류가 흐를 수 있도록 하려면 인덕터가 하는 일, 즉 인덕터에 저장되는 에너지는 다음과 같이 구할 수 있다.

$$W = \int_0^I dW = \int_0^I Lidi = \frac{1}{2}LI^2 \tag{3.15}$$

식 (3.15)로부터 인덕터에 유도되는 전압이 해 준 일은 인덕터 내에 자기장을 형성하고, 자기장에 에너지를 축적함을 알 수 있다.

예제 3.12

40[mH]의 인덕터에 150[mA]의 전류가 흐를 때 인덕터에 저장되는 에너지는 얼마인가?

풀이

$$W = \frac{1}{2}LI^2 = \frac{1}{2}(40\times10^{-3})(150\times10^{-3})^2 = 450\times10^{-6} = 450[\mu J]$$

3.2.3 인덕터의 직병렬 연결

인덕터는 저항과 마찬가지로 직렬이나 병렬로 연결하여 사용하는 경우가 많다. 회로에서 인덕터가 직렬 또는 병렬 그리고 직병렬 연결된 경우 전체 인덕턴스를 구해보도록 하자. 인덕터의 회로도 기호는 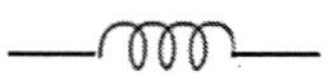이다.

3.2.3.1 직렬 연결

그림 3.9와 같이 세 개의 인덕터가 직렬 연결된 경우를 생각해 보자.

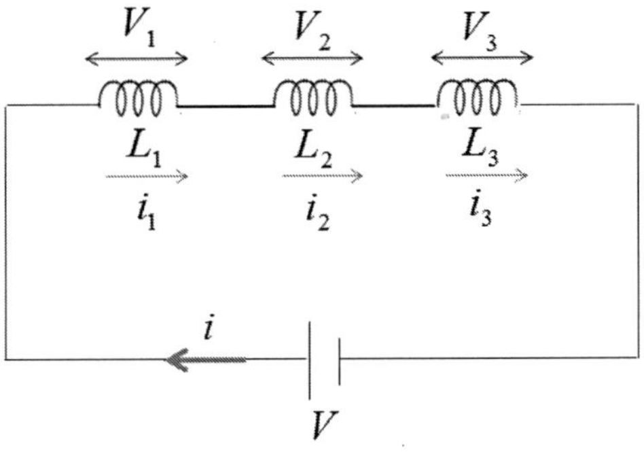

▌그림 3.9 인덕터의 직렬 연결

키르히호프의 전압 법칙에 의해 다음의 식이 성립한다.

$$V = V_1 + V_2 + V_3 \tag{3.16}$$

인덕터에 유도되는 기전력이 $V = L\dfrac{di}{dt}$이고, 직렬 회로에서 $i = i_1 = i_2 = i_3$이므로 식 (3.16)은 다음과 같이 표현될 수 있다.

$$V = L_1\frac{di_1}{dt} + L_2\frac{di_2}{dt} + L_3\frac{di_3}{dt}$$

$$= (L_1 + L_2 + L_3)\frac{di}{dt} \tag{3.17}$$

따라서 전체 인덕턴스는 $L = L_1 + L_2 + L_3$가 된다.

> n개의 인덕터가 직렬 연결되었을 때, 전체 인덕터는 $L = L_1 + L_2 + \cdots + L_n$이다. 즉, 직렬 연결에서 전체 인덕터는 각 인덕터를 모두 더한 것과 같다.

예제 3.13

20[H]와 50[H]의 인덕터가 직렬 연결된 경우 전체 인덕턴스는 얼마인가?

풀이

$$L = 20 + 50 = 70[\text{H}]$$

3.2.3.2 병렬 연결

그림 3.10은 세 개의 인덕터가 병렬 연결된 경우를 보인 것이다. 각 인덕터에 흐르는 전류를 각각 i_1, i_2, i_3라 할 때, 키르히호프의 전류 법칙을 적용하면 다음과 같다.

$$i = i_1 + i_2 + i_3 \tag{3.18}$$

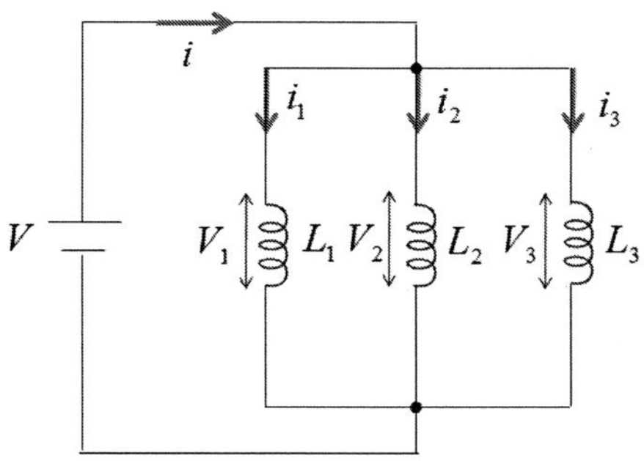

▌그림 3.10 인덕터의 병렬 연결

이때 인덕터 양단 전압이 V일 때 전류는 $i = \frac{1}{L}\int_o^t Vdt$이므로 식 (3.18)은 다음과 같이 표현할 수 있다.

$$\begin{aligned} i &= \frac{1}{L_1}\int_0^t V_1 dt + \frac{1}{L_2}\int_0^t V_2 dt + \frac{1}{L_3}\int_0^t V_3 dt \\ &= \left(\frac{1}{L_1} + \frac{1}{L_2} + \frac{1}{L_3}\right)\int_0^t Vdt \end{aligned} \tag{3.19}$$

따라서 병렬 연결된 회로에서 전체 인덕터는 $\frac{1}{L} = \frac{1}{L_1} + \frac{1}{L_2} + \frac{1}{L_3}$와 같다.

> 인덕터가 L_1, L_2,..., L_n인 n개의 인덕터가 병렬 연결되었을 때, 전체 인덕터는 $\frac{1}{L} = \frac{1}{L_1} + \frac{1}{L_2} + \cdots + \frac{1}{L_n}$이다. 즉 $R = \frac{1}{\left(\frac{1}{L_1} + \frac{1}{L_2} + \cdots + \frac{1}{L_n}\right)}$가 된다.
>
> 이는 병렬 연결에서 전체 인덕터는 각 인덕터의 역수를 모두 더한 후 그 합을 다시 역수한 것과 같다.

예제 3.14

50[H]와 150[H]의 인덕터가 병렬 연결된 경우 전체 인덕턴스는 얼마인가?

풀이

$$L=\frac{1}{\left(\frac{1}{L_1}+\frac{1}{L_2}\right)}=\frac{L_1L_2}{L_1+L_2}=\frac{50\cdot 150}{50+150}=37.5[\mathrm{H}]$$

예제 3.15

그림과 같이 인덕터가 직병렬 연결될 때 전체 인덕턴스를 구하라.

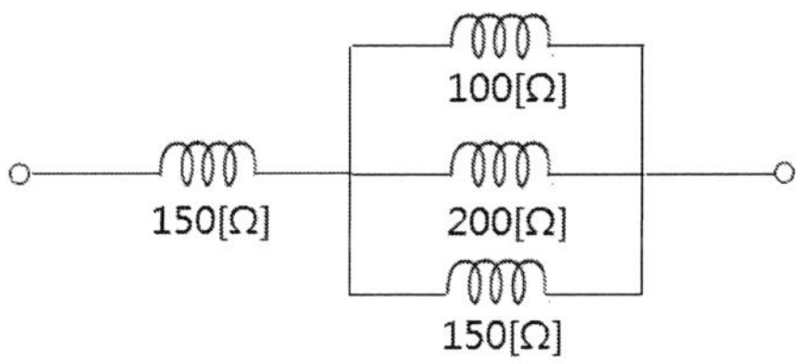

풀이

$$L=150+\frac{1}{\left(\frac{1}{100}+\frac{1}{200}+\frac{1}{150}\right)}=150+\frac{1}{0.022}=195.45[\mathrm{H}]$$

3.3 콘덴서

콘덴서(condenser)는 두 도체 사이의 공간에 전기를 모으는 교류 회로 소자로서 커패시터(capacitor) 또는 축전기라고도 불린다. 일반적으로 전기를 축적하는 기능 이외에도 직류 전류를 차단하고 교류 전류를 통과시키는 목적에도 사용된다.

콘덴서의 종류로는 그림 3.11과 같이 전해 콘덴서, 마일러 콘덴서, 세라믹 콘덴서, 그리고 슈퍼 콘덴서 등이 있다.

(a) 전해 콘덴서 (b) 탄탈 콘덴서 (c) 세라믹 콘덴서 (d) 슈퍼 콘덴서

▌그림 3.11 콘덴서의 종류

3.3.1 구조 및 원리

콘덴서는 그림 3.12와 같이 면적이 A인 두 개의 도체판 사이에 유전체라 불리는 절연체가 끼워져 있는 구조를 가진다. 유전체로는 종이, 운모, 유리, 세라믹, 전해질 등과 같은 절연체를 사용한다.

두 개의 도체판을 서로 닿지 않도록 간격 d만큼 평행하게 놓고 외부에서 전원 V를 연결하면, 위쪽 도체판의 전자는 양(+)의 전극에 의해 끌려오게 되고 음(−)의 전극에 의해 아래 도체판으로 이동한다. 이러한 전자의 이동은 계속되다가 도체판의 전위차가 전원 전압 V와 같아질 때 멈추게 된다. 결국 위쪽 도체판은 $+Q$, 아래쪽 도체판은 $-Q$로 대전되며 이는 전기가 저장됨을 의미한다. 이때 위쪽 도체판의 양(+)의 전하는 아래쪽 도체판의 음(−)의 전자를 끌어 당기게 되나 전자가 위쪽 도체판으로 끌려가지 않는 이유는 두 도체판 사이에 절연체가 채워져 있기 때문이다. 이로인해 콘덴서는 계속해서 전하를 축적하게 된다.

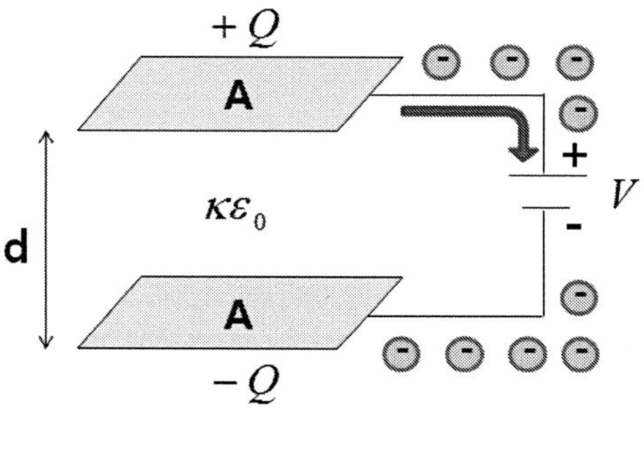

▌그림 3.12 커패시터의 구조 및 원리

이때 콘덴서가 얼마나 많은 전기를 축적하느냐는 전압 V와 정전용량 C에 의존한다.

$$Q = CV \tag{3.20}$$

정전용량은 콘덴서의 전하 축적 능력을 의미하는 것으로서 도체판의 면적 A가 크고 두 도체판의 간격 d가 작을수록 두 도체판에 축적된 전하의 인력이 커지므로 많은 전하를 축적할 수 있다. 뿐만 아니라 두 도체판 사이에 어떤 유전체를 채웠는가에 따라 정전용량은 달라진다. 따라서 정전용량 C는 식 (3.21)과 같이 표현될 수 있다.

$$C = \kappa\epsilon_0 \frac{A}{d} \tag{3.21}$$

여기서 $\epsilon_0 = 8.854\times 10^{-12}$[C2/N·m2]는 진공 상태에서의 유전율, κ는 물질의 유전 상수를 의미한다. 유전 상수는 물질에 따라 다르며, 표 3.4는 여러 물질의 유전 상수와 유전 강도를 보인 것이다. 유전 강도란 콘덴서에 가할 수 있는 최대 전압으로서 유전 강도를 초과시 유전체의 절연성이 파괴되어 버린다.

정전용량의 단위는 [F](Farad)을 사용하나. 일반적으로 콘덴서의 정전용량은 매우 작기 때문에 μF(=10−6F) 또는 pF(=10−12F)의 단위가 주로 사용된다.

표 3.4 여러 가지 물질의 유전 상수 및 유전 강도

물질	유전 상수	유전 강도[106V/m]
마일라	3.2	7
나일론	3.4	14
종이	3.7	16
진공	1	−
폴리스티렌	2.56	24
염화폴리비닐	3.4	40
테플론	2.1	60
물	80	−

참고

콘덴서의 정전용량은 주로 3자리의 숫자를 이용하거나 그대로 표시하기도 한다. 3자리 숫자로 사용하는 경우 앞의 두 개의 숫자는 유효 용량, 세 번째 숫자는 승수를 의미한다. 이때 단위는 pF을 사용한다. 예를 들어 10^3이면 10×10^3=10,000pF = 0.01μF이 되는 것이다. 일반적으로 100pF 이하의 콘덴서는 용량을 그대로 표시한다. 즉 47은 47pF를 의미하는 것이다.

3.3.2 콘덴서에 저장되는 에너지

앞 절에서 설명한 바와 같이 콘덴서가 전하를 충전하기 위해 위쪽 도체판에서 아래쪽 도체판으로 전자를 이동시키려면 일이 필요하다. 즉, 미소 전하 dq를 도체판의 양단 전압 V를 극복하고 아래쪽 도체판으로 이동시키려면 다음과 같은 일이 필요하다.

$$dW = Vdq \tag{3.22}$$

이때 $V=\dfrac{q}{C}$이므로 q를 0에서 최대 전하량 Q까지 이동시키는데 요구되는 전체 일은 다음과 같다.

$$W=\int_0^Q dW=\int_0^Q Vdq=\int_0^Q \frac{q}{C}dq=\frac{Q^2}{2C} \tag{3.23}$$

콘덴서를 충전하기 위해 한 일은 콘덴서에 저장되는 에너지와도 같다.

이제 식 (3.23)에 식 (3.20)을 대입하면 콘덴서에 저장되는 에너지의 또 다른 표현식을 얻을 수 있다.

$$W=\frac{Q^2}{2C}=\frac{VQ}{2}=\frac{CV^2}{2} \tag{3.24}$$

예제 3.16

가로 3cm, 세로 5cm인 두 개의 도체판 사이에 종이를 끼운 콘덴서가 있다. 도체판 간격이 2.1mm일 때 (a) 콘덴서의 정전용량은 얼마인가? (b) 만일 콘덴서 양단을 10V 전지에 연결한다면 콘덴서에 충전되는 전하량은 얼마인가? (c) 또한 이 콘덴서에 저장되는 에너지를 구하라.

풀이

(a) 표 3.3으로부터 종이의 유전 상수 $k=3.7$이며

$d=2.1\times10^{-3}$[m], $A=(3\times10^{-2})\cdot(5\times10^{-2})=15\times10^{-4}$[m^2]이므로

$$C=k\epsilon_0\frac{A}{d}=(3.7\times8.854\times10^{-12})\frac{15\times10^{-4}}{2.1\times10^{-3}}=234\times10^{-13}=23.4\times10^{-12}$$

$=23.4$[pF]

(b) $Q = CV = 23.4 \times 10^{-12} \times 10 = 234^{-12}$[pC]

(c) $W = \dfrac{CV^2}{2} = \dfrac{23.4 \times 10^{-12} \times 10^2}{2} = 11.7 \times 10^{-10}$ [J]

3.3.3 콘덴서의 직병렬 연결

콘덴서는 저항과 마찬가지로 직렬이나 병렬로 연결하여 사용하는 경우가 많다. 따라서 콘덴서가 직렬 또는 병렬 그리고 직병렬 연결된 경우 전체 정전용량이 전하 및 전압과 어떠한 관계가 있는지를 알아볼 필요가 있다.

3.3.3.1 직렬 연결

그림 3.13은 각 정전용량이 C_1, C_2, C_3인 세 개의 콘덴서를 직렬 연결하고 양단에 전압 V를 인가한 회로를 보인 것이다. 콘덴서의 회로도 기호는 ─┤├─ 이다.

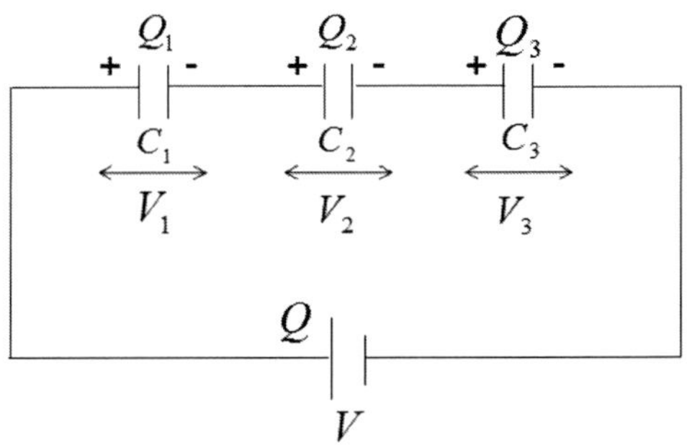

▌그림 3.13 세 콘덴서의 직렬 연결

각 콘덴서에 충전되는 전하량을 Q_1, Q_2, Q_3라 할 때 양단 전압은 다음과 같다.

$$V_1 = \frac{Q_1}{C_1},\quad V_2 = \frac{Q_2}{C_2},\quad V_3 = \frac{Q_3}{C_3} \tag{3.25}$$

이때 직렬 연결 회로이므로 전체 전하량과 세 개의 콘덴서에 축적되는 전하량은 모두 동일하다.

$$Q = Q_1 = Q_2 = Q_3 \tag{3.26}$$

또한 키르히호프의 전압 법칙에 의해 $V = V_1 + V_2 + V_3$이므로 식 (3.25)와 식 (3.26)을 대입하면 다음의 식이 성립된다.

$$
\begin{aligned}
V &= V_1 + V_2 + V_3 \\
&= \frac{Q_1}{C_1} + \frac{Q_2}{C_2} + \frac{Q_3}{C_3} \\
&= \left(\frac{1}{C_1} + \frac{1}{C_2} + \frac{1}{C_3}\right)Q
\end{aligned}
\tag{3.27}
$$

여기서 V는 직렬 회로의 전체 전압, Q는 전체 전하량이므로 전체 정전용량 C은 다음의 식에 의해 구할 수 있다.

$$\frac{1}{C} = \frac{1}{C_1} + \frac{1}{C_2} + \frac{1}{C_3} \tag{3.28}$$

> n개의 콘덴서가 직렬 연결되었을 때, 전체 정전용량은 $\frac{1}{C} = \frac{1}{C_1} + \frac{1}{C_2} + \cdots + \frac{1}{C_n}$ 이다. 즉 $C = \dfrac{1}{\left(\frac{1}{C_1} + \frac{1}{C_2} + \cdots + \frac{1}{C_n}\right)}$ 가 된다.
>
> 이는 전체 정전용량은 각 정전용량의 역수를 모두 더한 후 그 합을 다시 역수한 것과 같다.

예제 3.17

$C_1 = 30$[μF], $C_2 = 60$[μF]을 5[V] 전압에 직렬 연결했을 때 C_1의 양단 전압을 구하라.

풀 이

직렬 연결 회로이므로 전체 정전용량은 $\frac{1}{C} = \frac{1}{C_1} + \frac{1}{C_2} = \frac{1}{30\mu} + \frac{1}{60\mu}$ 이므로

$C = 20$[μF]이다.

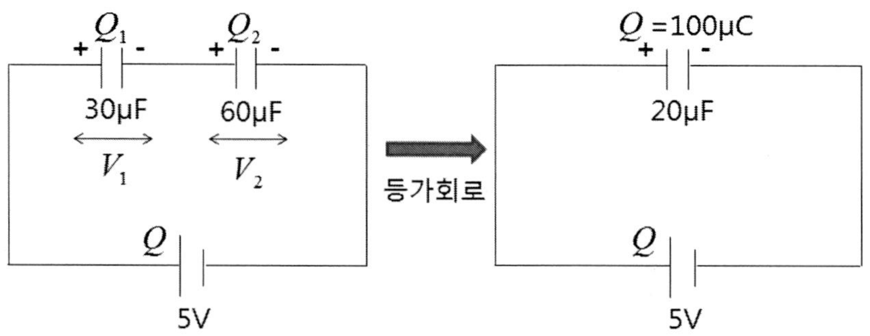

따라서 충전되는 전체 전하량은 $Q = CV = (20\times10^{-6})(5) = 100\times10^{-6} = 100$ [μC]이다. 직렬 회로에서 각 콘덴서에 충전되는 전하량은 전체 전하량과 같으므로 $Q = Q_1 = Q_2 = 100$[μC]이다. 그러므로 C_1과 C_2의 양단 전압은 각각 다음과 같다.

$$V_1 = \frac{Q_1}{C_1} = \frac{100\times10^{-6}}{30\times10^{-6}} = 3.3[\mathrm{V}],\quad V_2 = \frac{Q_2}{C_2} = \frac{100\times10^{-6}}{60\times10^{-6}} = 1.67[\mathrm{V}]$$

3.3.3.2 병렬 연결

그림 3.14는 정전용량이 C_1, C_2, C_3인 세 개의 콘덴서를 병렬 연결한 회로이다.

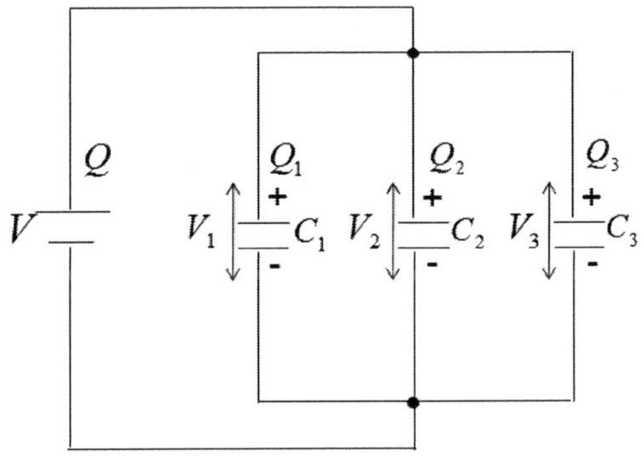

▌그림 3.14 세 콘덴서의 직렬 연결

각 콘덴서의 양단 전압을 V_1, V_2, V_3라 할 때, 충전되는 전하량은 다음과 같다.

$$Q_1 = C_1 V_1,\quad Q_2 = C_2 V_2,\quad Q_3 = C_3 V_3 \tag{3.29}$$

이때 병렬 연결 회로이므로 세 콘덴서의 양단 전압과 전체 전압은 모두 같다.

$$V = V_1 = V_2 = V_3 \tag{3.30}$$

또한 키르히호프의 전류 법칙에 의해 $Q = Q_1 + Q_2 + Q_3$이므로 식 (3.29)와 식 (3.30)을 대입하면 다음의 식이 성립된다.

$$\begin{aligned} Q &= Q_1 + Q_2 + Q_3 \\ &= C_1 V_1 + C_2 V_2 + C_3 V_3 \\ &= (C_1 + C_2 + C_3)V \end{aligned} \tag{3.31}$$

여기서 V는 직렬 회로의 전체 전압, Q는 전체 전하량이므로 전체 정전용량 C는 다음과 같다.

$$C = C_1 + C_2 + C_3$$

n개의 콘덴서가 병렬 연결된 경우, 전체 정전용량은 $C = C_1 + C_2 + \cdots + C_n$이다. 이는 전체 정전용량은 각 정전용량을 모두 합한 것과 같다.

예제 3.18

$C_1 = 100$[μF], $C_2 = 120$[μF]을 5[V] 전압에 병렬 연결할 때 각 콘덴서의 전하량과 양단 전압을 구하라.

풀이

병렬 연결 회로이므로 전체 전압과 각 콘덴서의 양단 전압은 모두 $V = V_1 = V_2 = 5$[V]이며, 전체 정전용량은 $C = C_1 + C_2 = 100\mu + 120\mu = 220$[μF]이다.

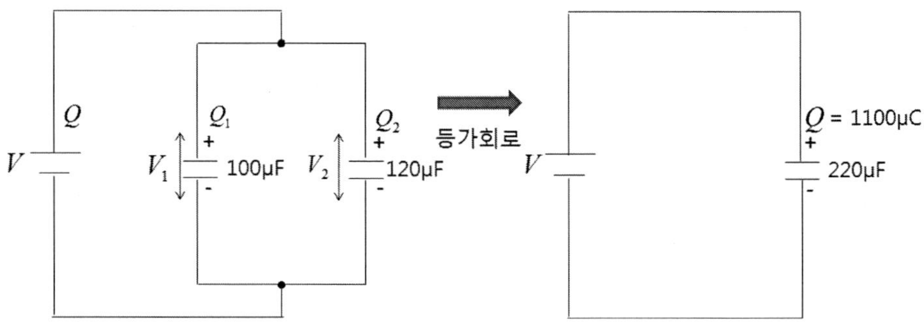

따라서 전체 전하량은 $Q = CV = 220\mu \cdot 5 = 1100$[μC]이고, 각 콘덴서의 전하량은 다음과 같다.

$$Q_1 = C_1 V_1 = (100\mu) \cdot 5 = 500[\mu C],\ Q_2 = C_2 V_2 = (120\mu) \cdot 5 = 600[\mu C]$$

예제 3.19

$C_1 = 40$[μF], $C_2 = 20$[μF], $C_3 = 30$[μF]이 그림과 같이 직병렬 연결되었을 때 각 콘덴서의 전하량과 양단 전압을 구하라.

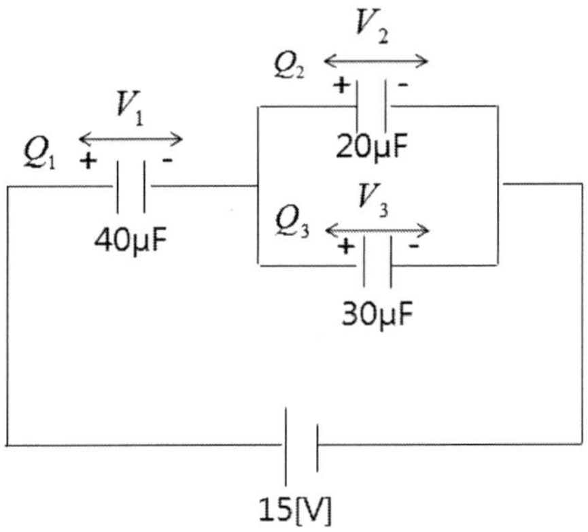

풀이

전체 정전용량은 $C = \dfrac{40\mu \cdot 50\mu}{40\mu + 50\mu} = 22.2$[μF]이므로 전체 전하량은

$Q = CV = (22.2\mu) \cdot 15 = 333$ [μC]이다.

또한 $Q = Q_1 = 333$[μC]이므로 40[μF]의 양단 전압은

$V_1 = \dfrac{Q_1}{C_1} = \dfrac{333\mu}{40\mu} = 8.325$[V]가 된다. 키르히호프의 전압 법칙에 의해 $V_2 = V_3 = V - V_1 = 6.675$[V]이므로, $Q_2 = C_2 V_2 = (20\mu) \cdot 6.675 = 133.5$[μC],

$Q_3 = C_3 V_3 = (30\mu) \cdot 6.675 = 200.3$[μC]이다.

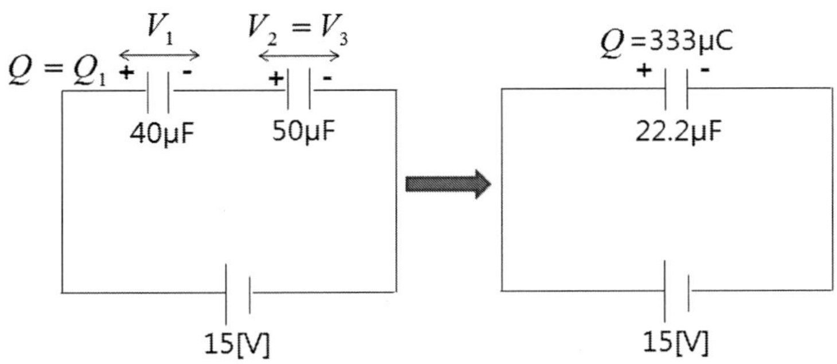

3.3.4 RC 회로

3.3.4.1 콘덴서의 충전

그림 3.15는 저항기와 콘덴서가 직렬로 연결된 RC 회로를 보인 것이다. 초기에 콘덴서는 충전되어 있지 않다고 가정한다. 즉 $t=0$에서 $Q=0$이다. 이제 스위치 S를 열면 RC 회로에는 전류가 흐르고 콘덴서는 충전되기 시작한다.

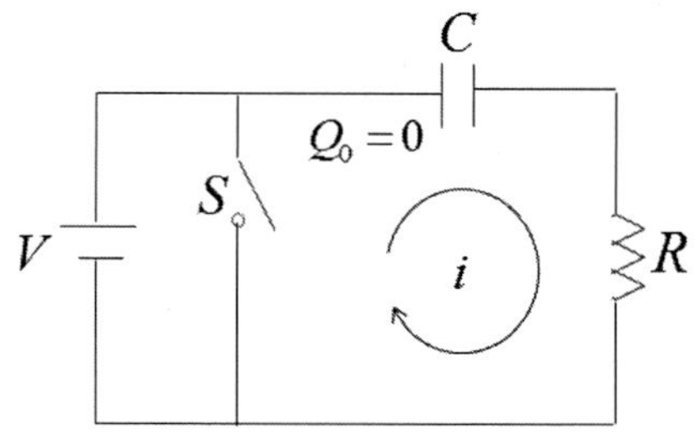

▌그림 3.15 RC 회로의 충전

회로에 흐르는 전류를 i라 할 때 키르히호프의 전압 법칙에 의해 회로 방정식을 세우면 다음과 같다.

$$V = Ri + \frac{1}{C}\int i dt \tag{3.32}$$

전류의 정의식 $i = \frac{dQ}{dt}$에 의해 $Q = \int i dt$가 된다. 따라서 이를 식 (3.32)에 대입하면 회로 방정식은 식 (3.38)과 같이 미분 방정식이 된다.

$$V = R\frac{dQ}{dt} + \frac{Q}{C} \tag{3.33}$$

따라서 식 (3.33)의 방정식을 dt와 dQ의 항으로 변수 분리하면 식 (3.34)와 같다.

$$\frac{dQ}{Q - VC} = -\frac{1}{RC}dt \tag{3.34}$$

이제 식 (3.34)의 양변을 적분하면 식 (3.35)를 얻을 수 있다.

$$\ln(Q - VC) = -\frac{1}{RC}t + C' \tag{3.35}$$

여기에 초기 조건, 즉 $t=0$일 때 $Q=0$을 대입하면 적분 상수

$C' = \ln(-VC)$가 된다. 그러므로 식 (3.35)에 의해

$$\ln(Q-VC) = -\frac{1}{RC}t + \ln(-VC)$$

$$\ln(Q-VC) - \ln(-VC) = -\frac{1}{RC}t$$

$$\ln\left(\frac{Q-VC}{-VC}\right) = -\frac{1}{RC}t$$

$$\ln\left(1-\frac{Q}{VC}\right) = -\frac{1}{RC}t \qquad (3.36)$$

가 되고 양변에 지수 함수를 취하면, 시간에 따른 전하량의 변화는 다음과 같다.

$$1-\frac{Q}{VC} = e^{-\frac{1}{RC}t}$$

$$Q = CV\left(1-e^{-\frac{1}{RC}t}\right) \qquad (3.37)$$

또한 식 (3.37)을 시간에 대해 미분하면 전류의 변화를 알 수 있다.

$$i = \frac{dQ}{dt} = \frac{V}{R}e^{-\frac{1}{RC}t} \qquad (3.38)$$

그림 3.16은 식 (3.37)과 (3.38)을 그래프로 나타낸 것이다.

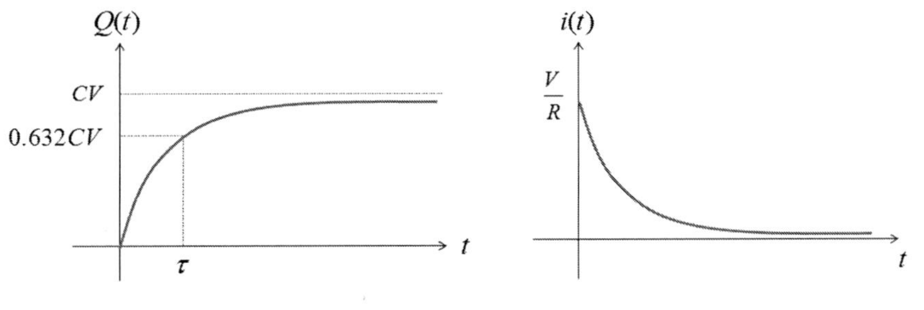

(a) 시간에 따른 전하량의 변화 (b) 시간에 따른 전류의 변화

▌그림 3.16 축전기의 충전 그래프

그래프로부터 콘덴서의 초기 전하는 $Q_0 = 0$이지만 시간이 지남에 따라 점점 $Q_\infty = CV$로 충전됨을 알 수 있다. 이 때 최대 전하량 CV의 63.2%에 이르기까지 걸리는 시간을 회로의 시정수(time constant)라 한다. 시정수의 기호는 τ, 단위는 [s](sec)이다.

그림 3.16(a)에서 Q가 $0.632CV$가 되기까지 걸리는 시간 τ는 식 (3.37)로부터 구할 수 있다.

$$0.632CV = CV(1-e^{-\frac{1}{RC}\tau})$$

따라서 시정수 τ는 다음과 같다.

$$\tau = RC$$

또한 그림 3.16(b)로부터 회로에 흐르는 전류는 초기 전류가 $i_0 = \frac{V}{R}$이나 $i_\infty = 0$에 가까워짐을 알 수 있다. 이는 콘덴서에 최대 전하량이 충전되면 콘덴서의 양단 전압은 전원 전압 V와 같아지므로 회로에 흐르는 전류는 0이 됨을 의미한다.

3.3.4.2 콘덴서의 방전

이제 그림 3.17과 같이 스위치 S를 닫아보자. 이때 전원은 차단이 되므로 콘덴서에 충전되어 있는 전하량 $Q_0 = CV$에 의해 충전시와는 반대 방향으로 방전되기 시작한다.

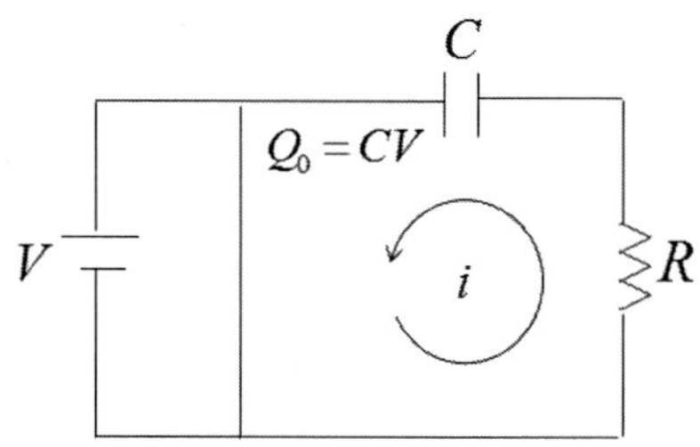

▌그림 3.17 RC 회로의 방전

방전시 회로에 흐르는 전류를 i라 할 때 회로 방정식은 다음과 같다.

$$0 = Ri + \frac{1}{C}\int idt \tag{3.39}$$

$i = \frac{dQ}{dt}$, $Q = \int idt$를 위의 식 (3.39)에 대입하면 회로 방정식은 다음과 같이 미분 방정식이 된다.

$$0 = R\frac{dQ}{dt} + \frac{Q}{C} \tag{3.40}$$

이제 식 (3.40)에서 dt와 dQ의 항으로 변수 분리하면 다음과 같다.

$$\frac{dQ}{Q} = -\frac{1}{RC}dt \tag{3.41}$$

따라서 식 (3.41)의 양변을 적분하면 아래의 식을 얻을 수 있다.

$$\ln(Q) = -\frac{1}{RC}t + C' \tag{3.42}$$

그리고 초기 조건, 즉 $t=0$일 때 $Q=CV$를 대입하면 $C' = \ln(CV)$가 된다. 따라서 식 (3.42)는 다음과 같다.

$$\ln(Q) = -\frac{1}{RC}t + \ln(CV)$$

$$\ln(Q) - \ln(CV) = -\frac{1}{RC}t$$

$$\ln\left(\frac{Q}{CV}\right) = -\frac{1}{RC}t \tag{3.43}$$

이제 양변에 지수 함수를 취하면, 시간에 따른 전하량의 변화는 다음과 같다.

$$\frac{Q}{CV} = e^{-\frac{1}{RC}t}$$

$$Q = CV\left(e^{-\frac{1}{RC}t}\right) \tag{3.44}$$

또한 식 (3.44)를 시간에 대해 미분하면 전류의 변화를 알 수 있다.

$$i = \frac{dQ}{dt} = -\frac{V}{R}e^{-\frac{1}{RC}t} \tag{3.45}$$

그림 3.18은 식 (3.44)와 (3.45)를 그래프로 나타낸 것이다.

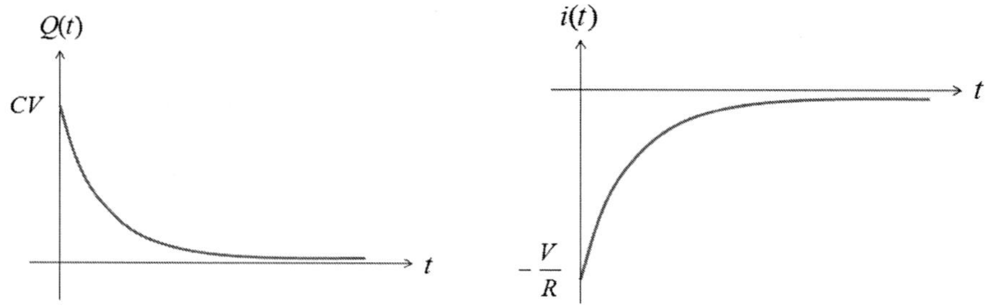

(a) 시간에 따른 전하량의 변화　　(b) 시간에 따른 전류의 변화

▌그림 3.18 축전기의 방전 그래프

그래프로부터 콘덴서의 초기 전하는 $Q_0 = CV$이지만 시간이 지남에 따라 모두 방전되어 0이 됨을 알 수 있다. 회로에 흐르는 전류 역시 초기 전류는 충전시와는 반대 방향으로, 즉$i_0 = -\frac{V}{R}$가 흐르나 점점 전류가 흐르지 않게 된다.

> 직류 회로에 콘덴서를 연결하면 회로를 개방한 것과 같기 때문에 전류가 흐르지 않는다. 반면 콘덴서를 연결한 RC 회로의 경우 스위치를 닫은 직후 회로에 흐르는 전류는 최대가 된다. 그러나 시간이 지남에 따라 콘덴서에 최대 전하량이 충전되고 이때 콘덴서의 양단 전압은 전원 전압과 같아지므로 회로에 흐르는 전류는 0이 된다.

예제 3.20

$R = 10[\Omega]$, $C = 0.5$[F]인 RC 직렬 회로에 10[V]의 전원을 연결하였다.

(a) 축적되는 최대 전하량은 얼마인가?

(b) 시상수를 구하라.

(c) 최종 전하량의 80%에 도달하기까지 걸리는 시간은 얼마인가?

(d) 회로에 흐르는 전류를 구하라.

(e) 스위치를 열어 전원을 공급하지 않는다면 전류는 어떻게 변화하는가?

풀이

(a) 전원에 의해 축전되는 전하량은

$Q = (0.5)(10)(1-e^{-\frac{1}{(10)(0.5)}t}) = 5(1-e^{-\frac{1}{5}t})$이므로 최대 전하량은 5[C]이다.

(b) 시상수 $\tau = RC = 10(0.5) = 5$[s]

(c) 최종 전하량의 80%에 도달하기까지 걸리는 시간은 $0.8(5) = 5(1-e^{-\frac{1}{5}t})$로부터 $t = 8.05$[s]이다.

(d) 회로에 흐르는 전류는 $i = \frac{V}{R}e^{-\frac{1}{RC}t} = e^{-\frac{1}{5}t}$

(e) 축전기에 충전된 전하가 방전되므로 $i = -e^{-\frac{1}{5}}$가 흐른다.

연 ▮ 습 ▮ 문 ▮ 제

1. 길이가 10m이고 단면의 반지름이 0.5mm인 알루미늄이 있다. 이 구리의 저항 값은 얼마인가?

2. 아래의 회로에서 각 저항에 흐르는 I_1, I_2를 구하고 전원에 의해 공급되는 전력 및 각 저항에 흡수되는 전력을 구하라.

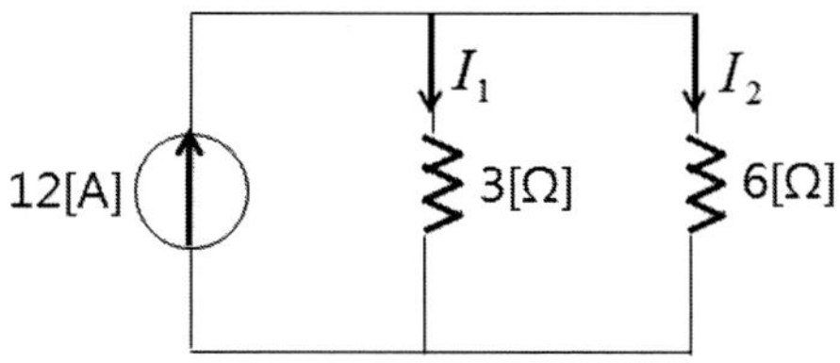

3. 2[mH]의 인덕터에 흐르는 전류가 $i(t) = 2\sin 377t$일 때 인덕터 양단의 전압과 이에 저장된 에너지를 구하라.

4. 아래의 회로에서 등가 인덕턴스를 구하라.

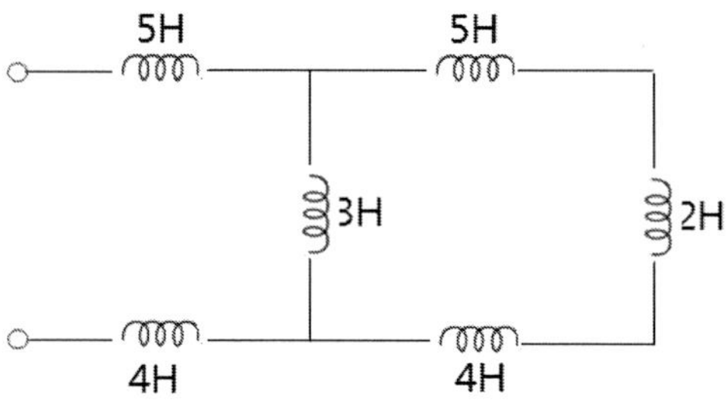

5. 12[V]로 충전된 콘덴서의 전하량이 600[pC]일 때 콘덴서의 정전용량은 얼마인가? 또한 콘덴서에 저장되는 에너지는 얼마인가?

6. 아래의 회로에서 등가 정전 용량을 구하라.

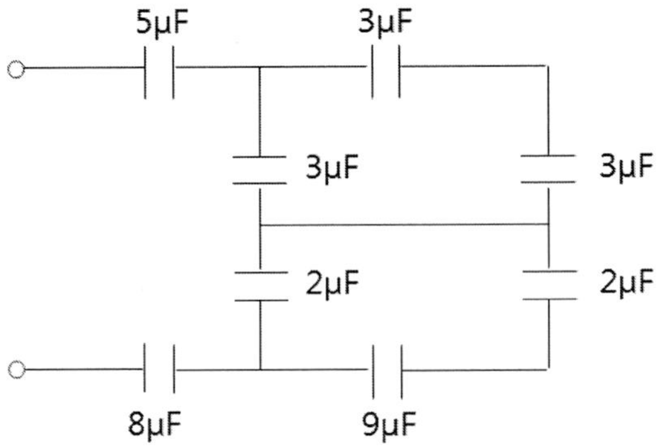

7. $t=0$에서 스위치가 닫힐 때 $v(t)$, $i(t)$를 구하고, $v(t)=50$[V]가 되는 시간을 구하라. 단, 콘덴서의 초기 전압은 100[V]라 가정한다.

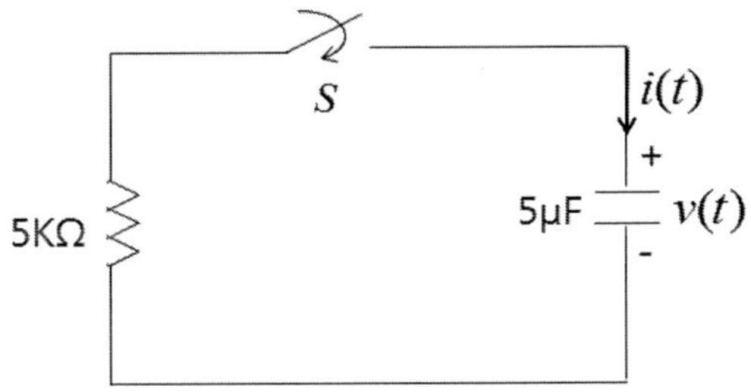

Chapter 4
전자기 유도

전자기 유도는 전기가 있는 곳에는 항상 자기장이 발생하고, 자기장이 형성된 곳에는 전기가 발생하는 현상을 말한다. 패러데이에 의해 발견된 전자기 유도 법칙은 발전기와 모터 등의 전기 구동기의 원리가 되며, 오늘날 첨단 전자 기술의 밑바탕이 되고 있다. 이 장에서는 패러데이 법칙에 대해 설명하고 전자기 유도의 원리를 이용한 대표적인 예로 발전기와 전동기 그리고 변압기의 원리에 대해 알아본다. 또한 인덕터를 연결한 직류 RL 회로에서 스위치를 닫은 직후 회로에 흐르는 전류의 변화에 대해 살펴본다.

4.1 패러데이 법칙

덴마크의 화학자이자 교수인 외르스테드는 그림 4.1과 같이 전류가 흐르는 도선 주위에는 오른손 법칙에 의해 동심원 형태의 자기장이 발생한다는 것을 발견하였다. 이때 형성되는 자기장의 크기는 다음과 같다.

$$B = k'\frac{2I}{d} \tag{4.1}$$

여기서 B는 자기장을 의미하며, 단위는 [T]이다. 또한 I는 도선에 흐르는 전류의 크기, d는 도선으로부터 떨어진 거리를 나타내며, k'는 10^{-7}의 값을 가지는 상수이다.

식 (4.1)로부터 만일 도선에 전류가 흐르지 않는다면, 즉 $I=0$이면 자기장이 발생하지 않고, 오직 전류가 흐를 때만 도선 주위에 자기장이 형성됨을 알 수 있다. 또한 전류가 흐르는 도선으로부터 가까울수록 자기장의 세기가 크고, 멀리 떨어질수록 자기장의 크기는 약해진다는 것을 알 수 있다.

외르스테드의 발견 이후 비오와 사바르, 그리고 암페어 등은 전류가 만드는 자기장에 대한 여러 가지 원리들을 밝혀 내었다.

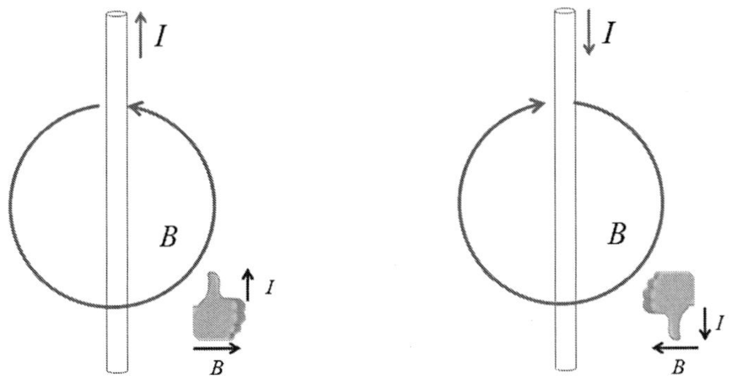

(a) 전류의 위로 흐를 때 (b) 전류가 아래로 흐를 때

▌그림 4.1 전류가 흐르는 도선 주위에 형성되는 자기장의 방향

역으로 영국의 물리학자 패러데이와 렌츠는 자기장을 만드는 자석에 의해 주위에 전기장이 발생한다는 사실을 발견하였다. 즉 회로에 전원을 가하지 않더라도 자석을 이동시킬 때 발생하는 자기선속의 변화로 인해 회로에 전류가 흐르는 것을 밝혀낸 것이다.

그림 4.2는 전원이 가해지지 않은 회로에 전류계를 연결한 후 자석의 이동에 의한 회로의 전류를 측정한 것이다.

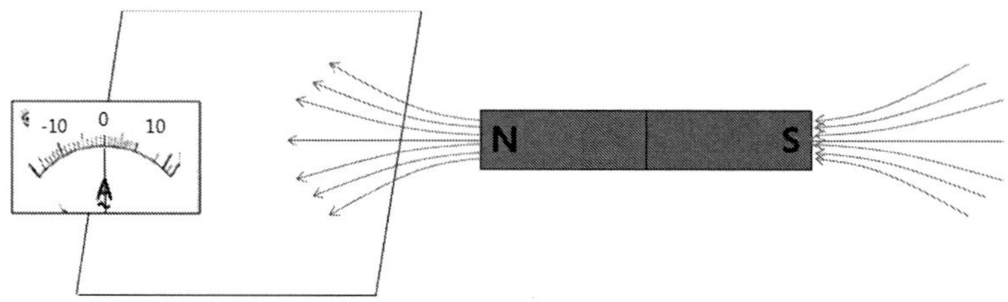

(a) 자석이 움직이지 않을 때(전류는 흐르지 않음)

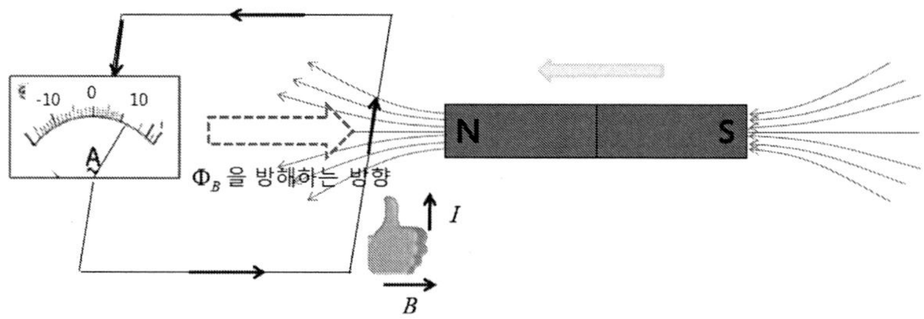

(b) 자석을 회로 안쪽으로 가져갈 때(양의 전류가 흐름)

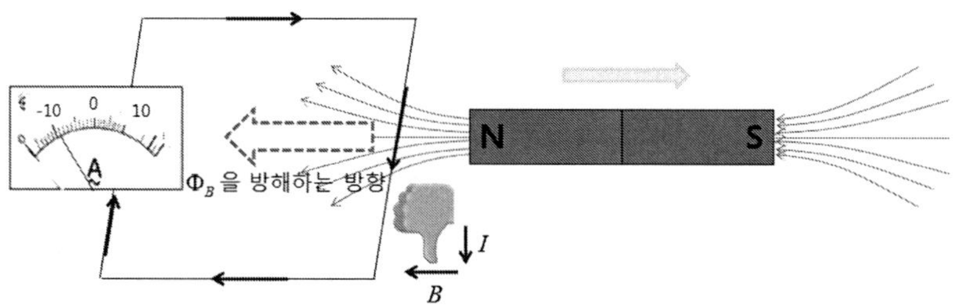

(c) 자석을 도선 바깥쪽으로 가져갈 때(음의 전류가 흐름)

▌그림 4.2 움직이는 자석에 의한 도선의 전류 변화

그림 4.2(a)의 경우 자석을 움직이지 않았을 때를 보인 것으로서 자석에 의해 회로 내에 자기장이 존재하더라도 전류가 전혀 흐르지 않음을 알 수 있다. 반면 그림 4.2(b)와 그림 4.2(c)는 자석을 회로의 안쪽 또는 바깥쪽으로 움직인 경우이며, 이때는 회로에 전류가 흐르나 전류의 방향은 서로 반대가 된다.

이와 같이 도선에 전원을 인가하지 않았음에도 불구하고 회로에 전류가 흐른다는 것은 회로가 놓인 공간에 전기장이 존재하고, 이로인해 기전력이 유도

됨을 의미한다.

패러데이는 유도 기전력을 결정하는 요인을 면밀히 연구함으로써 식 (4.2)와 같은 패러데이의 전자기 유도 법칙을 발견하였다.

$$\mathcal{E} = -\frac{d\Phi_B}{dt} \tag{4.2}$$

여기서 $\mathcal{E}$는 회로에 유도되는 유도 기전력을 의미하고 단위는 [V]이다. 또한 Φ_B는 회로의 단면을 지나는 자기선속을 나타내며 단위는 [Wb]이다.

만일 그림 4.3과 같이 회로를 지나는 자기장이 B로 균일하고 자기장이 통과하는 회로의 단면적을 S라 하면 회로를 지나는 자기선속은 다음과 같이 정의된다.

$$\Phi_B = \vec{B} \cdot \vec{S} = BS\cos\theta \tag{4.3}$$

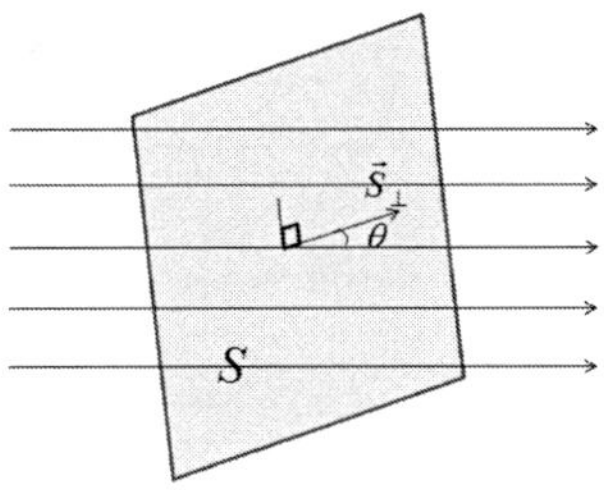

▌그림 4.3 균일한 자기장을 통과하는 회로의 단면

여기서 θ는 회로의 단면에 수직인 성분 벡터 $\vec{S}_\perp$와 자기장 $\vec{B}$가 이루는 각도이다. 따라서 식 (4.2)는 시간에 따라 자기선속 Φ_B가 변할 때, 즉 자기장의 변화율에 따라 유도 기전력이 발생함을 의미한다.

$$\mathcal{E} = -\frac{d\Phi_B}{dt} = -\frac{d(BS\cos\theta)}{dt} = -S\cos\theta\frac{dB}{d\theta} \tag{4.4}$$

이때 음(−)의 부호는 유도 기전력이 자기선속의 변화를 방해하는 방향으로 발생함을 의미하는 것으로서 렌츠의 법칙이라고도 한다.

즉 자석을 회로 안쪽으로 가져가면 회로의 단면을 통과하는 자기선속이 증가하므로 이와는 반대 방향으로 자기장이 형성된다. 반대로 자석을 회로 바깥쪽으로 움직이면 자기선속이 감소하기 때문에 회로 안쪽으로 자기장이 발생하게 되는 것이다. 그림 4.2에서 점선으로 표시한 화살표는 자기선속의 변화를 방해하는 방향을 나타낸 것이며, 이것의 방향에 따라 오른손 법칙에 의해 회로에 흐르는 전류 방향이 결정된다.

예제 4.1

한 변의 길이가 6.0cm인 정사각형 모양의 폐회로가 놓여 있다. 이때 회로의 면에 수직한 방향으로 형성된 균일한 자기장의 세기가 0.1초 동안 10T에서 −10T까지 일정한 비율로 변했다면 이 회로에 유도되는 기전력은 얼마인가?

풀이

$\theta = 90°$이므로 식 (4.3)에 의해 $\Phi_B = BS\cos\theta = BS$이다.

또한 $S = (6.0\times10^{-2})\times(6.0\times10^{-2}) = 36\times10^{-4}$[m^2]이다.

따라서 식 (4.2)로부터

$\mathcal{E} = -\dfrac{d\Phi_B}{dt} = -S\dfrac{dB}{dt} = -(36\times10^{-4})\dfrac{-10-10}{0.1} = 0.72$[V]가 된다.

4.2 전자기 유도의 예

우리의 실생활에서 없어서는 안되는 발전기와 변압기는 패러데이에 의한 전자기 유도 현상을 직접 응용하여 만든 것이다. 이 절에서는 발전기와 전동기 그리고 변압기의 원리에 대해 설명하고자 한다.

4.2.1 발전기

발전기는 위치 에너지나 열 에너지를 전기 에너지를 바꾸는 것이다. 전기 에너지는 환경 오염을 만들어 내지 않는 깨끗한 에너지일 뿐만 아니라 여러 가지 전기 기구를 이용하여 사용하므로 매우 편리한 에너지이다. 따라서 현대 생활에서는 에너지를 전기 에너지로 바꾸어 이용하는 경우가 많다. 그림 4.4는 발전기의 원리를 보인 것이다.

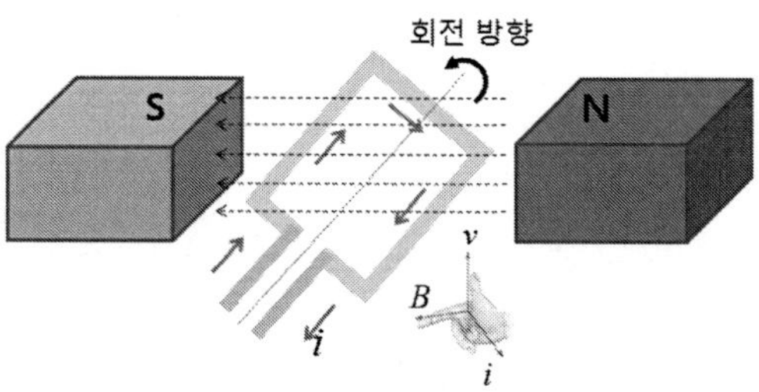

▌그림 4.4 발전기의 원리

발전기는 거대한 영구자석에 의해 형성된 자기장 속에 폐회로가 놓여 있는 구조이다. 이 폐회로를 그림과 같이 오른손의 엄지 손가락이 가리키는 방향, 즉 반시계 방향으로 회전시키면 플레밍의 오른손 법칙에 의해 가운데 손가락이 가리키는 방향으로 전류가 흐른다. 이때 폐회로를 자기장 내에서 회전시키기 위해 수력을 이용하면 수력 발전기가 되고, 석탄을 때서 터빈을 돌리는 방법을 이용하면 화력 발전기가 된다. 또한 핵분열에서 나오는 에너지를 이용하면 원자력 발전기가 되는 것이다.

직류 전압은 교류 전압을 정류하여 얻는다. 따라서 직류 발전기는 교류 발전기에 정류자와 브러시를 추가하여 직류 전압을 얻을 수 있다.

플레밍의 오른손 법칙은 자기장 속에서 도선을 움직일 때 도선 내에 생기는 전류의 방향을 나타낼 때 사용한다.

4.2.2 전동기

발전기는 자기장 내의 폐회로를 외부의 다른 에너지를 이용하여 회전시켰을 때 그 회로에 전류가 유도되는 장치이다. 이는 패러데이의 전자기 유도 법칙을 이용한 것이다. 그러나 그림 4.5에 보인 것과 같이 자기장 내에 놓인 폐회로에 외부에서 기전력을 연결하여 전류를 흘려주면 폐회로는 어떻게 될까 ?

자기장이 형성된 공간에 전류가 흐르는 도선을 두게 되면 그 도선은 자기장으로부터 힘을 받는다. 이 힘은 바로 자기장 내에서 움직이는 전하가 받는 로렌츠 힘이다.

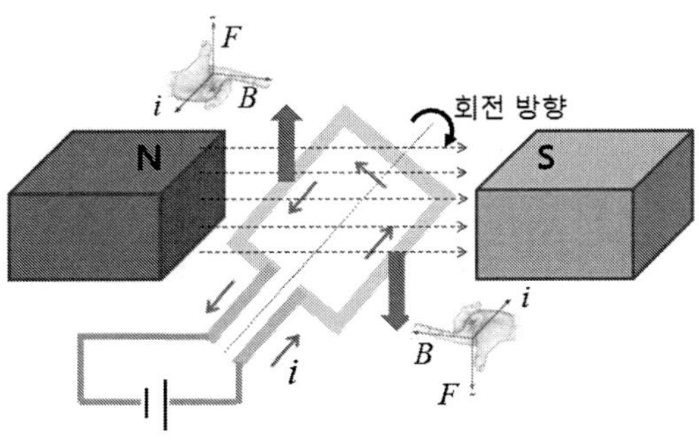

그림 4.5 전동기의 원리

그림 4.5에서 폐회로의 각 도선에서 자기장과 전류의 방향을 알면 플레밍의 왼손 법칙에 의해 자기장으로부터 받는 힘의 방향을 알 수 있다. 즉 검지 손가락은 자기장, 가운데 손가락은 전류의 방향을 뜻하고 이때 엄지 손가락이

향하는 방향이 도선이 받는 자기력의 방향이다.

이와 같이 각 도선에 작용하는 자기력은 자기장 내의 폐회로를 회전시키게 되는데 이것이 바로 전동기의 원리이다. 발전기와 전동기는 장치의 구성 요소는 똑같지만 그 순서만 다르다. 즉 자기장 내의 회로를 강제로 회전시켰을 때 전류가 유도되어 흐르는 것이 발전기이고, 전류를 먼저 흘려주면 회로가 자기력을 받아 회전하게 되는 것이 전동기이다.

> 발전기와 전동기의 구조는 비슷하지만 발전기는 자기로 전기를 만들어 내는 장치이고, 전동기는 전기를 이용해 자기를 만들어 내는 장치이다.

4.2.3 변압기

가정용이나 산업용 전기의 대부분은 교류이다. 교류를 사용하는 가장 큰 이유는 변압기를 사용하여 전압을 원하는 만큼 높이거나 낮출 수 있다는 데 있다. 예를들면 발전소에서 발전한 전기는 수십만 볼트의 고압으로 송전되지만 여러 단계의 변압기를 거쳐 적당한 전압이 각 가정에까지 도달하게 되는 것이다. 변압기는 1882년 프랑스의 고라와 영국의 집스라는 사람에 의해 발명되었으며 패러데이의 전자기 유도 법칙을 응용한 것이다.

변압기는 그림 4.6에 보인 것처럼 동일한 철심의 한쪽에 1차 코일이라고 불리는 코일을 감고 교류 전류 i_1을 흘려주면 1차측 철심에 자기선속이 발생한다. 이 자기선속은 철심을 통해 다른 쪽에 감은 2차 코일을 쇄교한다. 이때 2차 코일의 내부에 있는 철심에서는 1차 코일에 의한 자속의 변화를 방해하는 방향으로 자기선속이 발생하게 되고 이 자기선속에 의해 2차 코일에 기전력이 발생하여 유도 전류가 흐르게 된다.

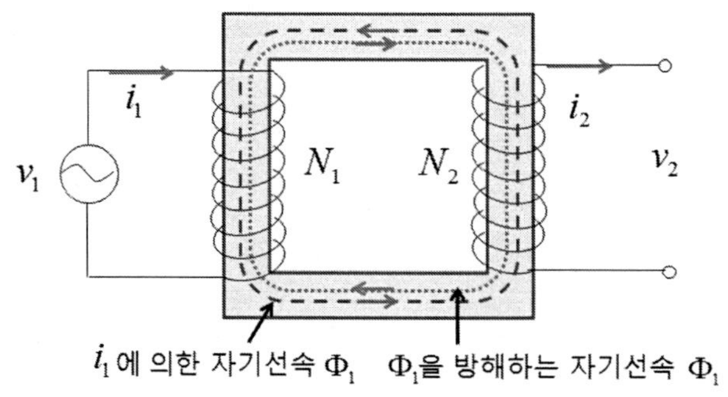

▌그림 4.6 변압기의 원리

그러나 이때 발생한 전류는 즉시 사라지게 된다. 이는 1차 코일의 권선에 의한 자기장의 크기에 변화가 있어야만 전류가 유도된다는 것을 설명하는 것으로서 2차 코일에 계속적인 전류가 발생하려면 자기장의 변화를 위해 1차 코일에 교류를 흘려 주어야 한다.

이때 1차 코일의 기전력을 V_1, 감은 수를 N_1이라 하고 2차 코일에 유도된 기전력을 V_2, 감은 수를 N_2라 하면 패러데이 법칙에 의해 다음의 관계식이 성립한다.

$$\frac{V_1}{V_2} = \frac{N_1}{N_2} \tag{4.5}$$

따라서 1차 코일의 감은 수보다 2차 코일의 감은 수가 더 크면 전압을 더 높게 만드는 승압 변압기가 되고, 그 반대이면 전압을 낮추는 강압 변압기가 된다. 그러나 승압 변압기라고 해서 없던 에너지를 만드는 것은 아니다. 변압기에서는 승압 변압기에서나 강압 변압기에서나 모두 전력은 일정하게 유지된다. 즉 다음의 식이 성립한다.

$$P_1 = V_1 i_1 = V_2 i_2 = P_2 \tag{4.6}$$

따라서 승압 변압기의 경우 전압이 높아지는 대신에 전류가 작아지고, 강압의 경우에는 전압이 낮아지는 대신에 전류가 커져서 열에 의한 손실을 무시하면 승압이나 강압 과정에서 단위 시간 동안 에너지가 전달되는 비율은 그대로 보존된다.

이제 식 (4.6)에 식 (4.5)을 대입하면 다음의 관계식을 얻을 수 있다.

$$\frac{i_1}{i_2} = \frac{V_2}{V_1} = \frac{N_2}{N_1} \tag{4.7}$$

위의 식으로부터 변압기의 1차 코일과 2차 코일의 전압은 코일의 감긴 수에 비례하나 각 코일에 흐르는 전류는 코일이 감긴 수에 반비례함을 알 수 있다.

> 변압기는 전자기 유도에 의해 한쪽 권선에 공급한 교류 전기를 다른 권선에 동일 주파수의 교류 전기의 전압으로 변환시켜 주는 역할을 한다.

예제 4.2

휴대용 CD 플레이어와 같은 장치의 전원 공급기에는 변압기가 들어 있어서 220V의 가정용 교류 전원으로부터 9V의 기전력을 공급한다. 이 변압기의 1차 코일의 감은 수가 500번이라고 할 때 2차 코일의 감긴 수는 얼마인가? 만일CD 플레이어는 0.7A의 전류를 사용한다면 1차 코일에 흐르는 전류는 얼마인가?

풀이

$V_1 = 220$[V], $V_2 = 9$[V], $N_1 = 500$회이므로

식 (4.5)로부터 $N_2 = N_1 \frac{V_2}{V_1} = 500 \frac{9}{220} = 20.5$ 회가 된다.

또한 식 (4.7)로부터 $i_1 = 0.7 \frac{9}{220} = 0.0286$[A]가 1차 코일에 흐른다.

4.3 RL 회로

4.3.1 RL 회로의 충전

그림 4.7은 RL 직렬 회로를 보인 것이다. 초기 전류가 0이라 가정하고 스위치 S를 닫은 후 회로에 흐르는 전류를 i라 하자. 이때 키르히호프의 전압 법칙을 적용하면 다음과 같은 폐회로 방정식을 만들 수 있다.

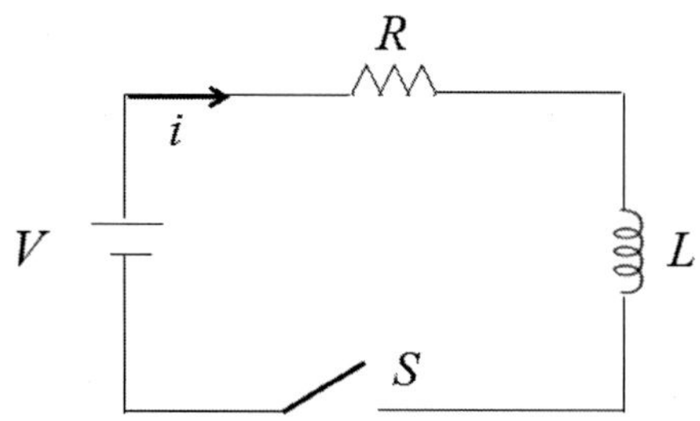

그림 4.7 RL 회로

$$V = Ri + L\frac{di}{dt} \tag{4.8}$$

식 (4.8)에서 변수 i를 좌변항, t를 우변항으로 변수 분리하면 다음과 같다.

$$\frac{di}{V-Ri}=\frac{1}{L}dt \tag{4.9}$$

이제 식 (4.9)의 양변을 적분하면 다음의 적분값을 얻을 수 있다.

$$\int\frac{di}{V-Ri}=\int\frac{1}{L}dt$$

$$-\frac{1}{R}\ln(V-Ri)=\frac{1}{L}t+C' \tag{4.10}$$

이때 초기 전류는 $i_0=0$이라 가정하였으므로 식 (4.10)에 대입하면 적분 상수를 구할 수 있다.

$$C'=-\frac{1}{R}\ln V \tag{4.11}$$

따라서 식 (4.11)을 식 (4.10)에 대입하면 다음과 같다.

$$-\frac{1}{R}\ln(V-Ri)=\frac{1}{L}t-\frac{1}{R}\ln V \tag{4.12}$$

이를 정리하면

$$\begin{aligned}-\frac{R}{L}t&=[\ln(V-Ri)-\ln V]\\&=\ln\left(\frac{V-Ri}{V}\right)=\ln\left(1-\frac{R}{V}i\right)\end{aligned} \tag{4.13}$$

와 같고, 식 (4.13)의 양변에 지수를 취하면

$$e^{-\frac{R}{L}t}=1-\frac{R}{V}i \tag{4.14}$$

이므로 전류 i는 다음과 같다.

$$i=\frac{V}{R}\left(1-e^{-\frac{R}{L}t}\right) \tag{4.15}$$

따라서 인덕터에 만들어지는 유도 기전력은 패러데이 법칙에 의해 다음과 같다.

$$\mathcal{E}_L(t)=-L\frac{di(t)}{dt}=-Ve^{-\frac{R}{L}t} \tag{4.16}$$

그림 4.8(a)는 인덕터에 흐르는 전류 i를 나타낸 것이다.

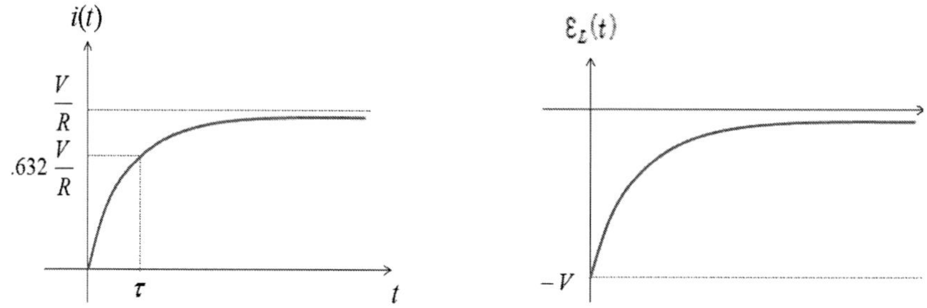

(a) $i(t)$ (b) $\varepsilon_L(t)$

▌그림 4.8 RL 회로의 전류 $i(t)$와 인덕터의 유도 기전력 $\varepsilon_L(t)$

그림으로부터 스위치가 닫힐 때 회로에 흐르는 전류는 0에서 지수 함수적으로 증가하며 시간이 지나면서 $\frac{V}{R}$까지 증가함을 확인할 수 있다. 이 값은 인덕터가 연결되지 않은 저항 회로에 흐르는 전류와 같다. 이러한 현상은 인덕터를 연결하면 변화를 억제하려는 유도 기전력이 만들어지므로 전류는 0부터 서서히 증가하는 것이다.

이제 인덕터에 만들어지는 유도 기전력이 시간에 따라 어떻게 변하는지를 살펴보자. 식 (4.16)으로부터 유도 기전력을 시간에 대한 그래프로 나타내면 그림 4.8(b)와 같다.

그래프로부터 처음에는 전류가 흐르는 것을 억제하는 방향으로, 즉 음(−)의 부호로 큰 유도 기전력이 생기지만 시간이 흐름에 따라 유도 기전력의 크기는 지수 형태로 감소하는 것을 볼 수 있다.

즉 인덕터를 통해 전류가 흐르게 되면 인덕터 내부에는 자기장이 발생하고 이에 따라 역자기장이 발생하여 인덕터의 급격한 전류 변화를 방해한다. 따라서 인덕터에 전원을 공급하면 처음에는 전류의 변화가 아주 급격하므로 이를 방해하는 자기장 역시 크다. 그러나 시간이 지남에 따라 전류의 변화량은 줄어들게 되고, 인덕터 내부에 발생하는 자기장과 이에 따라 생기는 역자기장 역시 감소하므로 인덕터에 흐르는 전류의 흐름은 점점 더 순조롭게 되고 결국엔 정상 상태(Steady State)에 이르게 되는 것이다.

이 때 정상 상태에 이르기까지 어느 정도 시간이 필요하게 되고, 이 시간이 회로의 시정수(time constant)이다.

시정수는 3장에서도 설명한 바와 같이 정상치라고도 하는 최대값의 63.2%에 이를 때까지의 시간을 뜻한다. 따라서 그림 4.8(a)로부터 최대 전류는 $\frac{V}{R}$이므로 이의 63.2% 즉, $0.632\frac{V}{R}$까지 이르는데 걸리는 시간 τ는 식 (4.15)로부터 구할 수 있다.

$$0.632\frac{V}{R}=\frac{V}{R}\left(1-e^{-\frac{R}{L}\tau}\right)$$

위의 식을 정리하면

$$e^{-\frac{R}{L}\tau}=0.368$$

가 되고 이때 시정수 τ는 다음과 같다.

$$\tau=\frac{L}{R} \tag{4.17}$$

그림 4.8(a)의 그래프는 회로에 전원을 공급한 후 어느 정도 시간이 흐른 후 회로의 전류가 정상 상태에 이르는 것을 보여주고 있다.

4.3.2 RL 회로의 방전

이제 RL 회로에서 스위치가 열린 경우를 살펴보자. 이때 키르히호프의 전압 법칙에 의해 다음의 식이 성립한다.

$$Ri+L\frac{di}{dt}=0 \tag{4.18}$$

위의 식에서 변수 i와 t를 분리하여 바꿔 쓰면

$$\frac{di}{i}=-\frac{R}{L}dt \tag{4.19}$$

와 같다. 이제 식 (4.19)의 양변을 적분하면 다음과 같다.

$$\int\frac{di}{i}=-\int\frac{R}{L}dt \tag{4.20}$$

따라서 위의 식을 풀면

$$\ln i=-\frac{R}{L}t+C \tag{4.21}$$

가 된다. 스위치가 열릴 때 초기 전류 $i_0 = \frac{V}{R}$이므로 적분 상수 $C = \ln\frac{V}{R}$이 된다. 따라서 식 (4.21)로부터 회로에 흐르는 전류 i를 구할 수 있다.

$$i = \frac{V}{R}e^{-\frac{R}{L}t} \tag{4.22}$$

또한 인덕터의 양단 전압은 다음과 같다.

$$\mathcal{E}_L(t) = -L\frac{di}{dt} = Ve^{-\frac{R}{L}t} \tag{4.23}$$

이와 같이 초기 전류가 흐르고 있는 RL 회로를 방전시키면 회로에 흐르는 전류 i와 인덕터에 만들어지는 유도 기전력은 모두 지수 형태로 감소하며, $\tau = \frac{L}{R}$이다.

예제 4.3

$R = 10[\Omega]$, $L = 20$[H]인 RL 직렬 회로에 24[V]의 전원을 연결하였다. 이 회로에 흐르는 최종 전류를 구하라. 또한 시상수를 구하고, 최종 전류의 99%에 도달하는 시간을 구하라.

풀이

회로에 흐르는 전류는 $i = \frac{V}{R}\left(1 - e^{-\frac{R}{L}t}\right) = \frac{24}{10}\left(1 - e^{-\frac{10}{20}t}\right) = 2.4(1 - e^{-0.5t})$이므로 최종 전류는 $i_\infty = 2.4$[A]이다.

또한 시상수는 $\tau = \frac{L}{R} = \frac{20}{10} = 2$[s]이며, 최종 전류의 99%에 도달하기까지 걸리는 시간은 $0.99(2.4) = 2.4(1 - e^{-0.5t})$로부터 $t = 9.2$[s]임을 알 수 있다.

직류 회로에 인덕터를 연결하면 저항이 없는 도선을 연결한 것과 같다. 그러나 인덕터를 연결한 RL 회로에서 스위치를 닫은 직후의 전류는 그 변화를 억제하려는 유도 기전력에 의해 전류가 흐르지 않다가 점차적으로 전류가 증가하게 된다.

연 습 문 제

1. 반지름이 40mm이고 50번 감은 어떤 코일이 자기장에 수직인 방향으로 놓여 있다. 0.05초 동안에 코일이 180° 반전할 때 코일에 유도되는 평균 기전력이 3V였다면 코일내의 자기장의 세기는 얼마인가?

2. 138KV의 송전선에 있는 변압기의 출력 전압이 40kV이다. 2차 코일에 대한 1차 코일의 감은 수의 비는 얼마인가?

3. 어떤 휴대용 CD 플레이어의 전원 공급기에 있는 변압기의 1차 코일의 감은 수가 700회라 가정하자. 이를 311V의 최대 진폭을 가진 가정용 교류 전원에 연결할 때 7.5V의 기전력을 공급한다면 2차 코일의 감은 수는 얼마이겠는가? 또한 이 CD 플레이어가 1.2A의 전류를 사용한다면 1차 코일에 흐르는 전류의 크기는 얼마인가?

4. 25mH의 인덕터에 1.2×10-2A/s의 비율로 증가하는 전류가 흐른다. 인덕터에 유도되는 기전력을 구하라.

5. 다음과 같이 8H의 인덕터와 5Ω의 저항이 직렬로 연결되어 있다. 시상수 τ는 얼마인가? 그리고 스위치가 닫힌 후 $t=\tau$일 때 회로에 흐르는 전류를 계산하라. 이때 인덕터 양단 전압은 얼마이겠는가?

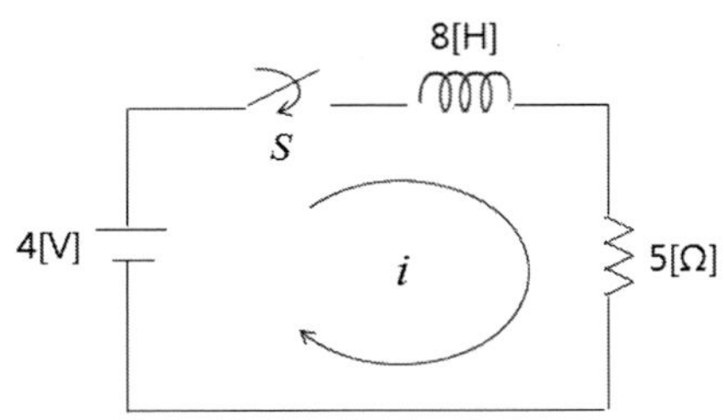

6. 초기 전류가 $i(0)=3$[A]일 때 $i(t)$를 구하라.

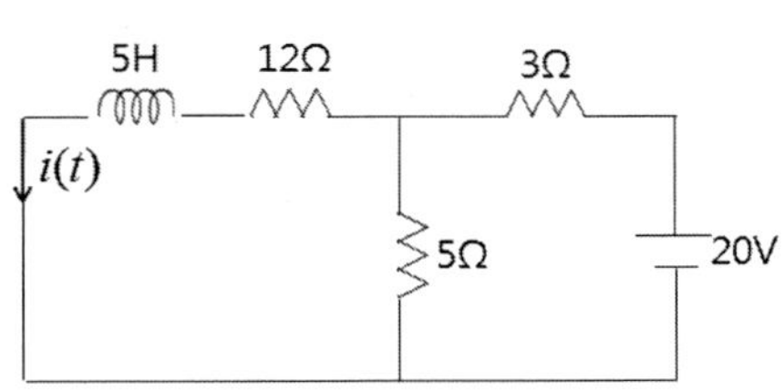

Chapter 04 전자기 유도

Chapter 5
교류 회로

교류는 시간의 변화에 따라 크기와 방향이 주기적으로 변하는 전압이나 전류를 말한다. 교류를 사용하는 목적은 4장에서도 설명하였듯이 변압기를 이용하여 원하는 전압의 크기로 쉽게 올리거나 내릴 수 있으며 전력 손실을 줄일 수 있고 증폭이 쉬우며, 정류 장치를 이용하여 교류로부터 직류를 얻을 수 있기 때문이다. 이 장에서는 교류의 일반적인 표현인 정현파 교류의 성질에 대해 살펴보고, 교류의 값을 나타내는 방법과 교류의 페이저 표현법에 대해 살펴본다. 마지막으로 RLC 직렬 회로 및 병렬 회로를 통해 교류 회로 해석에 대해 자세히 살펴본다.

5.1 정현파 교류

직류(DC, Direct Current)는 전지에서의 전류와 같이 항상 일정한 방향과 크기의 전기이다. 직류는 전류의 세기가 일정하므로 전기 제품에 손상을 주지 않지만 고전압이나 대전류를 공급하는데 한계가 있다. 따라서 대용량의 직류는 직류 발전기를 이용하거나 교류를 정류함으로써 만들 수 있다.

반면, 교류(AC, Alternating Current) 직류와는 달리 시간에 따라 주기적으로 크기와 방향이 변하는 전기이다. 대표적인 교류는 그림 5.1과 같은 정현파(사인파)의 파형을 가지며 이를 정현파 교류라고 한다.

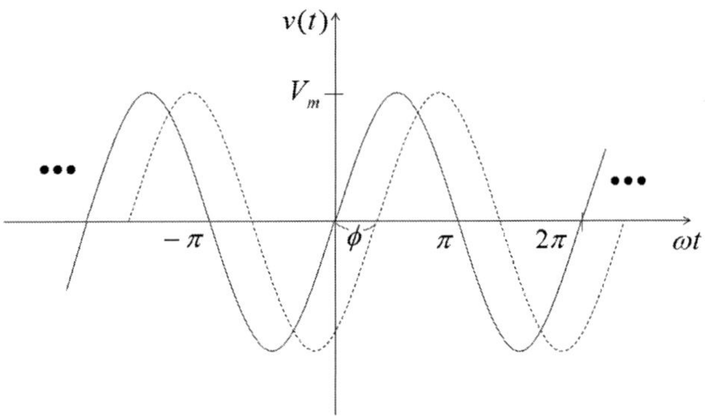

▌그림 5.1 정현파 교류

이때 파형의 최대값을 진폭(amplitude)이라 하며 V_m로 나타낸다. 또한 한 개의 파형이 끝나는 시간을 주기(period)라 하고 기호는 T, 단위는 [s]이다. 주기의 역수, 즉 1초 동안 반복되는 파형의 수는 진동수라 하며 기호는 f, 단위는 [Hz]를 사용한다.

그림 5.1에서 점선으로 표시된 정현파는 실선의 정현파와 φ 만큼의 위상차를 가진다. 위상이란 주파수가 동일한 두 개 이상의 교류가 존재할 때 상호간의 시간차를 의미하며 각도로 표시하므로 단위는 [rad]이다. 따라서 정현파 교류 전압의 일반적인 표현식은 다음과 같다.

$$v(t) = V_m \sin(wt + \phi) \tag{5.1}$$

식 (5.1)에서 w는 각속도, 즉 1초 동안 변화하는 각도를 나타내는 것으로서 다음과 같이 정의되며, 단위는 [rad/s]이다.

$$w = \frac{2\pi}{T} \tag{5.2}$$

식 (5.2)를 주기 T에 관한 식으로 바꾸고 $T = \frac{1}{f}$의 관계를 이용하면 식 (5.3)을 얻을 수 있다.

$$T = \frac{2\pi}{w} = \frac{1}{f} \tag{5.3}$$

이를 정리하면 각속도 w에 관한 또 다른 표현식을 얻게 된다.

$$w = 2\pi f \tag{5.4}$$

따라서 정현파 교류는 식 (5.5)와 같이 여러 가지 식으로 표현할 수 있다.

$$\begin{aligned} v(t) &= A\sin(wt + \phi) \\ &= A\sin(\frac{2\pi}{T}t + \phi) \\ &= A\sin(2\pi ft + \phi) \end{aligned} \tag{5.5}$$

예제 5.1

정현파 교류 전압이 $v(t) = 10\sin 4t$일 때 진폭, 주기, 주파수 그리고 위상을 구하라.

풀이

진폭 $A = 10$, 위상 $\phi = 0$[rad], 각속도 $w = 4$[rad/s]이므로

$T = \frac{2\pi}{w} = \frac{2\pi}{4} = \frac{\pi}{2}$[s]가 되며 주파수 $f = \frac{1}{T} = \frac{2}{\pi} = 0.637$[Hz]이다.

이를 그래프로 나타내면 다음과 같다.

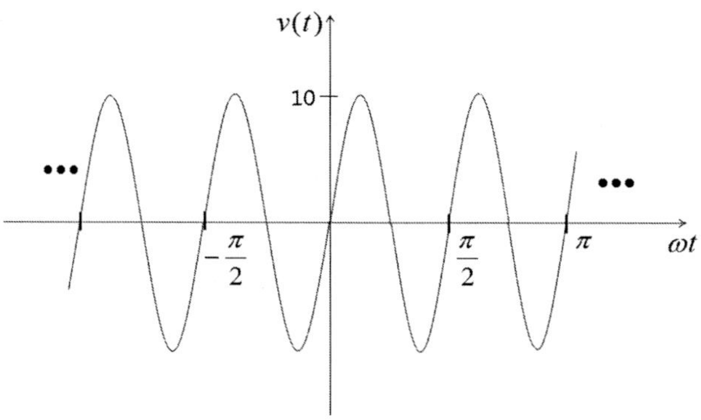

교류(AC)는 시간에 따라 주기적으로 크기와 방향이 변하므로 교류 전압은 일반적으로 정현파의 형태로 표현한다.

$$v(t) = V_m \sin(wt+\phi)\,[\mathrm{V}],\ \ w = \frac{2\pi}{T} = 2\pi f$$

5.2 정현파의 평균값과 실효값

교류는 시간에 따라 크기와 방향이 변하므로 이들의 순간값을 측정하기 어렵다. 따라서 일반적으로 교류의 크기를 나타내기 위해 평균값과 실효값을 이용한다.

5.2.1 평균값

평균값(average value)은 교류 신호의 순시값을 한주기 동안 평균함으로써 교류의 크기를 나타낸 것이다. 주기적인 신호의 평균값 V_{DC}은 다음의 식과 같이 정의된다.

$$V_{DC} = \frac{1}{T}\int_0^T v(t)dt \tag{5.6}$$

정현파 교류 전압의 표현식 (5.1)을 식 (5.6)에 대입해서 풀면 다음과 같다.

$$V_{DC} = \frac{1}{T}\int_0^T v(t)dt = \frac{1}{T}\int_0^T V_m \sin wt dt$$

$$= \frac{V_m}{wT}[-\cos wt]_0^T = \frac{V_m}{wT}[1-\cos wT] = \frac{V_m}{(2\pi/T)\cdot T}[1-\cos(2\pi/T)\cdot T] = 0 \tag{5.7}$$

이와 같이 정현파 교류 전압의 평균값이 0이 되는 이유는 반주기마다 방향이 반대가 되어 합의 값이 0이 되기 때문이다. 따라서 대칭파의 경우 주로 양의 반주기에 대한 평균값, 즉 반주기 평균값을 구한다.

$$V_{DC} = \frac{1}{T/2}\int_0^{T/2} v(t)dt = \frac{1}{T/2}\int_0^{T/2} V_m \sin wt dt$$

$$= \frac{V_m}{w(T/2)}[-\cos wt]_0^{T/2} = \frac{V_m}{\pi}[1-\cos\pi] = \frac{2V_m}{\pi} \tag{5.8}$$

일반적으로 직류 전압계나 전류계는 교류 신호의 평균값을 지시한다.

예제 5.2

정현파 교류 전압 $v(t) = 5\sin 100t$ [V]에서 $t = 10$초에서의 순시값 및 평균값을 구하라.

풀이

$t = 10$을 대입하면 순시값은 $v(t = 10) = 5\sin 100(10) = 4.13$ [V]이다.

또한 $V_m = 5$이므로 반주기 평균값을 구하면 $V_{DC} = \frac{2(5)}{\pi} = 3.18$ [V]이다.

5.2.2 실효값

실효값(rms, root mean square value)은 교류 전압 또는 전류의 크기를 제곱(square)한 후 한 주기에 대한 평균(mean)값의 제곱근(root)을 구하는 것이다. 이는 주기적인 교류의 크기를 교류와 동일한 일을 하는 직류의 크기로 바꿔 나타낸 값이다.

즉 다음과 같이 저항 R에 직류 전류 I가 흐를 때 한 주기 동안 한 일과 동일 저항에 한 주기 동안 교류 전류 i가 흐를 때 한 일이 같다고 할 때 직류 전류를 구한 것이다.

$$W = \int_0^T RI^2 dt = \int_0^T Ri(t)^2 dt \tag{5.9}$$

따라서 교류 전류의 실효값 I_{rms} 는 다음과 같다.

$$I_{rms} = I = \sqrt{\frac{1}{T}\int_0^T i(t)^2 dt} \tag{5.10}$$

일반적으로 가정용 교류 전원 220[V]는 실효값을 의미하며, 전압 측정계나 전류 측정계 또한 교류 전압의 실효값을 표시해 준다.

이제 식 (5.1)의 정현파 교류 전압을 식 (5.10)에 대입하면 정현파 교류 전압의 실효값을 구할 수 있다.

$$V_{rms} = \sqrt{\frac{1}{T}\int_0^T [V_m \sin wt]^2 dt}$$

$$= \sqrt{\frac{V_m^2}{T}\int_0^T \sin^2 wt dt} = \sqrt{\frac{V_m^2}{T}\int_0^T \frac{1-\cos 2wt}{2} dt}$$

$$= \sqrt{\frac{V_m^2}{2T}[t - \frac{1}{2w}\sin 2wt]_0^T} = \sqrt{\frac{V_m^2}{2T}[T - \frac{1}{2w}\sin 2wT]}$$

$$= \frac{V_m}{\sqrt{2}} = 0.707\,V_m \tag{5.11}$$

위의 식에서 알 수 있듯이 실효값은 교류 신호의 최대값을 $\sqrt{2}$로 나누거나 0.707로 곱한 값과 같다.

예제 5.3

$v(t) = 5\sin 300t$일 때 실효값은 얼마인가?

풀이

V_m이 5이므로 $V_{rms} = 0.707(5) = 3.535$ [V]이다.

예제 5.4

실효값이 220[V]인 교류 전압의 최대값은 얼마인가?

풀이

$V_{rms} = 220$[V]이므로 $V_m = 220\sqrt{2} = 311$ [V]이다.

가정용 교류 전원은 $f = 60$[Hz], $V_{rms} = 220$이므로 시간 함수로 나타내면

$v(t) = 311\sin(2\pi\cdot 60t) = 311\sin(377t)$ 이다.

교류의 크기를 표현하기 위한 방법으로는 순시값, 평균값, 실효값이 있다. 순시값은 특정 시간의 교류 전압을 알고자 할 때 사용하며, 평균값은 한 주기 또는 반 주기 동안의 교류 전압의 평균을 구할 때 사용한다. 실효값은 교류와 동일한 일을 하는 직류의 크기를 나타낸 것으로서 교류 전압의 최대값을 $\sqrt{2}$로 나누거나 0.707을 곱해서 구할 수 있다. 평균값은 직류 전압계 또는 전류계에서, 실효값은 교류 전압계나 전류계에서 교류 전압 또는 전류를 표현하기 위해 사용한다.

5.3 RLC 회로 소자의 교류 해석

그림 5.2와 같이 회로 소자 R, L, C에 정현파 교류 전압 $v(t)$을 연결하면 각 소자에는 교류 전류가 흐르게 된다. 이 절에서는 각 소자에 흐르는 전류와 양단 전압간의 위상 관계에 대해 살펴보기로 한다.

교류 전원 $v(t)$에 의해 각 소자에 흐르는 정현파 교류 전류를 $i(t) = I_m \sin wt$라 할 때, 각 소자의 양단 전압은 다음과 같다.

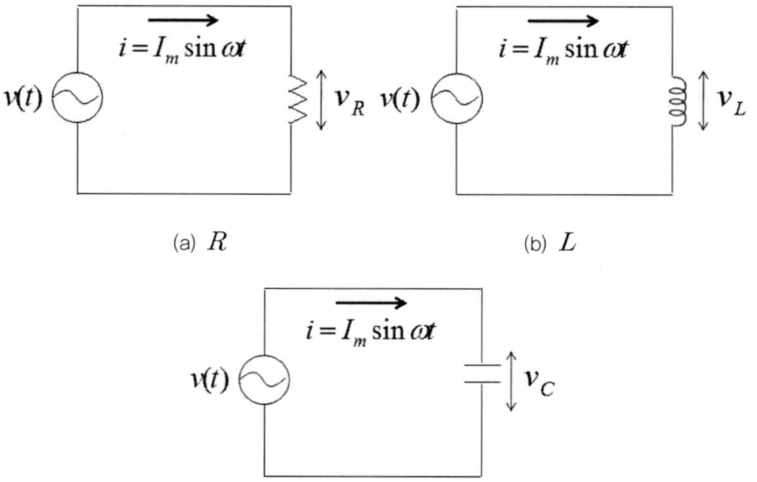

(a) R (b) L (c) C

▌그림 5.2 R, L, C 교류 회로

$$v_R = Ri(t) = RI_m \sin wt \tag{5.12}$$

$$v_L = L\frac{di(t)}{dt} = wLI_m \cos wt = wLI_m \sin(wt + \frac{\pi}{2}) \tag{5.13}$$

$$v_C = \frac{1}{C}\int i(t)dt = \frac{1}{C}\int I_m \sin wt dt = \frac{-I_m}{wC}\cos wt$$

$$= \frac{I_m}{wC}\sin(wt - \frac{\pi}{2}) \tag{5.14}$$

위의 식들은 각 소자에 흐르는 교류 전류 $i(t)$와의 위상차를 비교하기 위해 전류와 동일하게 정현파 형태로 표현하였다.

이제 식 (5.12), (5.13), (5.14)를 페이저(phasor)를 이용하여 크기와 위상각으로만 나타내면 각각 다음과 같다.

$$v_R = Ri(t) = RI_m \angle 0 \tag{5.15}$$

$$v_L = wLI_m \angle \frac{\pi}{2} \tag{5.16}$$

$$v_C = \frac{I_m}{wC} \angle -\frac{\pi}{2} \tag{5.17}$$

식 (5.15)에서 저항의 양단 전압 v_R은 전류와 위상이 동일하고, 최대 전압과 최대 전류의 비는 R임을 알 수 있다. 또한 식 (5.16)와 같이 인덕터의 양단 전압 v_L은 전류보다 $\frac{\pi}{2}$ 앞선다. 여기서 ωL은 최대 전압과 최대 전류의 비로서 유도성 리액턴스(inductive reactance)라 부르며 X_L로 표시하고 단위는 [Ω]을 사용한다. 따라서 유도성 리액턴스는 저항과 마찬가지로 교류 회로에서 인덕터에 흐르는 전류의 흐름을 방해하는 저항 성분임을 알 수 있다.

콘덴서의 경우 식 (5.17)에서 보는 바와 같이 전압 v_C는 전류보다 $\frac{\pi}{2}$ 뒤서며, 최대 전압과 최대 전류의 비는 $\frac{1}{wC}$이고, 이를 용량성 리액턴스(capacitive reactance)라 부른다. 용량성 리액턴스는 유도성 리액턴스와 같이 교류 회로에서 콘덴서에 흐르는 전류의 흐름을 방해하는 저항 성분이며 기호는 X_C, 단위는 [Ω]을 사용한다. 그림 5.3은 각 소자에 흐르는 전류와 양단 전압의 위상차를 비교한 것이다.

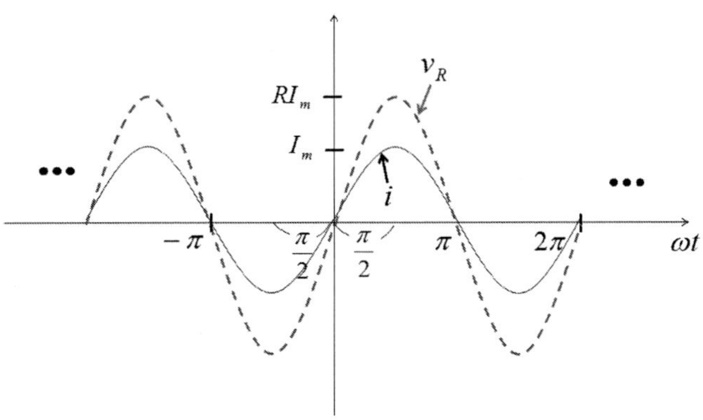

(a) 저항 R 의 교류 전류 및 교류 전압

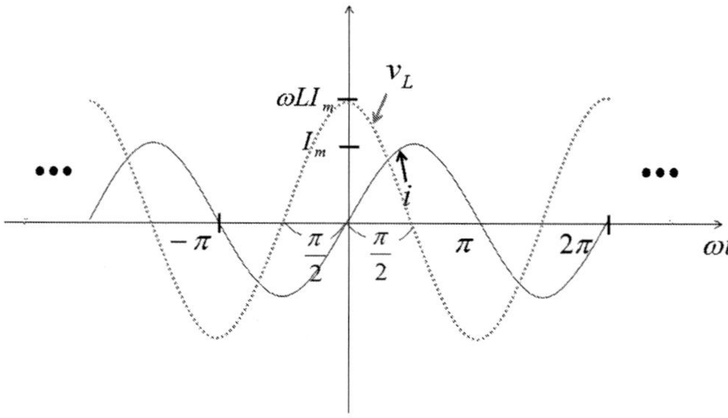

(b) 인덕터 L의 교류 전류 및 교류 전압

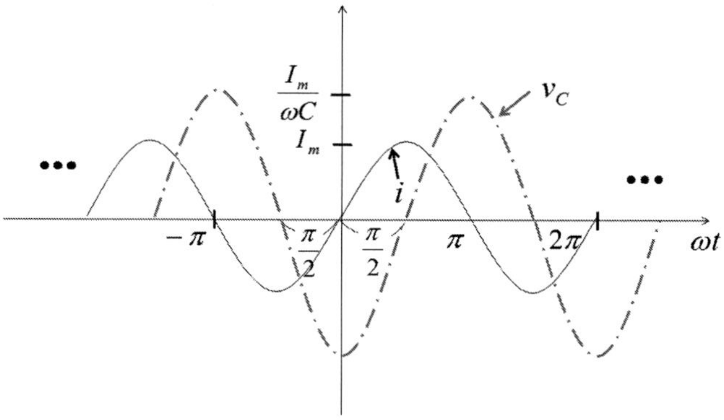

(c) 콘덴서 C의 교류 전류 및 교류 전압

▌그림 5.3 RLC 소자의 교류 전류 및 교류 전압의 위상차

예제 5.5

인덕턴스가 10[mH]인 코일에 최대값이 100[V], 주파수가 60[Hz]인 정현파 교류 전압을 인가할 때 유도성 리액턴스 및 전류의 실효값은 얼마인가 ?

풀 이

$L = 10 \times 10^{-3}$[H], $f = 60$[Hz], $V_m = 100$이므로

유도성 리액턴스 $X_L = wL = 2\pi f L = 2\pi(60)(10 \times 10^{-3}) = 3.77$[Ω]이며

최대 전류 $i_m = \dfrac{V_m}{X_L} = \dfrac{100}{3.77} = 26.53$ [A]이다.

따라서 전류의 실효값은 $i_{rms} = 0.707 i_m = 18.76$ [A]이다.

예제 5.6

커패시던스가 0.1[μF]인 콘덴서에 최대값이 120[V], 주파수가 100[Hz]인 정현파 교류 전압을 인가할 때 용량성 리액턴스 및 전류의 실효값을 구하라.

풀이

$C=0.1\times10^{-6}$[F], $f=100$[Hz], $V_m=120$이므로

$X_C=\frac{1}{wC}=\frac{1}{2\pi fC}=\frac{1}{2\pi(100)(0.1\times10^{-6})}=15.9$[KΩ]이다.

$i_m=\frac{V_m}{X_C}=\frac{120}{15.9\times10^3}=7.55$[mA]이므로 $i_{rms}=0.707i_m=5.34$[mA]이다.

R, L, C 교류 회로에서 저항의 양단 전압은 전류와 위상이 동일하며, 전류의 흐름을 방해하는 성분은 R이다.

인덕터는 전압이 전류보다 $\frac{\pi}{2}$ 앞서며, 유도성 리액턴스는 $X_L=wL=2\pi fL[\Omega]$이다.

반면 콘덴서는 인덕터와 반대로 전압이 전류보다 $\frac{\pi}{2}$ 뒤서며, 용량성 리액턴스는 $X_C=\frac{1}{wC}=\frac{1}{2\pi fC}[\Omega]$이다.

5.4 교류 직렬 회로

이 절은 RL, RC, RLC 직렬 회로에서 교류 전압의 주파수 변화에 따른 임피던스와 전류의 변화에 대해 살펴본다.

5.4.1 RL 직렬 회로

그림 5.4(a)는 RL 직렬 회로에 교류 전원을 연결한 것이다. 이때 키르히호프의 전압 법칙에 의해 전체 전압은 저항 및 인덕터의 양단 전압의 합과 같다.

$$\begin{aligned} v(t) &= v_R + v_L \\ &= Ri(t) + L\frac{di(t)}{dt} \end{aligned} \tag{5.18}$$

따라서 식 (5.15), (5.16)의 페이저를 이용하여 전체 전압을 구하면 다음과 같이 표현할 수 있다.

$$\begin{aligned} v(t) &= RI_m \angle 0 + wLI_m \angle \frac{\pi}{2} \\ &= RI_m \angle 0 + X_L I_m \angle \frac{\pi}{2} \end{aligned} \tag{5.19}$$

여기서 $X_L = wL$이다. 이를 페이저도(phasor diagram)에 나타내면 그림 5.4(b)와 같다.

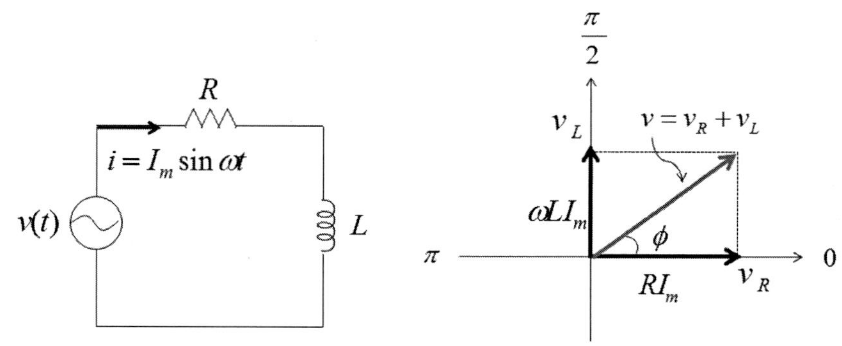

(a) RL 직렬 회로　　(b) 페이저도

▍그림 5.4 RL 직렬 회로의 교류 해석

그림으로부터 전체 전압 v은 v_R과 v_L의 벡터 합으로부터 구할 수 있으며, 크기는 $v = \sqrt{R^2 + (wL)^2}\, I_m$, 위상차는 $\phi = \tan^{-1}\left(\frac{wLI_m}{RI_m}\right) = \tan^{-1}\left(\frac{wL}{R}\right)$로서 전압이 전류보다 앞서게 됨을 알 수 있다. 여기서 전압과 전류의 비, 즉 $\sqrt{R^2 + (wL)^2}$를 임피던스라 한다. 임피던스는 두 개 이상의 소자가 교류 회로를 구성할 때 전압과 전류의 관계를 결정지어 주는 하나의 교류 저항을 말하며 기호는 Z, 단위는 [Ω]이다.

> RL 직렬 회로에서, 임피던스는 $Z = \sqrt{R^2 + (wL)^2} = \sqrt{R^2 + X_L^2}$이며, 전압은 전류보다 $\phi = \tan^{-1}\left(\frac{wL}{R}\right)$ 만큼 앞선다.

예제 5.7

저항 100[Ω], 인덕턴스가 50[mH]인 RL 직렬 회로에 코일에 주파수가 60[Hz]인 정현파 교류 전압을 인가할 때, 전체 임피던스를 구하고, 전체 전압과 전류의 위상차를 구하라. 만일 회로에 흐르는 전류가 $i(t)=10\sin(377t-60°)$이면 전체 전압은 얼마인가?

풀이

$R=100[\Omega]$, $L=50\times10^{-3}$[H], $f=60$[Hz]이므로

$X_L=wL=2\pi fL=2\pi(60)(50\times10^{-3})=18.84[\Omega]$

$Z=\sqrt{R^2+X_L^2}=\sqrt{100^2+18.84^2}=101.76\,[\Omega]$

$\phi=\tan^{-1}\left(\dfrac{X_L}{R}\right)=\tan^{-1}\left(\dfrac{18.84}{100}\right)=10.67°$

가 되며, 전압은 전류보다 ϕ만큼 앞선다 .따라서 전체 전압은

$v(t)=Zi(t+\phi)=101.76\cdot(10)\sin(377t-60°+10.67°)$
$=1017.6\sin(377t-49.33°)$[V] 이다.

5.4.2 RC 직렬 회로

그림 5.5(a)는 RC 직렬 회로를 보인 것이다. 이때 전체 전압은 저항의 양단 전압과 콘덴서의 양단 전압의 합과 같다.

$$\begin{aligned} v(t) &= v_R + v_C \\ &= Ri(t) + \frac{1}{C}\int i(t)dt \end{aligned} \tag{5.20}$$

따라서 식 (5.15)과 (5.16)의 페이저를 이용하면 다음과 같이 표현할 수 있다.

$$\begin{aligned} v(t) &= RI_m \angle 0 + \frac{I_m}{\omega C}\angle -\frac{\pi}{2} \\ &= RI_m \angle 0 + X_C I_m \angle -\frac{\pi}{2} \end{aligned} \tag{5.21}$$

여기서 $X_C=\dfrac{1}{wC}$ 이다. 이를 페이저도에 표현하면 그림 5.5(b)와 같다.

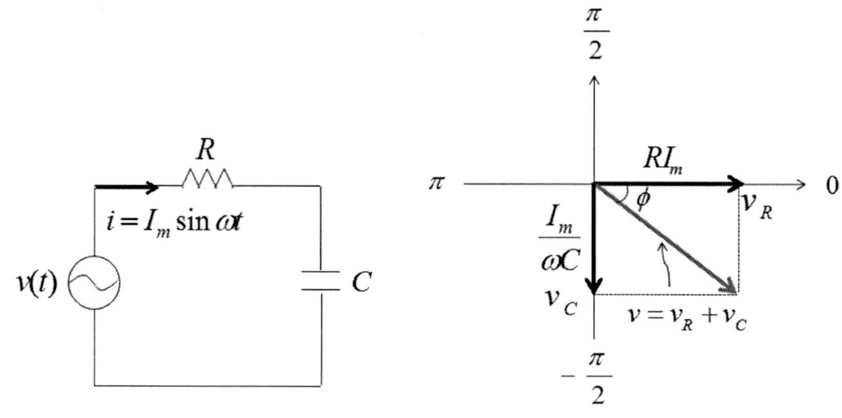

(a) RC 직렬 회로 (b) 페이저도

▌그림 5.5 RC 직렬 회로의 교류 해석

따라서 전체 전압의 크기는 $v = \sqrt{R^2 + (\frac{1}{wC})^2}\, I_m$ 이고, 전압과 전류와의 위상차는 $\phi = \tan^{-1}\left(\frac{-1/wCI_m}{RI_m}\right) = -\tan^{-1}\left(\frac{1/wC}{R}\right)$ 로서 전압이 전류보다 뒤서게 된다. 여기서 임피던스는 $Z = \sqrt{R^2 + (\frac{1}{wC})^2}$ 이다.

> RC 직렬 회로에서,
>
> 임피던스 $Z = \sqrt{R^2 + (\frac{1}{wC})^2} = \sqrt{R^2 + X_C^2}$, $\phi = -\tan^{-1}\left(\frac{\left(\frac{1}{wC}\right)}{R}\right) = -\tan^{-1}\left(\frac{X_C}{R}\right)$ 이다.
>
> 이는 전압이 전류보다 $\phi = \tan^{-1}\left(\frac{X_C}{R}\right)$ 만큼 뒤섬을 의미한다.

예제 5.8

저항 100[Ω], 커패시던스가 100[μF]인 RC 직렬 회로에 주파수가 60[Hz]인 정현파 교류 전압을 인가할 때, 전체 임피던스를 구하고, 전체 전압과 전류의 위상차를 구하라. 만일 회로에 흐르는 전류가 $i(t)=10\sin(377t+30°)$이면 전체 전압은 얼마인가?

풀이

$R=100[\Omega]$, $C=100\times10^{-6}$[F], $f=60$[Hz]이므로

$$X_C=\frac{1}{wC}=\frac{1}{2\pi fC}=\frac{1}{2\pi(60)(100\times10^{-6})}=26.5[\Omega]$$

$$Z=\sqrt{R^2+X_C^2}=\sqrt{100^2+26.5^2}=103.45\,[\Omega]$$

$$\phi=-\tan^{-1}\left(\frac{X_C}{R}\right)=-\tan^{-1}\left(\frac{103.45}{100}\right)=-45.97°$$

가 되며, 전압은 전류보다 $45.97°$만큼 뒤섬을 알 수 있다.

따라서 전체 전압은

$$v(t)=Zi(t+\phi)=(103.45)(10)\sin(377t+30°-45.97°)$$

$= 1034.5\sin(377t-15.97°)$[V] 이다.

5.4.3 RLC 직렬 회로

그림 5.6(a)는 RLC 직렬 회로를 보인 것이다. 이때 전체 전압은 다음과 같다.

$$\begin{aligned} v(t)&=v_R+v_L+v_C \\ &=Ri(t)+L\frac{di(t)}{dt}+\frac{1}{C}\int i(t)dt \\ &=RI_m\angle 0+wLI_m\angle\frac{\pi}{2}+\frac{I_m}{\omega C}\angle-\frac{\pi}{2} \\ &=RI_m\angle 0+X_LI_m\angle\frac{\pi}{2}+X_CI_m\angle-\frac{\pi}{2} \end{aligned} \tag{5.22}$$

이를 페이저도에 표현하면 그림 5.6(b)과 같다.

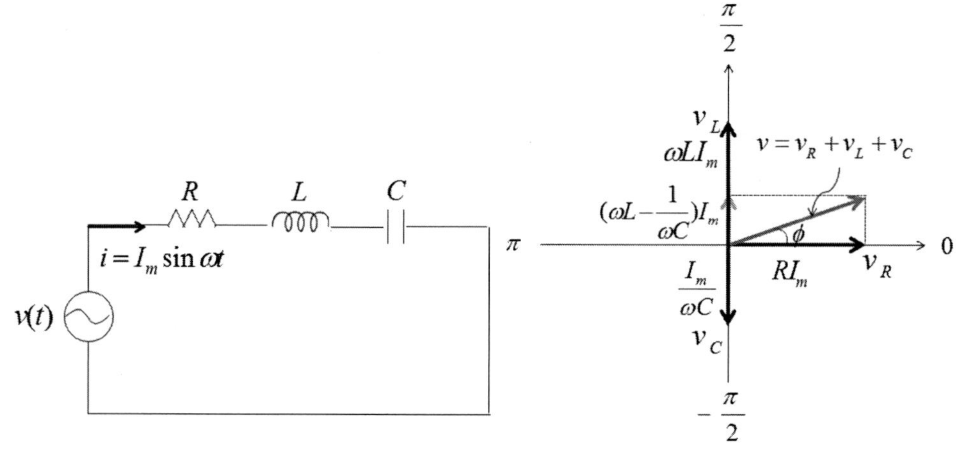

(a) RLC 직렬 회로 (b) 페이저도

▌그림 5.6 RLC 직렬 회로의 교류 해석

따라서 전체 전압의 크기는 $v=\sqrt{R^2+(wL-\frac{1}{wC})^2}\,I_m$ 이고, 전압과 전류와의 위상차는 $\phi=\tan^{-1}\left(\frac{wL-\frac{1}{wC}}{R}\right)$로서 $wL>\frac{1}{wC}$이면 전압이 전류보다 앞서게 되고, $wL<\frac{1}{wC}$이면 전류가 전압을 앞서게 된다. 또한 임피던스는 $Z=\sqrt{R^2+(wL-\frac{1}{wC})^2}$ 이다.

> RLC 직렬 회로에서, $Z=\sqrt{R^2+(wL-\frac{1}{wC})^2}=\sqrt{R^2+(X_L-X_C)^2}$,
>
> $\phi=\tan^{-1}\left(\frac{wL-\frac{1}{wC}}{R}\right)=\tan^{-1}\left(\frac{X_L-X_C}{R}\right)$ 이다.

예제 5.9

저항 100[Ω], 인덕터가 10[mH], 커패시던스가 100[μF]인 RLC 직렬 회로에 주파수가 60[Hz]인 정현파 교류 전압을 인가할 때, 전체 임피던스를 구하고, 전체 전압과 전류의 위상차를 구하라. 만일 회로에 흐르는 전류가 $i = 10\sin(377t)$이면 전체 전압은 얼마인가?

풀이

$R = 100$[Ω], $L = 10 \times 10^{-3}$[H], $C = 100 \times 10^{-6}$[F], $f = 60$[Hz]이므로

$X_L = wL = 2\pi f L = 2\pi(60)(10 \times 10^{-3}) = 3.768$[Ω]

$$X_C = \frac{1}{wC} = \frac{1}{2\pi f C} = \frac{1}{2\pi(60)(100 \times 10^{-6})} = 26.5[\Omega]$$

$$Z = \sqrt{R^2 + (X_L - X_C)^2} = \sqrt{100^2 + (3.768 - 26.5)^2} = 102.55\,[\Omega]$$

$$\phi = -\tan^{-1}\left(\frac{X_L - X_C}{R}\right) = \tan^{-1}\left(\frac{-22.732}{100}\right) = -12.81°$$

이며, 전압은 전류보다 ϕ만큼 뒤섬을 알 수 있다.

따라서 전체 전압은

$v(t) = Zi(t+\phi) = 102.55 \cdot (10)\sin(377t - 12.81°)$

$= 1025.5\sin(377t - 12.81°)$[V] 이다.

5.5 교류 병렬 회로

5.5.1 RL 병렬 회로

그림 5.7(a)은 RL 병렬 회로를 보인 것이다. 교류 전압이 $v(t) = V_m \sin wt = V_m \angle 0$라 가정할 때, R과 L은 전원에 병렬 연결되어 있으므로 각 양단 전압은 모두 $v_R = v_L = V_m \sin wt$이다.

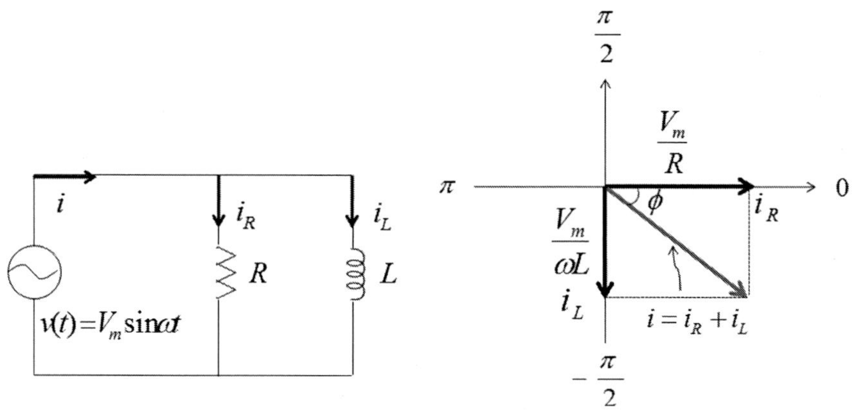

(a) RL 병렬 회로 (b) 페이저도

▌그림 5.7 RL 병렬 회로의 교류 해석

따라서 키르히호프의 전류 법칙에 의해 다음의 회로 방정식이 성립한다.

$$
\begin{aligned}
i &= i_R + i_L \\
&= \frac{V_m \sin wt}{R} + \frac{1}{L}\int V_m \sin wt dt \\
&= \frac{V_m \sin wt}{R} - \frac{V_m}{wL}\cos wt \\
&= \frac{V_m \sin wt}{R} + \frac{V_m}{wL}\sin\left(wt - \frac{\pi}{2}\right) \\
&= \frac{V_m}{R}\angle 0 + \frac{V_m}{wL}\angle -\frac{\pi}{2} \qquad (5.23)
\end{aligned}
$$

이를 페이저도에 나타내면 그림 5.7(b)와 같다. 이때 i_R은 전압과 같은 위상을 가지며, i_L은 전압보다 $\frac{\pi}{2}$ 뒤선다. 따라서 전류 i의 크기는 $i = \sqrt{\left(\frac{1}{R}\right)^2 + \left(\frac{1}{wL}\right)^2}\, V_m$ 이고, 전압보다 $\phi = -\tan^{-1}\left(\frac{R}{wL}\right)$ 만큼 뒤선다. 또한 최대 전류와 최대 전압의 비, 즉 어드미턴스는 $Y = \sqrt{\left(\frac{1}{R}\right)^2 + \left(\frac{1}{wL}\right)^2}$ 이다. 어드미턴스는 임피던스의 역수로서 기호는 Y, 단위는 [℧]을 사용한다.

RL 병렬 회로에서 어드미턴스는

$Y=\sqrt{\left(\frac{1}{R}\right)^2+\left(\frac{1}{wL}\right)^2}=\sqrt{\left(\frac{1}{R}\right)^2+\left(\frac{1}{X_L}\right)^2}$,

$\phi=-\tan^{-1}\left(\frac{R}{wL}\right)=-\tan^{-1}\left(\frac{R}{X_L}\right)$이다.

이는 전류가 전압보다 $\phi=\tan^{-1}\left(\frac{R}{wL}\right)$만큼 뒤섬을 의미한다.

예제 5.10

저항 100[Ω], 인덕터가 10[mH]인 RL 병렬 회로에 $v(t)=5\sin(377t-30°)$의 교류 전압을 인가할 때, 전체 어드미턴스를 구하고, 전체 전압과 전류의 위상차를 구하라. 또한 전체 전류를 시간에 대한 식으로 표현하라.

풀이

$R=100[\Omega]$, $L=10\times10^{-3}$[H], $w=377$[rad/s]이므로

$X_L=wL=377(10\times10^{-3})=3.77[\Omega]$

$$Y=\sqrt{\left(\frac{1}{R}\right)^2+\left(-\frac{1}{X_L}\right)^2}=\sqrt{\left(\frac{1}{100}\right)^2+\left(-\frac{1}{3.77}\right)^2}=0.265[\mho]$$

$$\phi=-\tan^{-1}\left(\frac{100}{3.77}\right)=-87.84°$$

이며, 전류는 전압보다 ϕ만큼 뒤선다. 따라서

$i(t)=Y\cdot(5)\sin(377t-30°+\phi)=1.325\sin(377t-117.84°)$ [A]

5.5.2 RC 병렬 회로

그림 5.8(a)는 RC 병렬 회로를 보인 것이다.

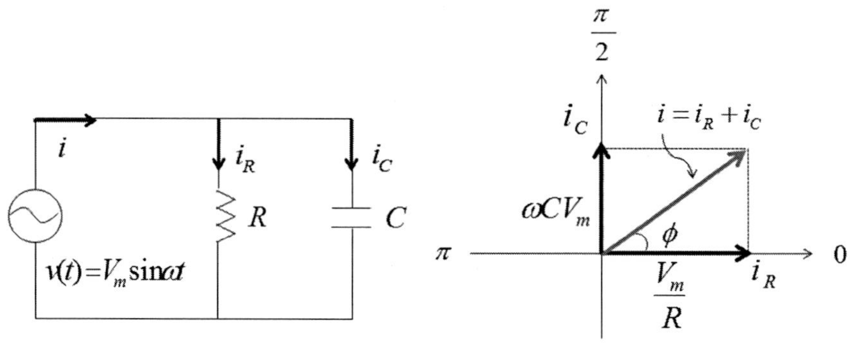

(a) RC 병렬 회로 (b) 페이저도

▌그림 5.8 RC 병렬 회로의 교류 해석

이때 전류에 관한 회로 방정식은 다음과 같다.

$$
\begin{aligned}
i &= i_R + i_C \\
&= \frac{V_m \sin wt}{R} + C\frac{dv(t)}{dt} \\
&= \frac{V_m \sin wt}{R} + wCV_m \cos wt \\
&= \frac{V_m \sin wt}{R} + wCV_m \sin(wt + \frac{\pi}{2}) \\
&= \frac{V_m}{R}\angle 0 + wCV_m \angle \frac{\pi}{2}
\end{aligned}
\qquad (5.24)
$$

이를 페이저도에 나타내면 그림 5.8(b)와 같다. 이때 i_R은 전압과 같은 위상을 가지며, i_C는 전압보다 $\frac{\pi}{2}$ 앞선다. 따라서 전체 전류 i의 크기는 $i = \sqrt{\left(\frac{1}{R}\right)^2 + (wC)^2}\, V_m$ 이고, 전체 전압보다 $\phi = \tan^{-1}(wRC)$ 만큼 앞선다. 또한 어드미턴스는 $Y = \sqrt{\left(\frac{1}{R}\right)^2 + (wC)^2}$ 이다.

RC 병렬 회로에서, 어드미턴스는 $Y=\sqrt{\left(\frac{1}{R}\right)^2+(wC)^2}=\sqrt{\left(\frac{1}{R}\right)^2+\left(\frac{1}{X_C}\right)^2}$,

전류는 전압보다 $\phi=\tan^{-1}(wRC)=\tan^{-1}\left(\frac{R}{X_C}\right)$만큼 앞선다.

예제 5.11

저항 100[Ω], 커패시던스가 100[μF]인 RC 병렬 회로에 $v(t)=5\sin(377t)$의 교류 전압을 인가할 때, 전체 어드미턴스를 구하고, 전체 전압과 전류의 위상차를 구하라. 또한 전체 전류를 시간에 대한 식으로 표현하라.

풀이

$R=100[\Omega]$, $C=100\times10^{-6}$[F], $w=377$[rad/s]이므로

$$X_C=\frac{1}{wC}=\frac{1}{377(100\times10^{-6})}=26.53[\Omega]$$

$$Y=\sqrt{\left(\frac{1}{R}\right)^2+\left(\frac{1}{X_C}\right)^2}=\sqrt{\left(\frac{1}{100}\right)^2+\left(\frac{1}{26.53}\right)^2}=0.039[\mho]$$

$\phi=\tan^{-1}\left(\frac{100}{26.53}\right)=75.14°$ 이며, 전류는 전압보다 ϕ만큼 앞선다. 따라서

$i(t)=Y\cdot(5)\sin(377t+\phi)=0.195\sin(377t+75.14°)$ [A] 이다.

5.5.3 RLC 병렬 회로

그림 5.9(a)는 RLC 병렬 회로를 보인 것이다.

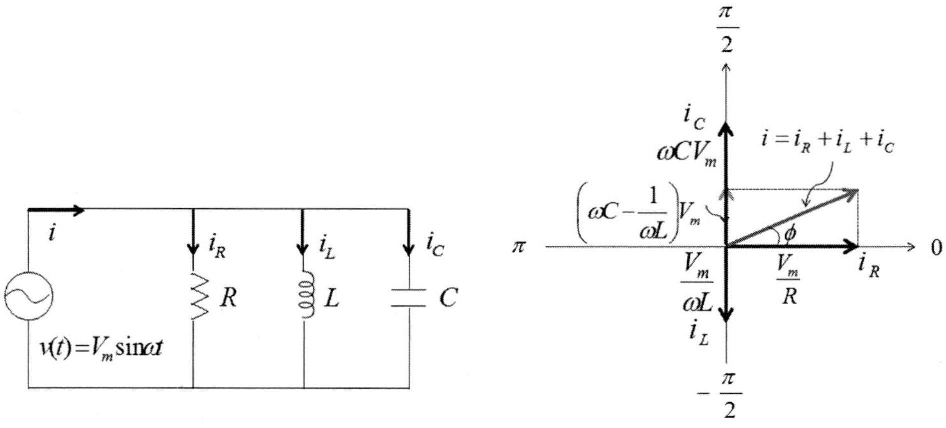

(a) RLC 병렬 회로

(b) 페이저도

▌그림 5.9 RLC 병렬 회로의 교류 해석

이때 전체 전류를 페이저로 나타내면 다음과 같다.

$$
\begin{aligned}
i &= i_R + i_L + i_C \\
&= \frac{V_m \sin wt}{R} + \frac{V_m}{wL}\sin(wt - \frac{\pi}{2}) + wCV_m \sin(wt + \frac{\pi}{2}) \\
&= \frac{V_m}{R}\angle 0 + \frac{V_m}{wL}\angle -\frac{\pi}{2} + wCV_m \angle \frac{\pi}{2} \qquad (5.25)
\end{aligned}
$$

그림 5.9(b)는 이를 페이저도에 도시한 것이다.

그림으로부터 전체 전류 i의 크기는 $i=\sqrt{\left(\frac{1}{R}\right)^2+\left(wC-\frac{1}{wL}\right)^2}\,V_m$이고, 어드미턴스는 $Y=\sqrt{\left(\frac{1}{R}\right)^2+\left(wC-\frac{1}{wL}\right)^2}$ 임을 알 수 있다. 또한 전류와 전압의 위상차는 $\phi=\tan^{-1}\left(R\left(wC-\frac{1}{wL}\right)\right)$이다. 이때 $wC>\frac{1}{wL}$이면 전류가 전압보다 앞서며, $wC<\frac{1}{wL}$이면 전압이 전류를 앞서게 된다.

예제 5.12

저항 100[Ω], 인덕터가 10[mH], 커패시던스가 100[μF]인 RLC 병렬 회로에 $v(t) = 5\sin(377t - 30°)$의 교류 전압을 인가할 때, 전체 어드미턴스를 구하고, 전체 전압과 전류의 위상차를 구하라. 또한 전체 전류를 시간에 대한 식으로 표현하라.

풀이

$R = 100$[Ω], $L = 10 \times 10^{-3}$[H], $C = 100 \times 10^{-6}$[F], $w = 377$[rad/s]이므로

$$X_L = wL = 377(10 \times 10^{-3}) = 3.77[\Omega]$$

$$X_C = \frac{1}{wC} = \frac{1}{377(100 \times 10^{-6})} = 26.53[\Omega]$$

$$Y = \sqrt{\left(\frac{1}{R}\right)^2 + \left(\frac{1}{X_C} - \frac{1}{X_L}\right)^2} = \sqrt{\left(\frac{1}{100}\right)^2 + \left(\frac{1}{26.53} - \frac{1}{3.77}\right)^2} = 0.228[\mho]$$

$$Z = \frac{1}{Y} = 4.386\,[\Omega]$$

$\phi = \tan^{-1}\left(100\left(\frac{1}{3.77} - \frac{1}{26.53}\right)\right) = 87.48°$ 이며, 전류는 전압보다 ϕ만큼 앞선다.

따라서 $i(t) = Y \cdot (5)\sin(377t - 30° + \phi) = 1.14\sin(377t - 57.48°)$ [A]이다.

RLC 병렬 회로에서,

어드미턴스는 $Y = \sqrt{\left(\frac{1}{R}\right)^2 + \left(wC - \frac{1}{wL}\right)^2} = \sqrt{\left(\frac{1}{R}\right)^2 + \left(\frac{1}{X_C} - \frac{1}{X_L}\right)^2}$

$\phi = \tan^{-1}\left(R\left(wC - \frac{1}{wL}\right)\right) = \tan^{-1}\left(R\left(\frac{1}{X_C} - \frac{1}{X_L}\right)\right)$ 이다.

연 습 문 제

1. 어떤 정현파 교류 전류가 최대값 20A를 가지고 1ms에 완전히 한 주기를 반복한다고 하자. $t=0$에서 전류의 크기가 10A라고 할 때 다음을 구하라.

(a) 전류의 주파수를 구하라.

(b) 전류의 각주파수를 구하라.

(c) 전류를 시간 함수로 표현하라.

(d) 전류의 실효값을 구하라.

(e) $t=3$ms에서의 전류의 크기를 구하라.

2. 두 교류 전압 $v_1(t)$와 $v_2(t)$가 다음과 같이 주어질 때 전압의 주파수와 두 전압 사이의 위상차을 계산하라.

$v_1(t)=12\sin(377t+45°)$[V], $v_2(t)=6\sin(377t-15°)$[V]

3. $v(t)=20\cos(377t-45°)$와 $i(t)=12\sin(377t+120°)$를 페이저로 나타내어라.

4. 20mH의 인덕터에 교류 전압 $v(t)=12\cos(377t+20°)$를 인가한 경우 다음에 답하라.

(a) 유도성 리액턴스를 계산하라.

(b) 인덕터에 흐르는 최대 전류는 얼마인가?

(c) 인덕터에 흐르는 전류를 시간 함수로 표현하라.

5. 그림과 같이 50Ω의 저항, 100mH의 인덕터가 직렬 연결되어 있다. 이때 교류 전압 $v(t)=10\cos(377t+30°)$가 인가될 때 다음에 답하라.

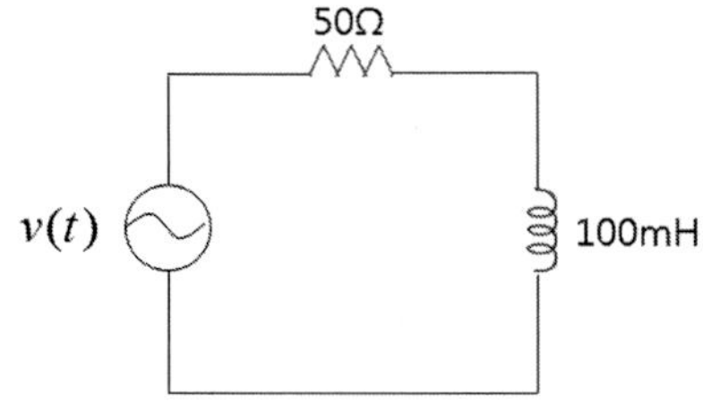

(a) 전체 임피던스를 계산하라.

(b) 회로에 흐르는 전류의 최대값은 얼마인가?

(c) 전압과 전류의 위상각을 계산하라.

(d) 회로에 흐르는 전체 전류를 시간 함수로 표현하라.

6. 30의 저항, 20mH의 인덕터 및 6.5μF의 콘덴서가 직렬 연결되어 있다. 이때 교류 전압 $v(t) = 200\cos(4000t + 30°)$가 인가될 때 다음에 답하라.

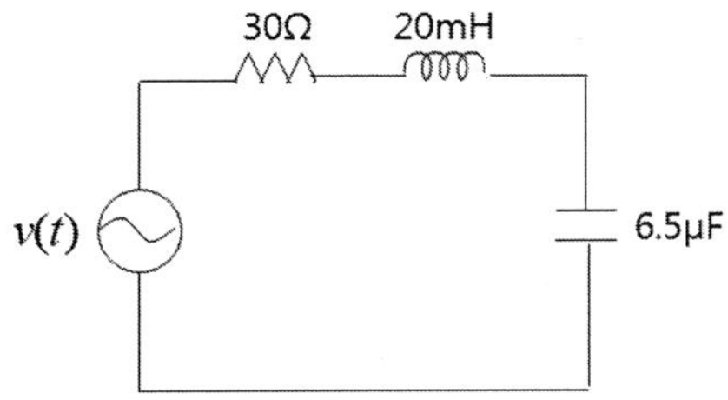

(a) 전체 임피던스를 계산하라.

(b) 회로에 흐르는 전류의 최대값은 얼마인가?

(c) 전압과 전류의 위상각을 계산하라.

(d) 회로에 흐르는 전체 전류를 시간 함수로 표현하라.

7. 다음의 그림과 같이 100Ω의 저항과 100μF의 콘덴서가 병렬 연결되어 있다. 이때 교류 전압 $v(t) = 10\cos(377t - 60°)$가 인가될 때 다음에 답하라.

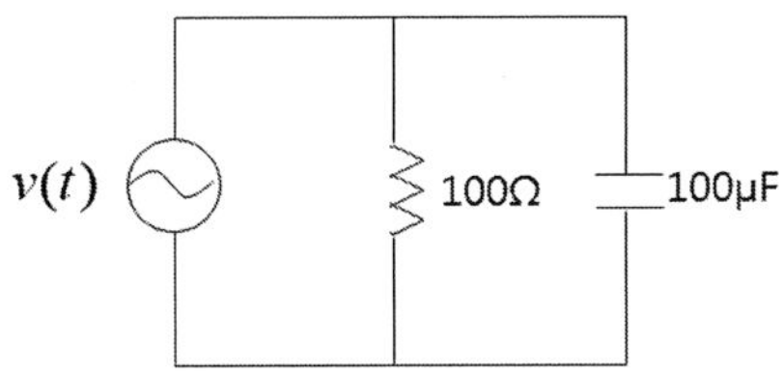

(a) 전체 임피던스를 계산하라.

(b) 회로에 흐르는 전류의 최대값은 얼마인가?

(c) 전압과 전류의 위상각을 계산하라.

(d) 회로에 흐르는 전체 전류를 시간 함수로 표현하라.

Chapter 6
반도체와 다이오드

오늘날 반도체 산업은 무한한 가능성을 가진 최첨단 산업으로서 끊임없이 발전해 왔으며 우리나라의 경우 메모리 반도체 제조 기술은 세계적으로 60%에 달하는 점유율을 보유할 정도로 발전해 있다. 이 장에서는 반도체의 정의 및 반도체에 전류가 흐르는 원리에 대해 알아본다. 또한 반도체를 이용한 다이오드의 특성에 대해 살펴보고 다이오드의 다양한 실제 응용에 대해 살펴본다.

6.1 반도체란?

반도체(semiconductor)는 전기 전도도가 절연체와 도체의 중간 정도 되는 물질로서 순수 상태에서 부도체와 비슷한 특성을 보인다. 즉 전류가 거의 흐르지 않는다. 그러나 절연체와는 달리 빛이나 열 또는 불순물의 첨가에 의해 도체와 같이 전류가 흐르기 시작한다. 도체는 전기는 잘 통하지만 사람이 조절하기 어려운 반면 반도체는 사람이 어떻게 조작하느냐에 따라 조절이 용이하다는 특징이 있다. 불순물이 섞이지 않은 대표적인 반도체로는 실리콘(Si), 게르마늄(Ge), 탄소(C) 등이 있으며 이를 진성반도체(intrinsic semiconductor)라 한다.

그림 6.1은 실리콘 원자의 구조를 나타낸 것이다. 실리콘은 원자 번호가 14번인 원소로서 네 개의 최외각 전자를 가진다.

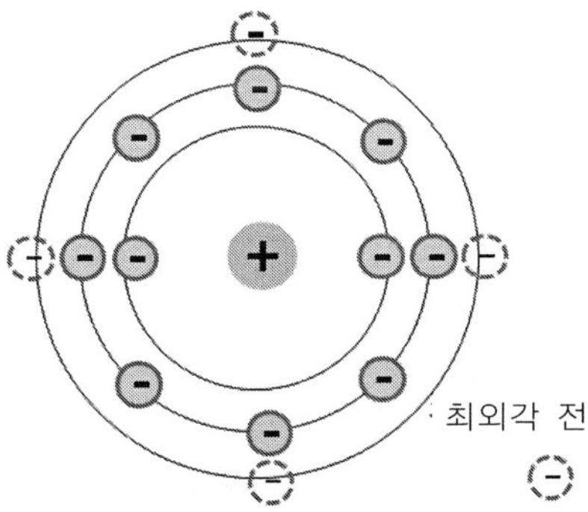

▌그림 6.1 실리콘(Si) 원자의 구조

화학적으로 안정되기 위해 원자는 가전자 궤도에 여덟 개의 전자를 필요로 한다. 따라서 이를 위해 실리콘 원자는 또 다른 원자와 결합하게 된다. 즉 그림 6.2와 같이 실리콘 원자는 네 개의 다른 실리콘 원자와 결합하며 네 개의 인접 원자와 각각 한 개씩의 가전자를 공유한다. 이로인해 한 개의 가전자를 서로 공유하게 되므로 모두 여덟 개의 전자를 공유하게 되는 셈이다. 이와 같이 전자의 공유에 의한 원자 간의 결합을 공유 결합(covalent bond)이라 한다.

절대온도 0K에서는 결합된 가전자들을 공유 결합에서 이탈시킬 수 없다. 즉 절대온도 0K 부근에서는 진성 반도체는 절연체가 된다.

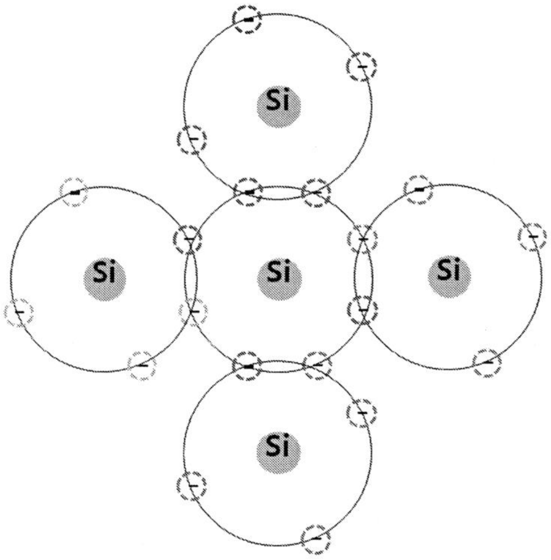

▌그림 6.2 실리콘 원자의 공유 결합

그러나 그림 6.3과 같이 결정의 온도가 상승하면 원자는 열에너지로 인해 진동하게 되며 일부 가전자는 충분한 에너지를 얻어 공유 결합에서 이탈하여 자유롭게 운동한다. 즉 자유 전자가 되는 것이다.

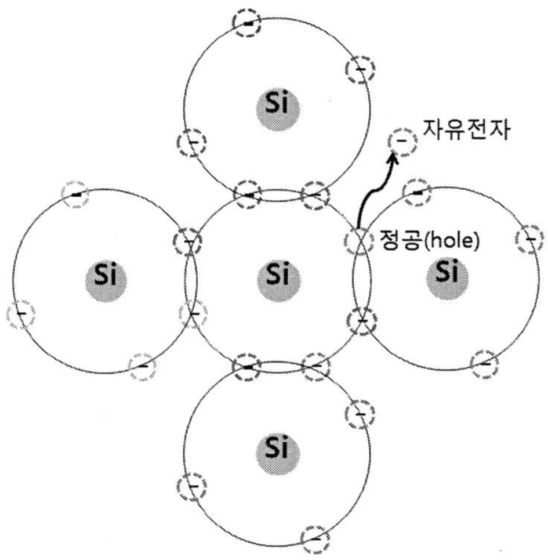

▌그림 6.3 전자-정공 쌍의 생성

이때 자유 전자가 빠져 나간 자리에는 빈 구멍이 발생하게 되는데 이를 정공(hole)이라고 부른다. 즉 하나의 공유결합이 끊어짐으로써 하나의 전자 – 정공 쌍을 형성하게 된다.

원자핵 주위를 돌고 있는 전자 중에서 가장 바깥쪽 궤도를 돌고 있는 전자를 최외각 전자라 한다. 원자핵으로부터의 구속력이 가장 약한 최외각 전자는 외부 에너지가 주어지면 원자핵의 구속으로부터 이탈하므로 자유로운 운동을 할 수 있게 된다. 이러한 전자를 자유 전자라 한다. 이때 자유 전자가 빠져 나간 자리를 정공이라 한다.

6.2 전자 전류와 정공 전류

열 에너지에 의해 공유 결합이 끊어짐으로써 생긴 자유 전자와 정공들은 그림 6.4(a)와 같이 결정 사이를 랜덤하게 운동한다. 자유 전자는 결정 내에서는 불규칙하게 움직이지만 전압이 가해지면 쉽게 양극 쪽으로 끌려가고 이러한 자유 전자들의 움직임은 반도체 내에서 전류의 한 형태가 된다. 이를 전자 전류라고 한다.

전류의 또 다른 형태로는 자유 전자가 여기되어 생성된 정공에 의해 발생한다. 즉 그림 6.4(b)와 같이 정공 속으로 인접 원자의 가전자가 들어오면 이 자리는 완전한 공유 결합이 되어 정공이 없어진다. 그러나 뛰어든 가전자의 원래의 위치에 새로운 정공이 생기게 된다. 즉 가전자의 이동 방향과는 반대 방향으로 정공이 이동한 셈이 되는 것이다. 그러므로 자유 전자와 마찬가지로 정공도 결정 격자 사이를 자유로이 운동할 수 있는 캐리어로 간주할 수 있고 전도에 기여한다. 이를 정공 전류라 한다.

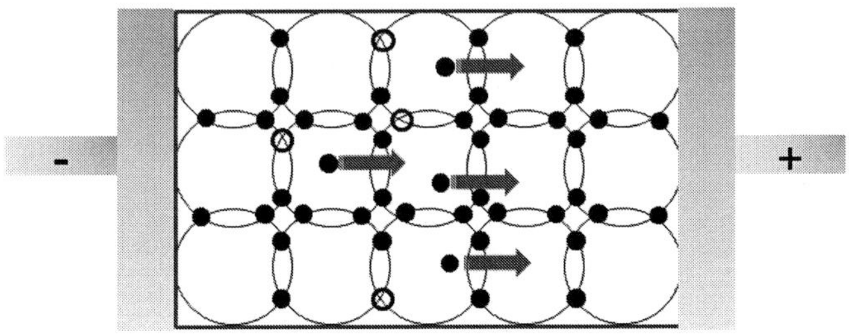

(a) 전자 전류

Chapter 06 반도체와 다이오드

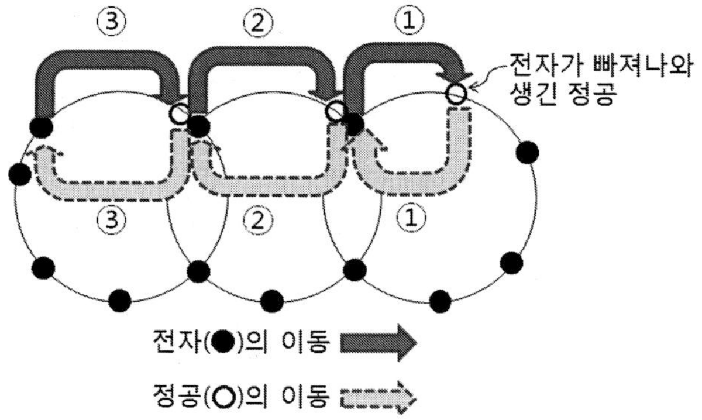

(b) 정공 전류

▌그림 6.4 전자 전류 및 정공 전류

> 반도체에 전류가 흐르는 것은 자유 전자와 정공의 두 종류에 의해 이루어진다. 실리콘 양단에 전압을 인가하면 열적으로 생성된 자유 전자가 양극 쪽으로 끌려가게 되는데 이러한 자유 전자들의 움직임을 전자 전류라 한다. 또한 자유 전자가 여기되어 생성된 정공의 이동에 의해 정공 전류가 발생한다.

6.3 n형 반도체와 p형 반도체

진성 반도체는 불순물을 첨가함으로써 전도성을 크게 증가시킬 수 있다. 이와 같이 진성 반도체에 불순물을 넣어 전자 또는 정공의 수를 증가시키는 것을 도핑(dopping)이라 한다.

6.3.1 n형 반도체

n형 반도체는 전자의 수를 증가시키기 위해 진성 반도체에 5가(pentavalent)의 불순물을 첨가한 것이다. 5가의 불순물은 비소(As), 인(P), 비스무스(Bi), 안티몬(Sb) 등과 같이 다섯 개의 가전자를 가진 원자들을 의미한다.

그림 6.5는 네 개의 실리콘 원자와 비소(As)의 공유 결합을 보인 것이다.

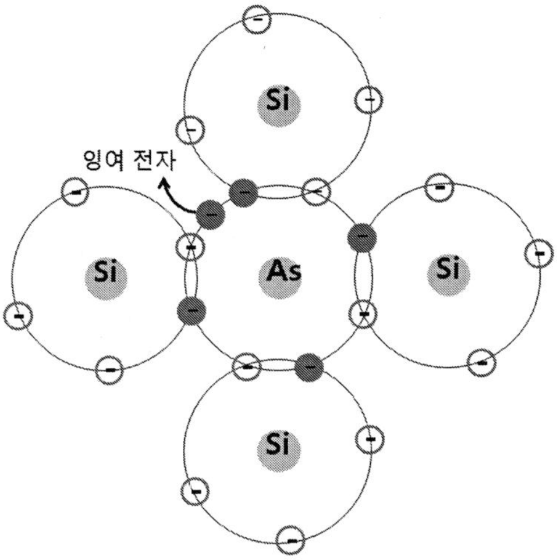

▌그림 6.5 n형 반도체(5가 원소와의 공유 결합)

비소 원자의 가전자들 중 네 개의 가전자가 실리콘 원자와 공유결합을 이루게 되면 한 개의 잉여 전자가 남는다. 이 잉여 전자는 어떤 원자에도 구속되지 않기 때문에 전도 전자가 된다. 이와 같이 5가 원자는 한 개의 전자를 제공하므로 흔히 도너(donor)원자라고도 부른다. 전도 전자의 수는 실리콘에 첨가하는 불순물 원자의 수에 따라 조절할 수 있다. 대다수 전류 반송자가 전자이므로 5가 원자들로 도핑된 실리콘 또는 게르마늄은 n형 반도체 물질이 된다. n형 반도체에서 이 전자들을 다수 반송자라고 부른다. 반면 전류 반송자의 대부분이 전자임에도 불구하고 열적으로 전자-정공쌍이 생성될 때 소수의 정공도 함께 생긴다. 따라서 n형 반도체에서 이런 정공들을 소수 반송자라 부른다.

> n형 반도체는 잉여 전자의 수가 많은 반도체이며, 잉여 전자에 의해 전류가 흐르므로 전자가 다수 반송자, 정공이 소수 반송자가 된다.

6.3.2 p형 반도체

p형 반도체는 정공의 수를 증가시키기 위해 진성 반도체에 3가의 불순물 원자를 첨가한 것이다. 3가의 불순물 원자로는 세 개의 가전자를 가지는 알루미늄(Al), 붕소(B), 인듐(In), 갈륨(Ga) 등이 있다. 그림 6.6은 네 개의 실리콘 원자와 붕소의 공유 결합을 보인 것이다.

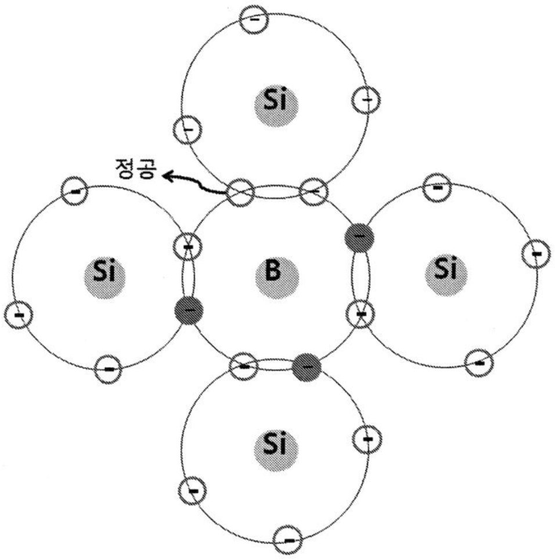

▎그림 6.6 p형 반도체(4가 원소와의 공유 결합)

붕소가 인접한 네 개의 실리콘과 공유 결합하려면 네 개의 가전자가 필요하므로 3가의 불순물을 첨가하면 정공이 한 개 발생하게 된다. 이때 정공은 전자 한 개를 끌어당겨 채우려 하기 때문에 3가 원자를 억셉터(acceptor) 원자라고도 한다. 정공의 수는 실리콘에 첨가되는 3가 불순물 원자 수에 의해 조절 가능하다.

전류 반송자의 대부분이 정공이므로 3가 원자들로 도핑된 실리콘 또는 게르마늄을 p형 반도체라 한다. 그러나 전류 반송자의 다수가 정공일지라도 열적으로 전자 – 정공쌍이 발생하면 소수의 자유 전자들이 생성된다. 따라서 p형 물질에서 소수 반송자는 자유 전자이다.

> p형 반도체는 정공의 수가 많은 반도체로서 정공에 의해 전류가 흐르므로 정공이 다수 반송자가 되고 전자가 소수 반송자가 된다. p형을 만들기 위해 억셉터를 넣는다.

6.4 pn 접합 다이오드

6.4.1 pn 접합

pn 다이오드는 n형 반도체와 p형 반도체를 결합하여 만든 것이다. 그림 6.7은 pn 다이오드의 구조 및 기호를 나타낸 것으로서 p형 반도체에 접속된 단자를 애노드(anode), n형 반도체에 접속된 단자를 캐소드(cathode)라 한다.

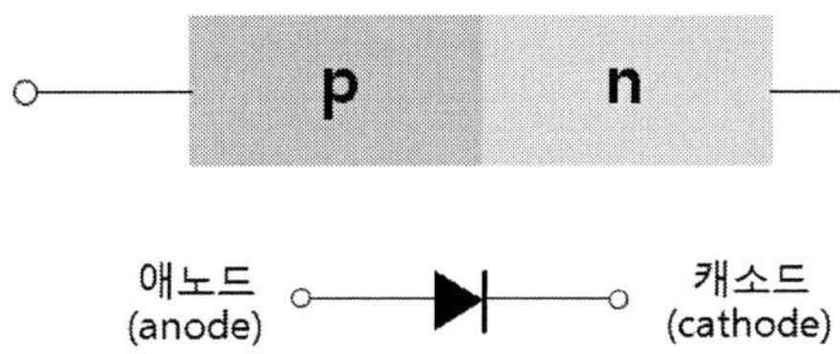

▌그림 6.7 pn 다이오드

앞 절에서 설명한 바와 같이 p형 반도체는 다수의 정공과 오직 열적으로 생성된 소수의 자유 전자를 가지며, n형 반도체는 많은 자유 전자와 소수의 정공을 갖게 된다.

따라서 그림 6.8과 같이 pn 접합이 형성되는 순간 n영역의 접합 부근에 있던 전자의 일부는 접합을 넘어 p영역으로 확산되어 접합 근처의 정공과 결합한다. 이때 n영역은 자유 전자들을 잃게 되어 접합 부근에 양전하층을 만들게 되고, p영역은 정공을 잃게 된다. 따라서 p영역의 접합 부근에 음전하층이 형성된다. 이들 두 개의 양전하층과 음전하층은 공핍층을 형성하게 되며 전자가 p영역으로 확산되는 것을 공핍층 내의 총 음전하가 막는 시점에 도달할 때 확산은 멈춘다. 즉 공핍층은 전자가 장벽을 가로질러 흐르는 것을 막는 역할을 하게 된다. 공핍 영역은 아주 빠른 속도로 형성되며, n영역과 p영역의 두께에 비해 매우 얇다.

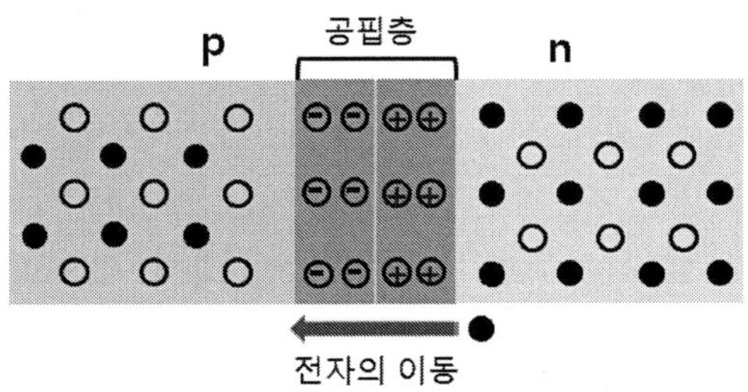

▌그림 6.8 공핍층 형성

양전하와 음전하 사이에는 쿨롱의 법칙에 의해 인력이 작용한다. 따라서 공핍층에 존재하는 양전하와 음전하 사이에는 힘이 생기고 이런 힘의 계를 전계라 한다. 이 전계는 n영역에 있는 자유 전자에게는 장벽 역할을 하며 전계를 가로질러 전자가 움직이기 위해서는 그만큼의 에너지가 사용되어야 함을 의미한다. 즉 공핍층의 전계에 대한 장벽을 넘어 전자들이 움직이기 위해서는 외부 에너지가 공급되어야 한다.

pn 접합을 사이에 두고 공핍층 양쪽 전계의 전위차는 전자가 전계를 가로질러 움직이는데 필요한 에너지 양과 같다. 이 전위차를 전위 장벽이라고 하며 전압 단위를 사용한다. 다르게 설명하면 pn 접합을 가로질러 전자가 흐르기 위해서는 전위장벽과 크기가 같고 극성이 반대인 전압을 pn 접합 양쪽에 인가해야 한다.

pn 접합의 전위장벽 크기는 반도체 물질의 종류, 도핑량, 온도 등과 같은 여러 요인에 의해 좌우된다. 일반적으로 전위장벽은 25°C에서 실리콘의 경우 약 0.7V, 게르마늄의 경우 0.3V이다.

6.4.2 바이어스

바이어스란 전자 소자를 동작시키기 위해 사용하는 직류 전압을 의미한다. pn 접합에 가하는 바이어스로는 순방향 바이어스와 역방향 바이어스가 있다. 이들 두 바이어스는 pn 접합 양단에 극성을 조절하여 충분한 직류 전압을 가함으로써 결정된다.

6.4.2.1 순방향 바이어스

순방향 바이어스(forward bias)란 pn 접합을 통해 전류가 흐르도록 전압을 인가하는 것을 말한다. 즉 그림 6.9와 같이 직류 전압의 (+) 단자는 p형 반도체에, (−) 단자는 n형 반도체에 연결되었다면 이러한 연결을 순방향 바이어스라 한다.

이때 바이어스 전압 V_{bias}의 (−) 단자는 n형 반도체의 다수 반송자인 자유전자를 pn 접합 쪽으로 밀어낸다. 바이어스 전압이 전위장벽보다 크다면 자유전자에게 충분한 에너지를 공급함으로써 p형 반도체 내로 움직이게 만든다. p형 반도체로 자유 전자가 이동하면 p형 반도체 내의 정공과 결합하여 가전자가 된다.

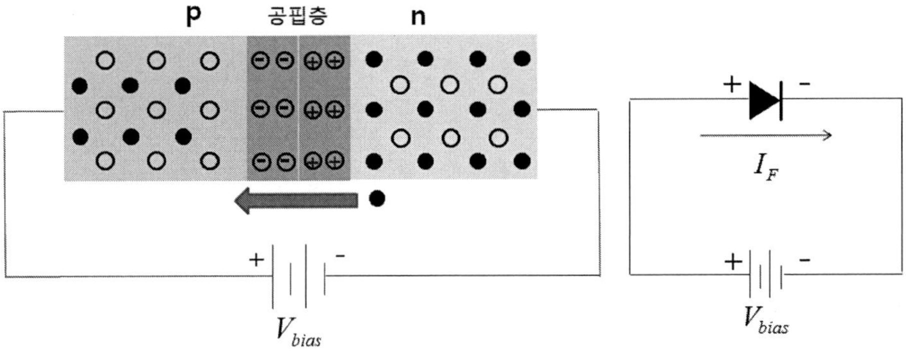

▌그림 6.9 순방향 바이어스

바이어스 전압의 (+) 단자는 p형 반도체의 왼쪽으로 이 가전자를 잡아당기며, 전자는 왼쪽을 향하여 이 정공에서 저 정공으로 움직인다. 가전자가 왼쪽 끝에 이르렀을 때 그 전자들은 결정체를 떠나 전원의 (+) 단자로 흘러 들어간다.

> 순방향 바이어스는 p형 반도체에 (+) 전압을, n형 반도체에 (−) 전압을 연결한다. pn 접합의 전위 장벽은 실리콘은 0.7V, 게르마늄의 경우 0.4V이므로 바이어스 전압은 전위 장벽보다 커야 한다. 이때 다수 반송자가 순방향 전류 I_F를 흐르게 하며 pn 접합을 향해 흐른다.

6.4.2.2 역방향 바이어스

그림 6.10과 같이 직류 전원의 극성을 순방향 바이어스와 반대로 하면 다이오드를 역방향 바이어스한 경우가 된다. 즉 전원의 (+) 단자를 n형 반도체에, (−) 단자를 p형 반도체에 연결하였을 때 역방향 바이어스라 한다. 이때 접합면 근처의 n 영역에 있는 자유 전자는 (+) 전원 단자 쪽으로 이끌리게 되고 접합면 근처의 p형 반도체에 있는 정공은 (−) 전원 쪽으로 끌려가게 된다. 이렇게 이동된 자유 전자와 정공은 접합면 근처에서 더욱더 많은 양이온과 음이온을 남기게 되므로 공핍층은 더욱더 넓어진다. 역방향 바이어스가 크면 클수록 공핍층은 더욱더 넓어지며 공핍층의 전위차가 바이어스 전압과 같을 때 공핍층의 증가는 중지된다.

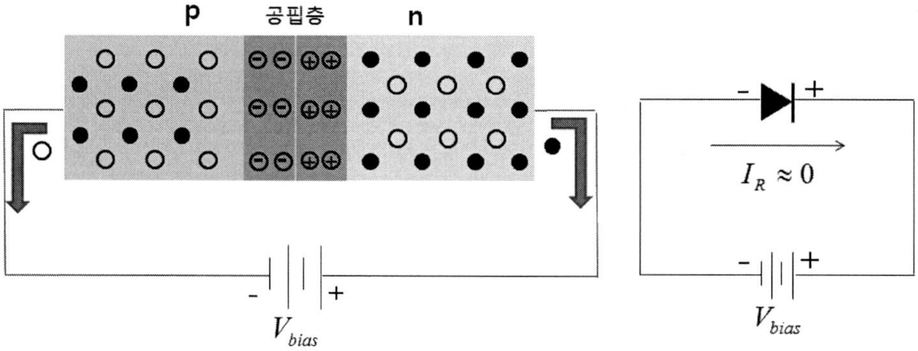

▌그림 6.10 역방향 바이어스

그러나 역방향 바이어스가 인가되더라도 열에너지가 접합면 양쪽에서 매우 적은 자유 전자와 정공을 연속적으로 생성시키기 때문이며 이 소수 반송자로 인해서 회로에 적은 전류가 흐른다. 소수 반송자에 의해 발생한 역방향 전류를 포화 전류라고도 한다. 여러 반도체 소자 중 실리콘 다이오드가 많이 이용되는 이유는 바로 포화 전류가 작기 때문이다.

역방향 전류 외에도 표면에는 적은 양의 전류가 흐르는데 이를 표면 누설 전류라 한다. 이는 표면의 불순물에 의해 생기며 열적으로 생성된 전류와 마찬가지로 매우 작다. 역방향 바이어스의 전압이나 온도가 증가하면 역방향 전류는 증가한다.

그러나 역전압을 증가시키면 다이오드의 항복 전압이라 하는 항복점에 이르게 되고 다이오드에는 급격히 많은 전류가 흐르게 된다. 이는 역방향 바이어스가 크면 클수록 (+) 단자로 이동하는 자유 전자는 더 빨리 끌려가게 되고 일부 자유 전자는 가전자와 충돌하게 된다. 이때 자유 전자가 충분한 에너지를 가지고 있다면 가전자는 전도대 전자로 여기되어 두 개의 자유 전자가 생기게 되는 것이다. 이 두 개의 전자는 전자 사태(avalanche)가 일어날 때까지 가속되어 계속 다른 가전자와 충돌한다. 이 결과 수많은 자유 전자 때문에 다이오드는 도통이 매우 잘 되고 과도한 전력 소비로 파괴된다. 따라서 설계자는 정류용 다이오드 양단의 역방향 전압을 항상 항복 전압 이하로 유지시켜야 한다.

> 역방향 바이어스는 p형 반도체에 (-) 전압을, n형 반도체에 (+) 전압을 연결하는 것으로서 공핍 영역을 더욱더 넓어진다. 바이어스 전압은 항복 전압보다 작아야 하며 이때 소수 반송자가 적은 크기의 역전류 I_R를 만든다.

6.5 다이오드의 특성 그래프

6.5.1 순방향 바이어스를 가한 경우의 전압-전류 특성

앞 절에서 설명한 바와 같이 순방향 바이어스 전압이 pn 접합 양단에 가해지면 접합을 통해 전류가 흐른다. 이때 흐르는 전류가 순방향 전류이고 I_F로 표시한다. 저항 R_F는 I_F의 크기를 제한하는데 사용하며 pn 접합의 과열을 막아 손상을 방지한다. 그림 6.11은 순방향 바이어스 전압 V_{bias}를 0V부터 점차 증가시켰을 때 어떤 현상이 발생하는가를 보여주고 있다. 만일 pn 접합에 0V를 인가하면 순방향 전류는 흐르지 않는다. 그러나 점점 바이어스 전압을 증가시키면 순방향 전류와 pn 접합에 걸리는 전압이 점점 증가한다. 이때 pn 접합에 걸린 전압이 전위 장벽(0.7V)이 되는 시점에서 순방향 전류는 급격히 증가하기 시작한다.

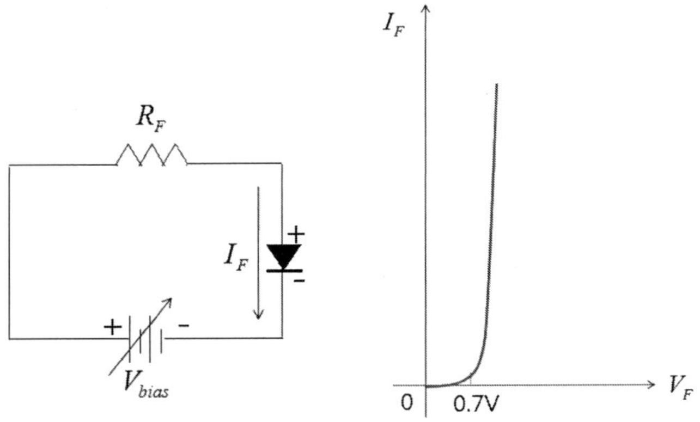

▌그림 6.11 순바이어스인 경우의 전압-전류 특성

6.5.2 역방향 바이어스를 가한 경우의 전압 - 전류 특성

역방향 바이어스가 pn 접합 양단에 가해지면 접합을 통해 극히 작은 역전류만이 흐른다. 그림 6.12는 역바이어스 전압을 인가했을 때 전류의 변화를 보인 것이다. 바이어스 전압이 0V일 때 전류는 흐르지 않는다. 그러나 역바이어스 전압을 점차 증가시키면 매우 작은 역전류가 흐르게 되고 항복 전압 V_{BR}에 달할 때까지 바이어스 전압을 증가시키면 역전류가 급속히 증가하여 소자가 과열되거나 손상될 수 있다.

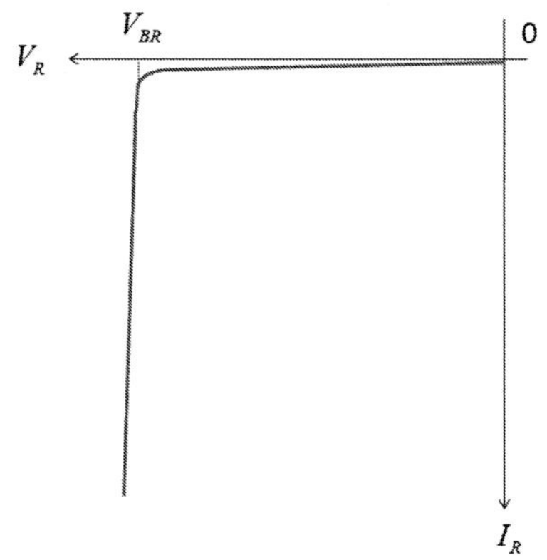

▌그림 6.12 역바이어스인 경우의 전압-전류 특성

그림 6.13은 pn 다이오드에 대한 전체 영역의 전압 - 전류 특성을 나타낸 것이다. 이때 I_F의 단위는 mA인데 반해 I_R의 단위는 μA임을 주의하라.

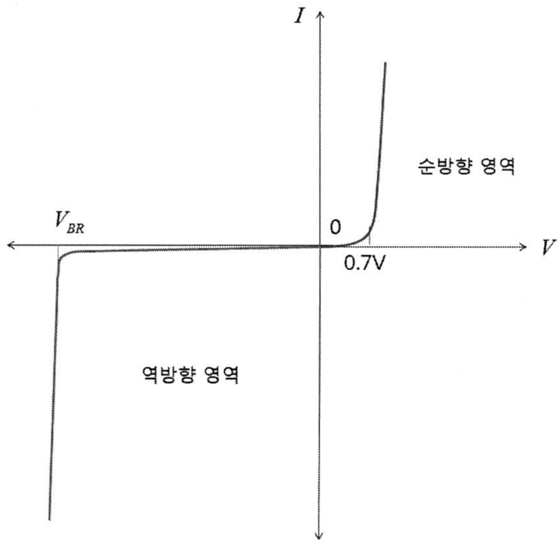

▌그림 6.13 다이오드 곡선

6.6 다이오드의 해석

6.6.1 이상적인 다이오드

이상적인 다이오드는 그림 6.14와 같이 순방향으로 바이어스 되었을 때는 완전한 도체(영저항)처럼 전류가 잘 흐르고, 역방향 바이어스 되었을 때는 완전한 절연체(영전류)처럼 전류가 흐르지 않는다.

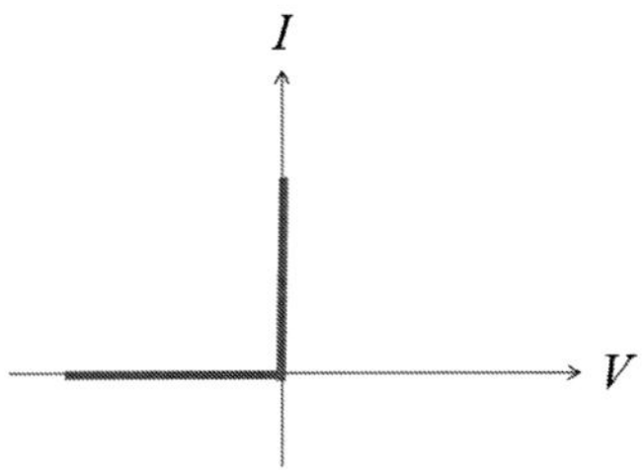

▌그림 6.14 이상적인 다이오드의 전압-전류 특성

회로에서 볼 때 이상적인 다이오드는 스위치처럼 동작한다. 즉 다이오드가 순방향 바이어스 되면 닫혀진 스위치와 같고 다이오드가 역방향으로 바이어스 되면 열린 상태의 스위치가 되는 것이다.

이상적인 다이오드 근사 해석법은 다이오드가 어떻게 동작하는가를 알려주는 적합한 방법이며, 이러한 근사 해석법이 부정확할 때는 제 2 근사 해석법을 사용한다. 일반적으로는 제 2 근사 해석법을 이용하여 해석된다.

6.6.2 제 2 근사 해석

실리콘 다이오드에 전류가 잘 흐르려면 0.7V의 문턱 전압이 필요하다. 그림 6.15는 제 2 근사 해석법에 대한 그래프를 나타낸다. 이는 다이오드 양단에 0.7V의 전압이 인가되기 전까지는 어떤 전류도 흐르지 않음을 의미한다. 그러나 0.7V 이상에서 다이오드는 도통한다. 이때 순방향 전류가 크더라도 다이오드 전압은 0.7V라 가정한다.

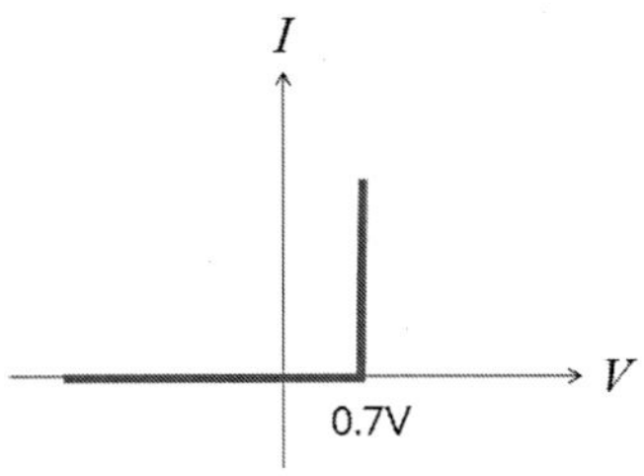

▌그림 6.15 다이오드의 제 2 근사 해석

예제 6.1

다음의 회로에서 이상적인 근사 해석법 및 제 2 근사 해석법을 이용하여 다이오드에 흐르는 전류를 구하라.

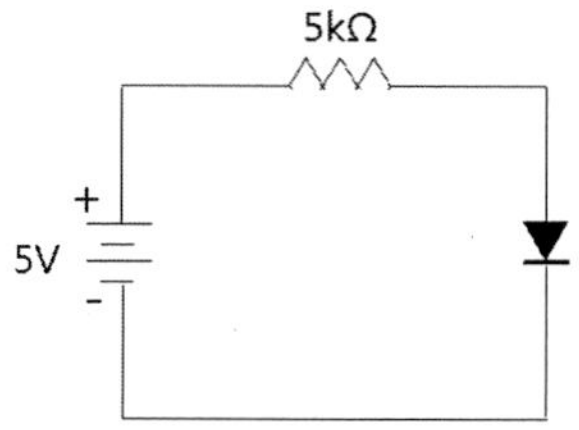

풀 이

순방향 바이어스가 인가되었으므로 이상적인 다이오드로 가정하면 주어진 회로는 다음과 같이 근사화 할 수 있다.

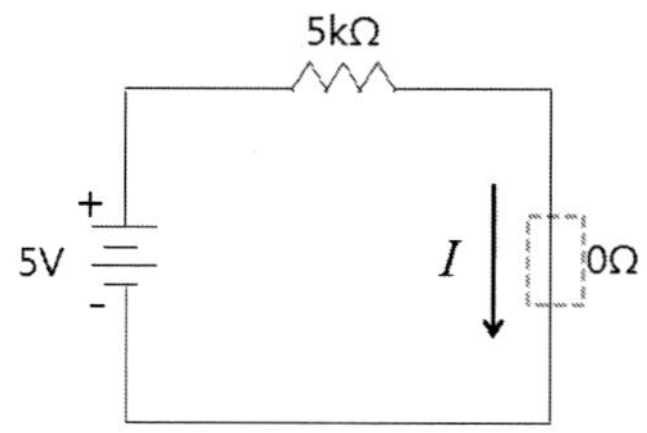

따라서 다이오드에 흐르는 전류는 $I = \dfrac{5}{5 \times 10^3} = 10^{-3}A = 1mA$ 가 된다. 반면 다이오드를 제 2 근사 해석법으로 근사화하면 0.7V의 전압강하가 발생하므로

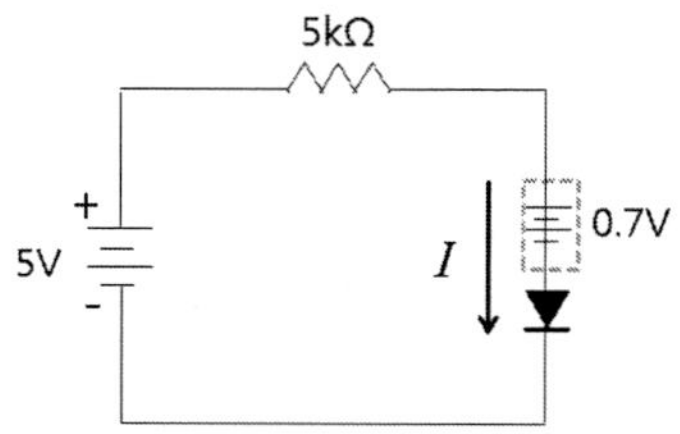

다이오드의 전류는 $I = \dfrac{5-0.7}{5 \times 10^3} = 0.86mA$ 가 된다.

6.7 다이오드의 응용

다이오드는 한 방향으로는 전류를 흘리고 반대 방향으로는 전류를 차단하는 기능을 가지고 있기 때문에 교류 전압을 직류 전압으로 변환시키는 정류기에 사용한다. 이러한 정류기는 교류 전압으로 동작하는 모든 직류 전원 공급 장치에서 쉽게 찾아볼 수 있다.

직류 전원 공급 장치는 220V, 60Hz의 가정용 표준 교류 전압을 일정한 직류 전압으로 바꾸어 주는 장치로서 가장 흔히 볼 수 있는 전기 회로의 하나이다. 전원 공급 장치에 의해 만들어진 직류 전압은 TV 수상기, 스테레오 시스템, VCR, CD 플레이어와 같은 여러 전자 회로의 전원으로 사용된다.

6.7.1 반파 정류기

반파 정류기(half-wave rectifier)는 그림 6.16과 같이 다이오드를 교류 전원 v와 부하 저항 R_L에 연결한 것이다. 이상적인 다이오드라 할 때 입력 교류 전압의 양(+)의 반주기, 즉 $t=0$에서 $t=t_1$ 동안 다이오드는 순방향 바이어스로 되어 전류가 부하 저항을 통해 흐르고 이 전류는 부하 양단에서 입력 전압의 양의 반주기와 같은 전압을 출력한다.

반면 음(-)의 반주기, 즉 $t=t_1$에서 $t=t_2$ 동안 다이오드는 역방향 바이어스로 되어 전류가 흐르지 않으므로 부하 저항 양단 전압은 0이 된다. 따라서 부하 양단에 나타나는 결과는 단지 교류 입력 전압의 양의 반주기이다.

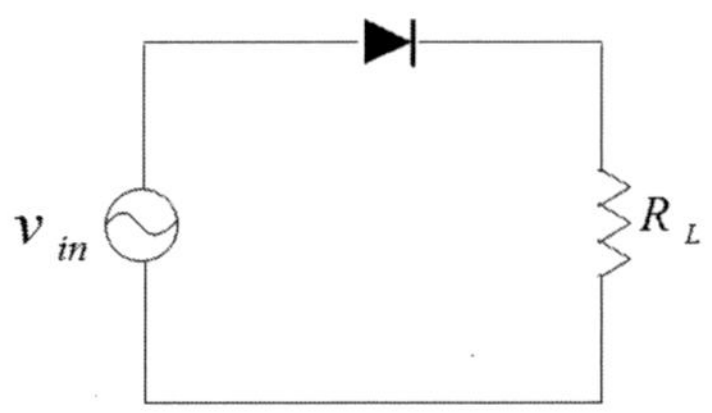

(a) 구조

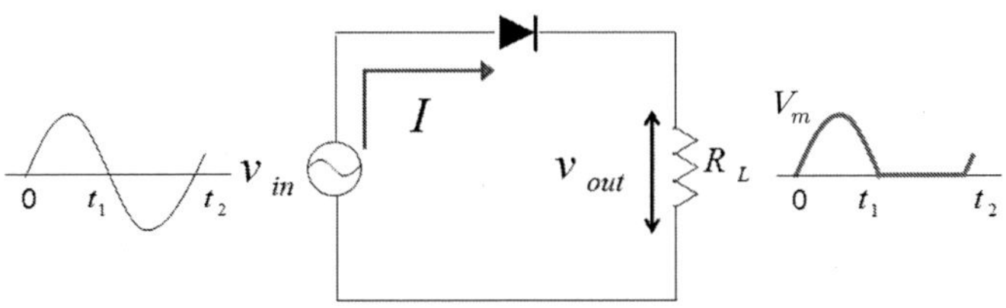

(b) 동작(이상적인 다이오드라 가정시)

▌그림 6.16 반파 정류기

반파 정류된 출력 전압의 평균은 직류 전압계에 의해 측정되며 다음과 같다.

$$v_{DC} = \frac{1}{T}\int_0^T v_{out}dt = \frac{1}{T}\int_0^{T/2} V_m \sin wt dt$$
$$= \frac{V_m}{\pi}$$

반파 정류기의 출력의 직류 성분은 위의 식과 같이 입력 교류의 진폭에 비례하므로 일반 가정이나 공장에 공급되는 120V, 60Hz의 교류를 이용하면 직류 성분이 $\frac{120}{\pi} = 38.2\text{V}$로 고정된다. 따라서 우리가 원하는 크기의 직류 전원을 얻으려면 그림 6.17과 같이 변압기를 이용하여 입력 교류 전압의 크기를 조절하여야 한다. 변압기는 전원 전압을 필요한 만큼 올리거나 낮출 수 있을 뿐만 아니라 교류 전원을 정류기 회로로부터 전기적으로 분리시킬 수 있으므로 충격에 의한 손상을 줄일 수 있다.

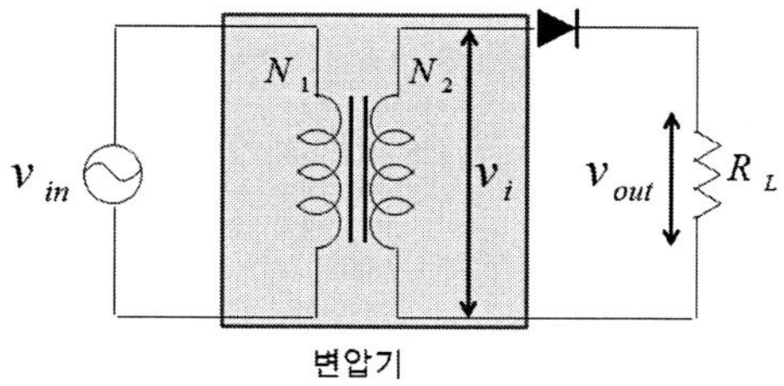

▌그림 6.17 변압기 결합 입력 전압을 가진 반파 정류기

교류 회로에서 변압기의 2차 전압 v_i는 1차 전압 v_{in}와 감은 수의 비 $\frac{N_2}{N_1}$의 곱과 같다.

$$v_i = \frac{N_2}{N_1} v_{in}$$

만일 $N_2 > N_1$이면 2차 전압이 1차 전압보다 크고, $N_1 > N_2$ 이면 2차 전압이 1차 전압보다 더 낮게 된다. $N_1 = N_2$인 경우에는 1차 전압과 2차 전압은 같아진다.

6.7.2 전파 정류기

반파 정류기는 교류의 반주기만 이용하므로 효율이 떨어진다. 따라서 교류의 한 주기를 모두 이용하는 전파 정류기가 많이 사용된다.

그림 6.18(a)은 중간 탭 전파 정류기를 보인 것으로서 변압기의 2차측에 두 개의

다이오드를 연결하여 사용한다. 입력 신호는 변압기를 통해 중간 탭의 2차측에 결합된다. 따라서 2차 전압의 절반만이 중간 탭과 2차 권선의 양 끝에 나타난다.

입력 전압의 양(+)의 반주기 동안 2차 전압의 극성은 그림 6.18(b)와 같다. 이 때 다이오드 D_1은 순방향 바이어스, 다이오드 D_2는 역방향 바이어스 시킨다. 따라서 전류는 D_1과 부하 저항 R_L을 통해 흐르게 된다.

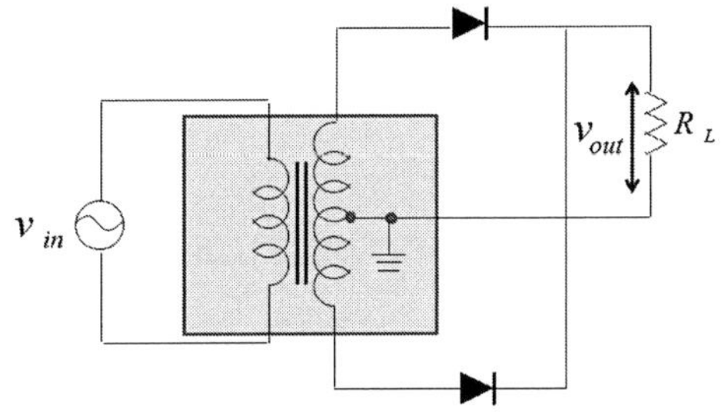

(a) 구조

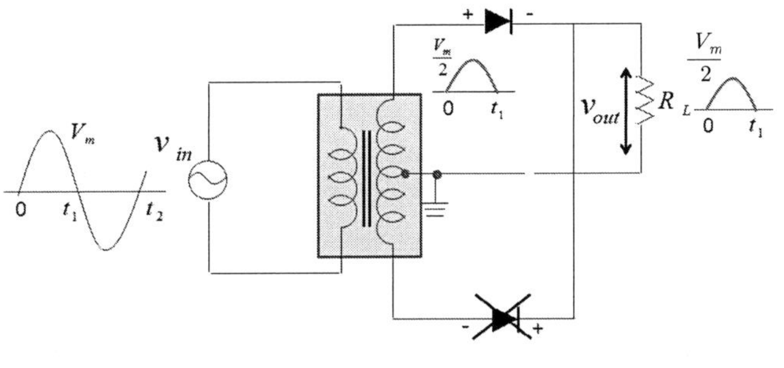

(b) 양의 반주기 동안의 출력

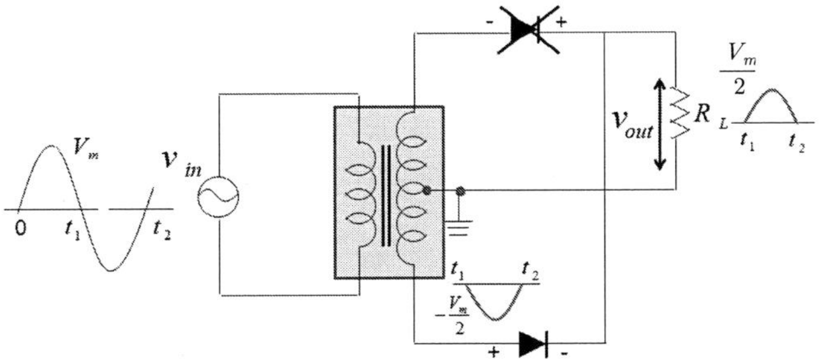

(c) 음의 반주기 동안의 출력

▌그림 6.18 중간탭 전파 정류기

반면 음(-)의 반주기 동안 다이오드 D_1은 역방향 바이어스로, 다이오드 D_2는 순방향 바이어스 된다. 그러므로 전류는 D_2와 부하 저항 R_L을 통해 흐르게 된다. 결과적으로 입력 주기의 양, 음의 반주기 동안에 부하를 통과하는 출력 전류는 모두 같은 방향이므로 부하 저항 양단의 출력 전압은 전파 정류된 직류 전압이 된다. 따라서 전파 정류된 전압의 평균값은 다음과 같이 반파 정류된 전압의 평균값의 2배가 된다.

$$V_{DC} = \frac{2V_m}{\pi}$$

6.7.3 리미터 회로

리미터(limiter)는 입력 전압의 일정값 이상 또는 이하의 영역을 제한하거나 자르는 역할을 한다. 따라서 신호를 수신하는 회로를 보호하는데 유용하게 사용된다.

그림 6.19는 입력 전압의 양의 일부분을 자르는 양의 리미터를 나타낸 것이다. 리미터는 입력 전압의 양의 반주기 동안 다이오드는 순방향 바이어스 된다. 따라서 이상적인 출력 전압은 영이지만 실리콘의 경우 2차 근사법으로는 약 0.7V이다. 그러나 음의 반주기 동안 다이오드는 역방향 바이어스된다.

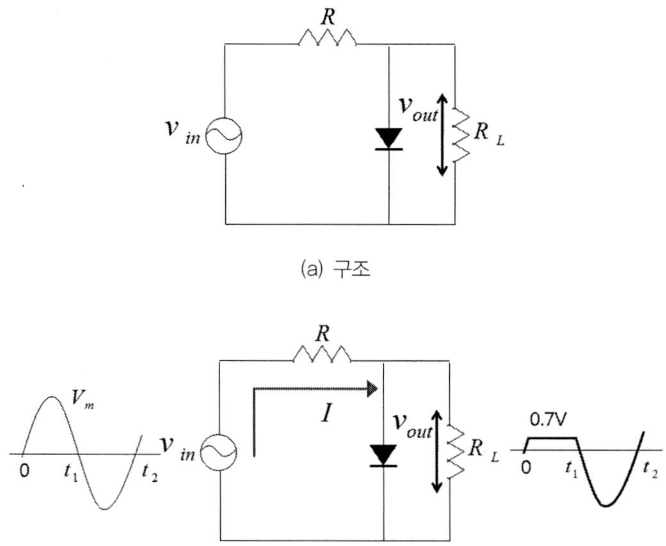

(a) 구조

(b) 동작

▌그림 6.19 양(+)의 리미터

이때 출력 전압은 입력의 음(−)의 영역과 같게 되지만 크기는 R과 부하저항 R_L로 구성된 전압 분배기에 의해 다음과 같다.

$$V_{out} = \frac{R_L}{R + R_L} V_{in}$$

대부분의 리미터에서 부하 저항 R_L은 직렬 저항 R보다 적어도 100배 이상 크기 때문에 $V_{out} \approx V_{in}$가 되어 음(−)의 반주기가 출력에 나타난다.

이제 그림 6.19에서 다이오드의 방향을 바꾸면 그림 6.20과 같이 음(−)의 반주기를 제거하는 음(−)의 리미터를 얻는다.

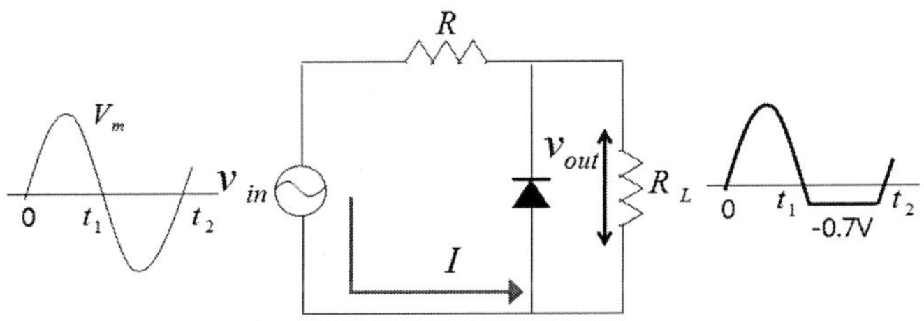

▌그림 6.20 음(−)의 리미터

음(−)의 반주기 동안 다이오드가 순방향 바이어스 될 때 다이오드의 전압 강하에 의해 −0.7V가 유지된다. 그러나 −0.7V 이상이 되면 다이오드는 역방향 바이어스 되어 입력 전압에 비례하는 출력이 부하 저항 양단에 나타나게 된다.

6.7.4 클램퍼 회로

클램퍼(clamper)는 교류 전압에 직류값을 더하는 것으로서 신호가 커패시터나 변압기를 지나면서 직류 성분이 제거되므로 이를 다시 회복하고자 할 때 사용한다.

그림 6.21은 양(+)의 직류값이 더해진 클램퍼를 나타낸 것이다. 초기에 커패시터가 충전되지 않았다고 가정하면 입력 전압의 양(+)의 반주기 동안 다이오드는 순방향 바이어스이므로 도통된다. 따라서 커패시터는 거의 입력의 최대값까지 충전되고 부하 저항의 출력 전압은 0.7V가 된다. 양(+)의 최대값까지 올라가는 동안 커패시터는 충전을 하게 되고, 시정수 RC는 입력 전압의 주기 T보다 훨씬 크므로 입력 전압의 최대값까지 출력 전압은 0.7V로 유지된다.

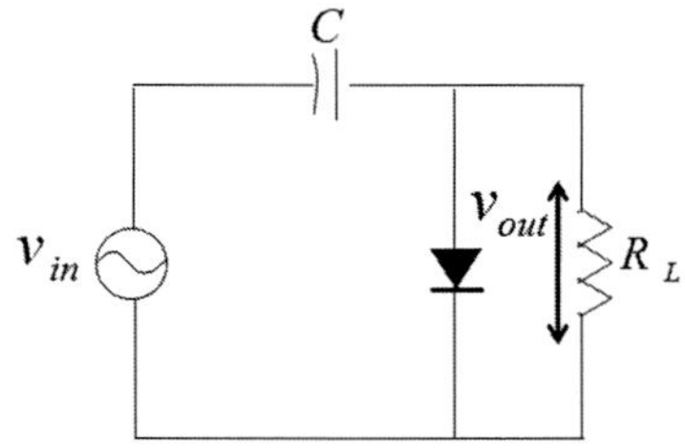

(a) 구조

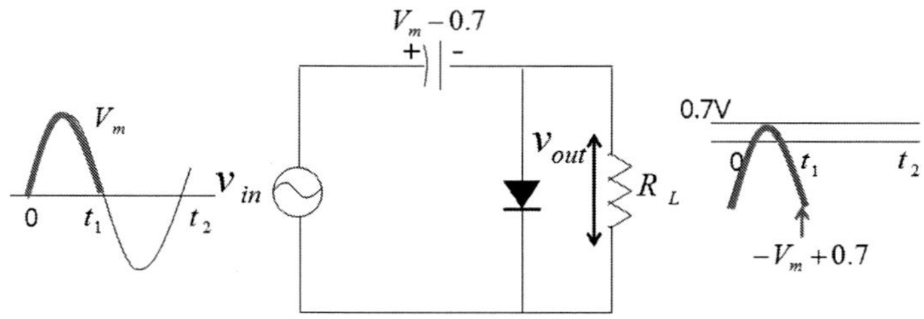

(b) 원리(양(+)의 반주기)

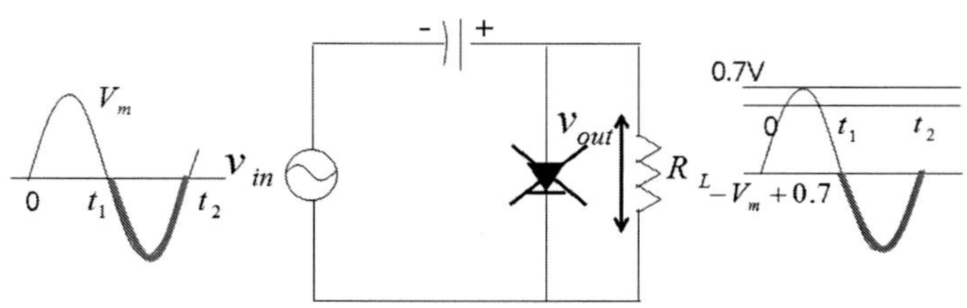

(c) 원리(음(−)의 반주기)

▌그림 6.21 양(+)의 직류값이 추가된 클램퍼

반면 입력 전압의 최대값에서 음(−)으로 내려가면서 커패시터는 방전을 하게 되므로 $V_m - 0.7$까지 방전하게 된다. 음(−)의 반주기 동안 커패시터는 저항을 통해 방전한다.

다이오드의 방향이 바뀌면 출력 전압은 음(−)의 직류 전압이 입력 전압에 더해져서 나타나게 된다.

6.8 특수 다이오드

6.8.1 제너 다이오드

정류용 다이오드는 역방향 바이어스를 인가하면 전류가 거의 흐르지 않지만 일정한 항복 전압에 도달하면 갑자기 전류가 증가하는 파괴 현상이 발생한다. 제너 다이오드는 이러한 현상을 이용하여 일정 전압을 얻는 소자이다. 따라서 제너 다이오드는 주변 회로 또는 소자의 전류나 전압 상태와 무관하게 항상 일정한 정전압 공급 소자로 사용한다. 일반적으로 항복 전압이 수십 V 이상에서 일어나지만 제너 다이오드의 경우 훨씬 낮은 역전압에서 항복 현상이 일어난다.

그림 6.21은 제너 다이오드의 기호 및 전압-전류 특성을 보인 것이다.

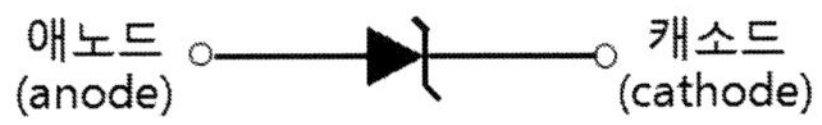

(a) 기호

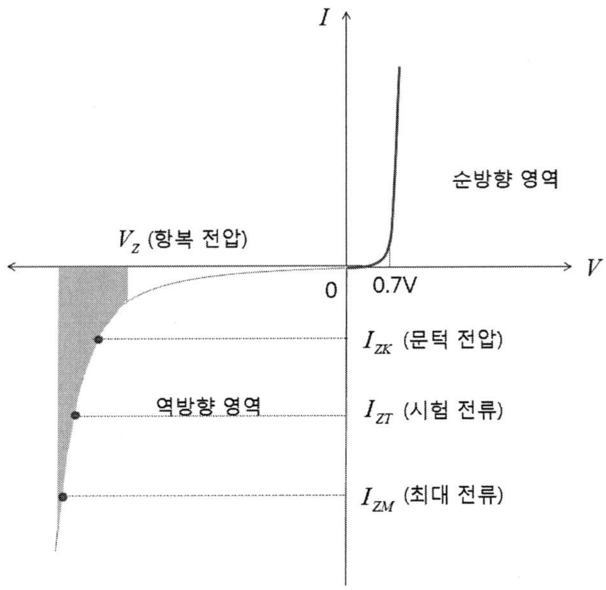

(b) 전압-전류 그래프

▌그림 6.21 제너 다이오드의 기호 및 전압-전류 특성

그림 6.21에서 보는 바와 같이 제너 다이오드는 순방향 바이어스가 인가되면 정류용 다이오드와 마찬가지로 0.7V 이상에서 도통한다. 또한 영과 항복 전압 V_Z 사이에서는 매우 적은 역전류가 흐른다. I_{ZK}는 다이오드가 항복 영역 내에서 동작할 때의 최소 역방향 전류를 의미하므로 정전압 조정을 위해 다이오드가 항복을 유지하려면 I_{ZK}가 유지되어야 한다.

I_{ZM}은 다이오드가 전력 정격을 초과하지 않고 견딜 수 있는 최대 역방향 전류이다. 따라서 제너 다이오드는 I_{ZK}에서 I_{ZM}까지의 역방향 전류 범위에 대하여 다이오드 양단의 전압을 거의 일정하게 유지한다. 옴의 법칙에 의해 I_{ZK}와 I_{ZM} 사이에서 곡선의 기울기는 제너 임피던스 Z_Z로 알려져 있다.

$$Z_Z = \frac{\Delta V}{\Delta I}$$

제너 다이오드는 정류용 다이오드와는 달리 항복 영역에서 동작하도록 만들어진 실리콘 다이오드이다. 선전압과 부하 저항의 많은 변화에도 불구하고 부하 전압을 항상 일정하게 유지해 주는 전압 조정기의 핵심이 된다.

6.8.2 발광 다이오드

발광 다이오드(LED, Light Emitted Diode)는 소형으로 견고하고, 낮은 전압에서 동작하며, 응답이 빠른 온오프(on-off) 스위칭 특성으로 인해 표시 램프, 숫자 및 문자 표시 장치, 광통신용 광원 등 여러 응용 분야에서 많이 사용되고 있다. 예를들어 가시광선을 방출하는 LED는 계기의 표시 장치, 계산기, 디지털 시계 등에 사용되며, 적외선 LED는 도난 경보기 시스템 외에도 눈에 보이지 않는 광선이 필요한 곳에 주로 사용된다.

다이오드에 순방향 바이어스를 인가하면 n 영역의 자유 전자와 p 영역의 정공들이 접합부에서 재결합한다. 이때 자유 전자는 높은 에너지 준위에서 낮은 에너지 준위로 떨어지게 되며 이 에너지의 차에 해당하는 열과 빛을 방출한다. 실리콘은 불투명하기 때문에 어떤 빛도 외부로 빠져 나갈 수 없지만 LED는 실리콘 대신 반투명 물질을 사용하므로 빛의 일부를 외부로 방출한다. 그림 6.22는 LED 소자 및 순방향 바이어스된 LED를 보인 것이다.

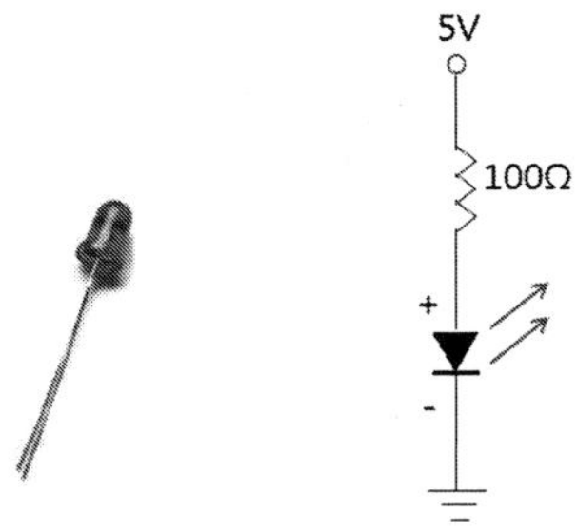

(a) LED 소자 (b) 순방향 바이어스된 LED

▌그림 6.22 LED 소자 및 순방향 바이어스된 LED

LED 재료로는 Ga, As, P 등이 사용되며 저전압 및 저전류에서 특성에 따라 적색, 녹색, 황색, 황갈색 등 각각 특유한 색상의 빛을 발생한다.

LED는 전압 강하가 1.5V에서 2.5V이고, 전류는 10mA에서 50mA이다. LED의 역방향 전압 정격은 낮다. 예를 들어 적색 LED는 최대 역방향 전압 정격이 3V이다. 만일 부주의로 인해 LED에 3V 이상의 역방향 전압을 인가하면 LED는 파괴되거나 특성이 저하된다. 따라서 LED를 보호하기 위해 그림 6.23과 같이 정류용 다이오드를 병렬과 연결한다. 정류용 다이오드는 전위 장벽이 0.7V이므로 LED의 전위 장벽이 0.7V 이상으로 되는 것을 방지하게 된다.

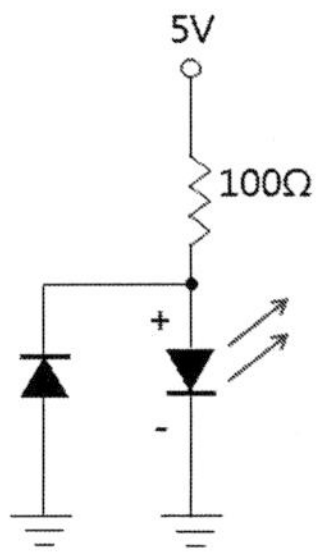

▌그림 6.23 역방향 바이어스로부터 LED를 보호하기 위한 회로

6.8.3 7-세그먼트

7-세그먼트(seven-segment)는 숫자나 문자, 그리고 기타 기호를 나타내기 위해 일곱 개의 LED를 배열한 것이다. 일반적으로 숫자 옆에 점(dot)을 표시하기 위해 여덟 개의 LED로 된 세그먼트를 사용하므로 여기서는 점을 포함한 일곱 개의 LED로 된 세그먼트를 7-세그먼트라 부르기로 한다. 그림 6.24는 7-세그먼트 소자 및 구성도를 보인 것이다.

(a) 7-세그먼트

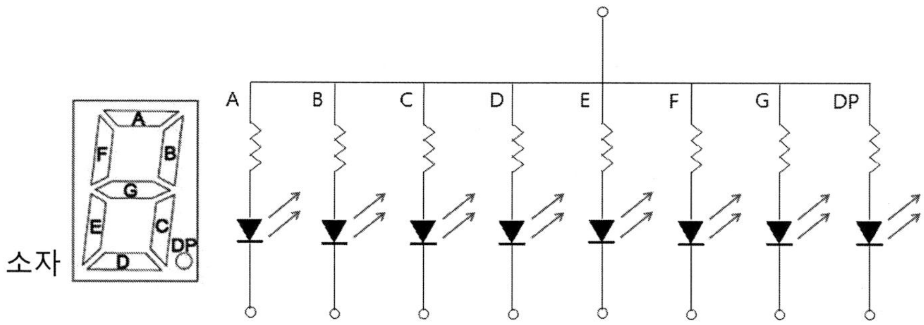

(b) 핀 아웃 및 구성도

▌그림 6.24 7-세그먼트 소자 및 구성도

7-세그먼트는 여덟 개의 각 LED에 순방향 바이어스 및 역방향 바이어스를 인가함으로써 모든 숫자를 표시할 수 있다. 예를들어 5를 표시하려면 그림 6.25와 같이 A, C, D, F, G의 LED를 제외한 나머지 모든 LED(B, E, DP)에 순방향 전압을 걸어주면 된다. 이때 각 LED의 전류가 같으면 밝기는 모두 같아진다.

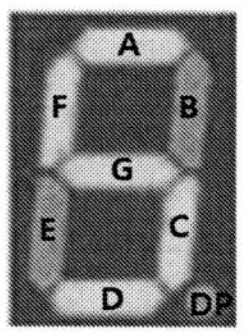

▌그림 6.25 숫자 5를 표시하기 위한 7-세그먼트의 발광

6.8.4 포토 다이오드

역방향 바이어스된 다이오드는 소수 반송자에 의해 미소한 전류가 흐른다. 소수 반송자의 수는 온도 뿐만 아니라 접합부에 입사되는 빛의 영향을 받는다.

포토 다이오드(photodiode)는 빛에 민감하도록 최적으로 설계된 소자로서 유리창을 통해 입사되는 빛이 접합부로 들어가서 공핍층에서 전자-정공쌍을 생성한다. 이때 전자-정공쌍은 전계에서 가속이 되며 결과적으로 전류가 흐르게 되는 것이다.

그림 6.26은 포토 다이오드의 기호 및 동작 원리를 나타낸 것이다. 그림 6.26(a)에서 화살표는 들어오는 빛을 나타내고, 역방향 바이어스에서 동작함을 의미한다.

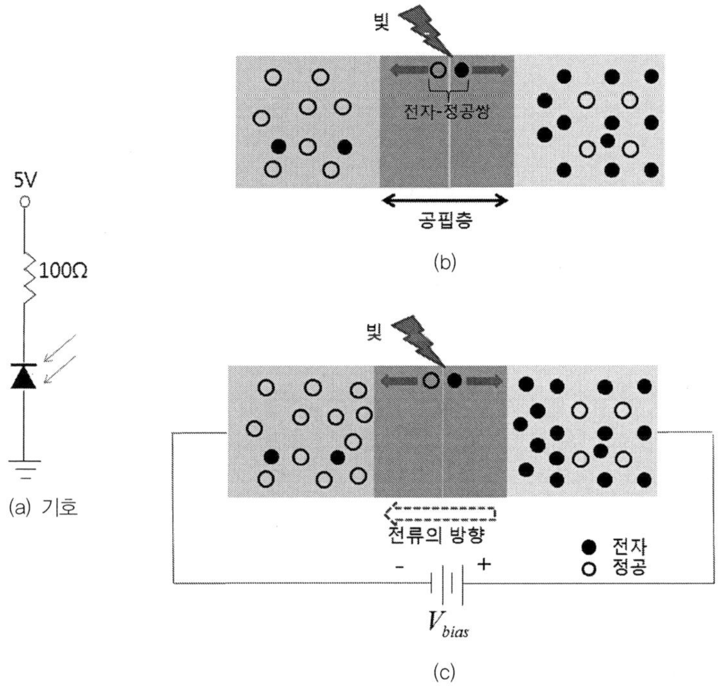

▌그림 6.26 포토 다이오드 기호 및 동작 원리

그림 6.26(b)와 같이 다이오드의 접합부에 충분한 빛을 가하면 접합부에 전자-정공쌍이 생성된다. 생성된 전자-정공 쌍은 공핍층의 전위 장벽의 영향을 받아 전자는 n 영역으로 이동하고, 정공은 p 영역으로 이동하여 함께 축적된다.

이제 그림 6.26(c)와 같이 역방향 바이어스 V_{bias}를 인가하면 p영역의 자유전자가 n 영역으로 계속해서 이동하게 되며, 결국 전류는 n 영역에서 p 영역으로 흐르게 되는 것이다. 이는 바깥에서 보면 빛에 의해 역 전류가 발생한 것으로 보이게 되며, 빛이 강하면 강할수록 역방향 전류는 증가한다.

연 ▮ 습 ▮ 문 ▮ 제

1. 다음의 회로에서 1KΩ의 저항에 흐르는 전류를 구하라.

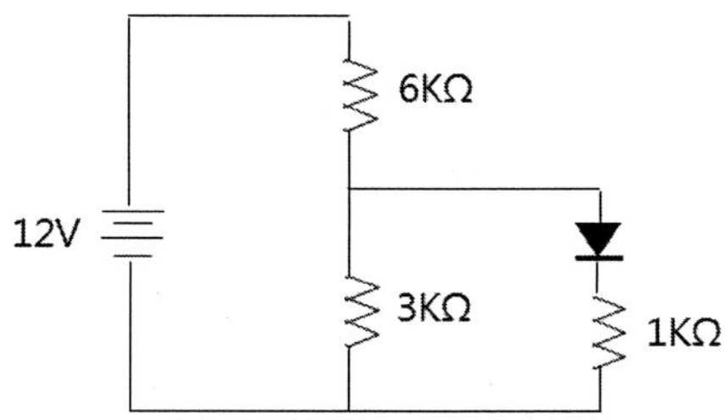

2. 다이오드의 전류가 15mA가 되기 위한 R의 값은 얼마인가?

3. 다이오드의 전류가 0.3mA가 되기 위한 R_3의 값은 얼마가 되어야 하는가?

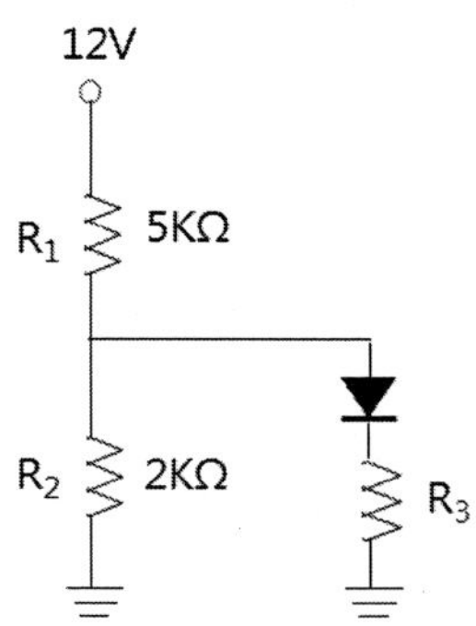

4. 아래의 제너 다이오드는 $V_z = 10$이다. 근사법을 이용하여 최소 및 최대 제너 전류를 구하라.

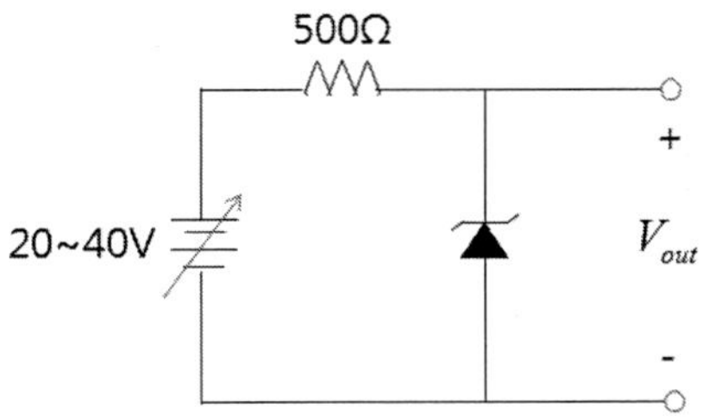

5. 문제 4번의 제너 다이오드가 6Ω의 제너 저항을 가진다고 하자. 제 2 근사법을 이용하여 전원 전압이 20~40V까지 변화될 때 제너 전압의 변화를 계산하라.

6. 입력 전압이 15V에서 20V, 부하 전류가 5mA에서 20mA인 제너 전압 조정기가 있다. 제너 전압이 6V이면 입력 전압은 얼마가 되어야 하는가?

Chapter 7
트랜지스터

트랜지스터가 발명됨으로써 전자 공학은 새로운 장을 열게 되었다. 트랜지스터로 인해 기존의 진공관에 비해 회로의 크기가 매우 작아졌으며 열을 에너지원으로 하지 않기 때문에 낮은 전압원으로도 신호의 증폭이 가능하게 되었다. 이로 인해 마이크로프로세서, 탁상용 계산기, 개인용 컴퓨터 및 비디오 게임 등이 가능하게 되었다. 이처럼 트랜지스터라는 하나의 소자가 전자 공학 뿐 아니라 사회 전반에 걸쳐 끼친 영향은 말할 수 없을 정도다. 이 장에서는 트랜지스터의 원리와 회로적인 특성에 대해 알아본다.

7.1 바이폴라 접합 트랜지스터

바이폴라 접합 트랜지스터(BJT, Bipolar Junction Transistor) 또는 트랜지스터는 세 개의 p형 또는 n형 반도체를 서로 인접되게 접합함으로써 상호작용 할 수 있도록 만들어진 것이다. 이 세 영역을 에미터(emitter), 베이스(base), 컬렉터(collector)라고 한다. 그림 7.1은 두 가지 종류의 바이폴라 접합 트랜지스터를 나타낸 것이다.

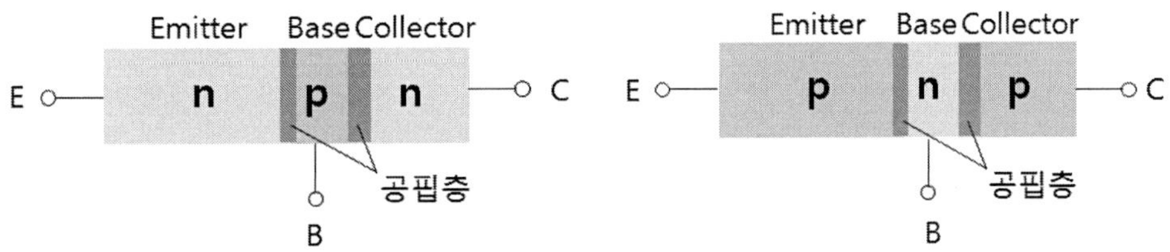

(a) npn 트랜지스터 (b) pnp 트랜지스터

▌그림 7.1 트랜지스터의 구조

일반적으로 에미터 영역은 도핑 농도가 높고, 베이스는 매우 적게 그리고 컬렉터 영역은 중간 정도로 도핑되어 있다. 따라서 npn 트랜지스터의 경우 에미터 영역의 다수 반송자인 자유 전자의 수는 컬렉터 영역의 자유 전자보다 훨씬 많으며, 베이스 영역은 소량의 정공으로 이루어져 있다. 여기서 에미터와 컬렉터 및 베이스간의 다수 캐리어의 차를 상징적으로 표현하기 위해 각 영역의 면적을 다르게 나타내었다.

트랜지스터는 p형과 n형 반도체를 접합시킬 때 pn 다이오드와 마찬가지로 공핍층이 발생한다. 다수 캐리어의 농도가 높을수록 접합부에 형성되는 공핍층의 폭은 좁아지므로 에미터-베이스간의 공핍층은 콜렉터-베이스 간의 공핍층보다 폭을 좁게 그렸다.

> 트랜지스터는 n형 반도체와 p형 반도체를 pnp 또는 npn 형태로 접합한 구조의 소자로서 회로 구성에서 매우 중요한 반도체 소자이다. 트랜지스터는 주로 스위칭, 검파 그리고 증폭을 위한 용도로 많이 사용된다.

7.2 트랜지스터의 동작 원리

트랜지스터를 동작시키려면 한쪽의 PN 접합은 순방향 바이어스를, 다른 쪽의 접합에는 역방향 바이어스를 인가한다. 예를들어 npn 트랜지스터의 경우 그림 7.2와 같이 에미터-베이스 접합에는 공핍층에 의한 전위 장벽을 뛰어넘을 수 있도록 적절한 순방향 바이어스를 가하고, 콜렉터-베이스 접합에는 전위 장벽을 강화시켜 주기 위해 역방향 바이어스를 인가해야 하는 것이다.

이제 에미터 영역의 자유 전자는 베이스 영역으로 주입되며, 이 중 일부는 베이스 영역의 홀과 결합하여 베이스 단자로 빠져 나가고 대부분의 나머지는 콜렉터 영역으로 이동된다. 그리고 콜렉터로 이동된 자유 전자는 전원의 양극(+)에 의해 단자로 흘러 들어가게 된다. 이와 같이 콜렉터는 자유 전자를 모으는 역할을 하는 것이다. 마찬가지로 pnp 트랜지스터의 경우에도 에미터 영역의 정공 중 일부는 베이스 영역으로 들어가고 대부분은 콜렉터 영역으로 주입되므로 콜렉터는 정공을 모으는 역할을 하게 된다.

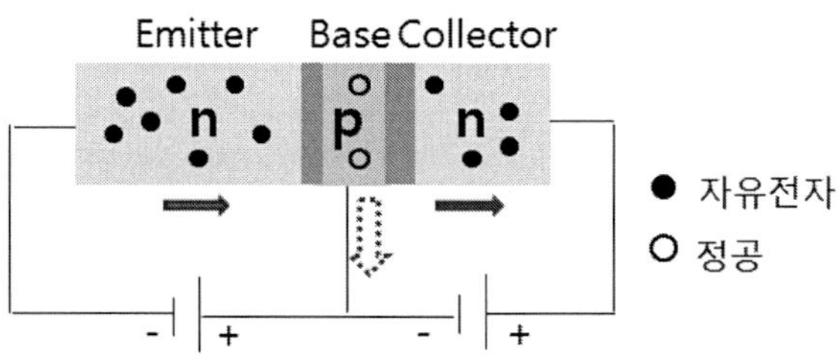

▍그림 7.2 npn 트랜지스터의 바이어스

그림 7.3은 npn 및 pnp 트랜지스터의 기호를 보인 것이다. 에미터 측의 화살표는 에미터에서 베이스로 주입되는 캐리어에 의한 전류 방향을 의미한다. 따라서 화살표 방향에 따라 트랜지스터의 종류를 쉽게 구분할 수 있다. 그러나 표시된 전류의 방향은 실제 전자의 이동과는 반대임을 주의해야 한다.

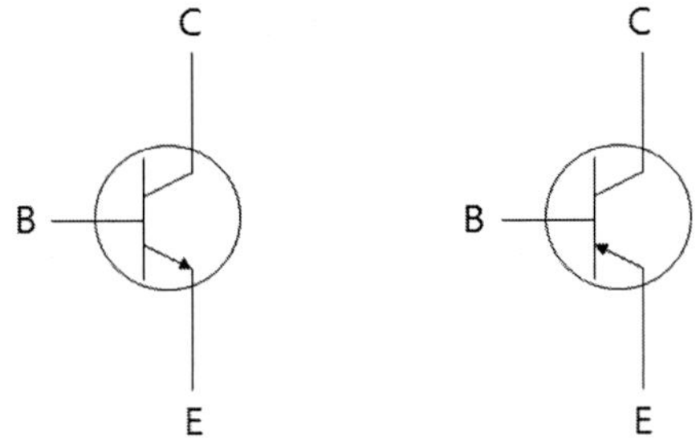

(a) npn 트랜지스터 (b) pnp 트랜지스터

▌그림 7.3 npn 및 pnp 트랜지스터의 기호

트랜지스터에서 매우 중요한 것은 npn 트랜지스터의 경우 베이스 단자로 빠져 나가는 전자의 양과 컬렉터 영역에 도달하는 전자의 양 사이에는 항상 일정한 비율이 존재한다는 것이다. 즉 컬렉터 영역에 도달하는 전자의 양이 이미터에서 방출된 전자의 α배이면 전체 전자의 $(1-\alpha)$배만 베이스 단자로 흐르게 된다. 이러한 관계를 수식으로 표현하면 다음과 같다.

$$i_C = \alpha i_E \tag{7.1}$$

$$i_B = (1-\alpha) i_E \tag{7.2}$$

여기서 i_E는 에미터 전류, i_C는 콜렉터 전류 그리고 i_B는 베이스 전류를 의미한다.

또한 에미터 영역의 다수 캐리어는 베이스 영역의 다수 캐리어와 결합하고 나머지는 모두 콜렉터 영역으로 이동하므로 다음의 관계식이 성립한다.

$$i_E = i_B + i_C \tag{7.3}$$

따라서 컬렉터 전류 i_C와 베이스 전류 i_B의 관계는 다음과 같이 주어진다.

$$\frac{i_C}{i_B} = \frac{\alpha i_E}{(1-\alpha) i_E} = \frac{\alpha}{1-\alpha} \equiv \beta \tag{7.4}$$

이때 β를 전류 증폭률 또는 전류 이득률이라 하며, α가 1에 가까울수록 β는 커진다. 즉 $\alpha = 0.99$일 경우 $\beta = 0.99/0.01 = 99$이지만 $\alpha = 0.999$일 경우 $\beta = 0.999/0.001 = 999$이 된다. 실제로 β는 트랜지스터 공정 과정에서 결정되며 일반적으로 수십에서 수백에 이르므로 거의 $i_E \cong i_C$이다.

예제 7.1

어떤 트랜지스터의 전류 증폭률이 $\beta = 50$이고, 베이스 전류가 $i_B = 50\mu A$일 때 콜렉터 전류 i_C를 구하고, 이미터 전류 i_E 및 α를 구하라.

풀이

$$i_C = \beta i_B = 50 \cdot (50 \times 10^{-6}) = 2500 \times 10^{-6} = 2.5\text{mA}$$

$$i_E = i_B + i_C = 50 \times 10^{-6} + 2500 \times 10^{-6} = 2550 \times 10^{-6} = 2.55\text{mA}$$

$$\alpha = \frac{i_C}{i_E} = 0.98$$

트랜지스터가 증폭 기능을 수행하려면 npn 트랜지스터의 경우 에미터-베이스 접합에는 순방향 바이어스를, 콜렉터-베이스 접합에는 역방향 바이어스를 인가해야 한다.

7.3 트랜지스터의 실제 바이어스

7.3.1 바이어스

트랜지스터에 바이어스를 인가하는 방법은 베이스를 접지로 하는 경우와 에미터 및 콜렉터를 접지하는 경우가 있다. 실제 가장 많이 사용되는 방법은 그림 7.4와 같이 에미터를 접지하는 방식이다. 모든 접지 방식은 전류의 방향과 단자들의 극성 관계를 주의하면 쉽게 이해할 수 있다.

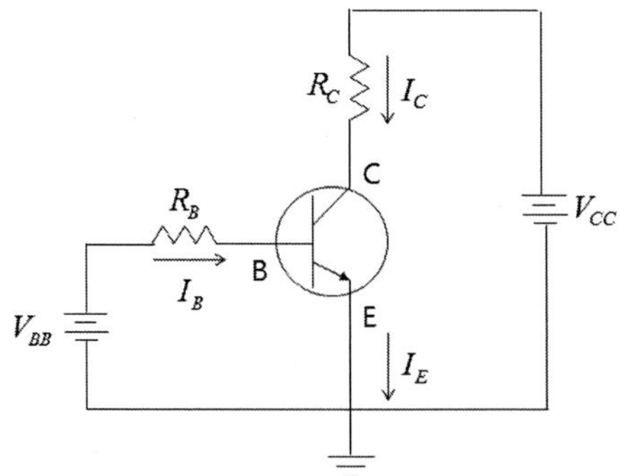

그림 7.4 공통 에미터(CE) 증폭기

일반적으로 다이오드는 전류의 변화에 매우 민감하므로 베이스 단자에는 반드시 전류를 제어하기 위한 저항 R_B를 직렬로 결합하여 사용해야 한다. 또한 콜렉터에는 큰 전류가 흐르므로 지나친 전류로 인해 트랜지스터가 파괴되는 것을 방지하기 위해 전류 제한용 저항 R_C를 연결해서 사용한다. 베이스 전원 V_{BB}는 베이스 전류를 공급하고 V_{CC}는 컬렉터 전류를 공급한다.

7.3.2 공통 에미터 증폭기의 입력 특성

이제 그림 7.4의 공통 에미터 증폭기의 전압-전류 특성에 대해 알아보자. 그림에서 베이스 - 에미터간 폐회로의 전압-전류 특성을 입력 특성, 베이스 - 콜렉터간의 전압 - 전류 특성을 출력 특성이라 한다.

베이스 전압 V_{BB}와 저항R_B 및 베이스 - 이미터 다이오드는 직렬 연결되어 있으므로 키르히호프의 전압 법칙을 적용하면 다음의 식이 성립한다.

$$V_{BB} = R_B I_B + V_{BE} \tag{7.5}$$

이때 베이스 - 이미터 간의 전위 장벽은 $V_{BE} = 0.7\text{V}$이므로 식 (7.5)에 의해 베이스 전류 I_B는 다음과 같다.

$$I_B = \frac{V_{BB} - 0.7\,V}{R_B} \tag{7.6}$$

위의 식으로부터 베이스 전류는 베이스 저항 R_B에 의해 조절될 수 있음을 알 수 있다.

7.3.3 공통 에미터 증폭기의 출력 특성

마찬가지 방법으로 전압원 V_{CC}와 콜렉터 저항 R_C 및 콜렉터 - 에미터 간의 종속 전류원은 직렬 연결되어 있다. 따라서 키르히호프의 전압 법칙에 의해 다음의 식이 성립한다.

$$V_{CC} = R_C I_C + V_{CE} \tag{7.7}$$

그리고 종속 전류원에 의해 컬렉터 전류는 $I_C = \beta I_B$이므로 전류 I_C는 콜렉터 - 에미터간 전압 V_{CE}와는 무관하다. 또한 V_{CE}는 항상 0V 이상이다. 왜냐하면 컬렉터-이미터 간의 소비 전력은 $P = I_C V_{CE}$이므로 만일 $V_{CE} < 0$이면 $P < 0$이 되어 트랜지스터는 전력을 공급하는 전원이 되기 때문이다. 따라서

트랜지스터의 출력 특성 곡선은 그림 7.5와 같다.

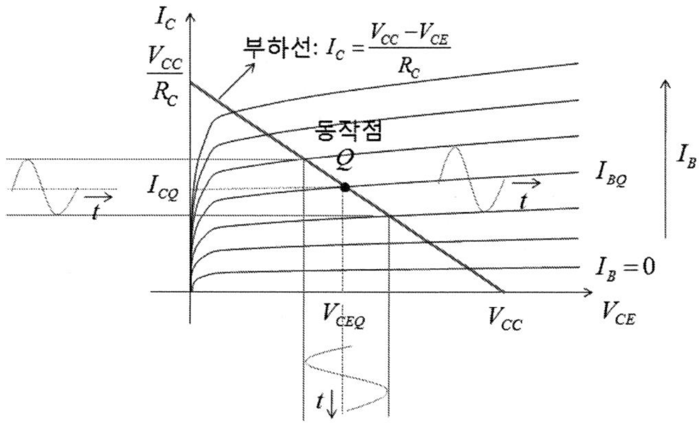

▌그림 7.5 트랜지스터의 특성 곡선

위의 그림은 식 (7.7)의 부하선을 특성 곡선과 함께 그린 것으로서 베이스 전류가 I_{BQ}일 때 해당 특성 곡선과 부하선이 만나는 점을 동작점 또는 Q점이라 한다. Q점은 반드시 부하선 상을 따라 움직여야 하며 Q점의 V_{CE}와 I_C를 각각 V_{CEQ}와 I_{CQ}로 표현한다. $V_{CE} > 0$이므로 식 (7.7)로부터 다음의 관계가 성립한다.

$$V_{CE} = V_{CC} - R_C I_C > 0 \tag{7.8}$$

따라서 콜렉터에 흐를 수 있는 최대 전류를 $I_{C(\max)}$는 다음과 같다.

$$I_{C(\max)} = \frac{V_{CC}}{R_C} \tag{7.9}$$

위의 식으로부터 컬렉터 최대 전류 $I_{C(\max)}$은 저항 R_C에 의해 제한된다. 그러나 최대 베이스 전류 $I_{B(\max)}$를 초과하는 큰 베이스 전류가 흐른다면 콜렉터 전류는 $I_{C(\max)}$로 고정되기 때문에 증폭 기능이 상실되는데 이를 포화(saturation)라 하며 이때 $V_{CE} = 0$이 된다. 그러나 실제 트랜지스터에서는 $V_{CE} = 0.2\,V$ 근처에서 포화 현상이 나타나기 시작한다.

예제 7.2

다음의 공통 에미터 증폭기에서 물음에 답하라. 단 전류 증폭률 $\beta = 100$이라 가정한다.

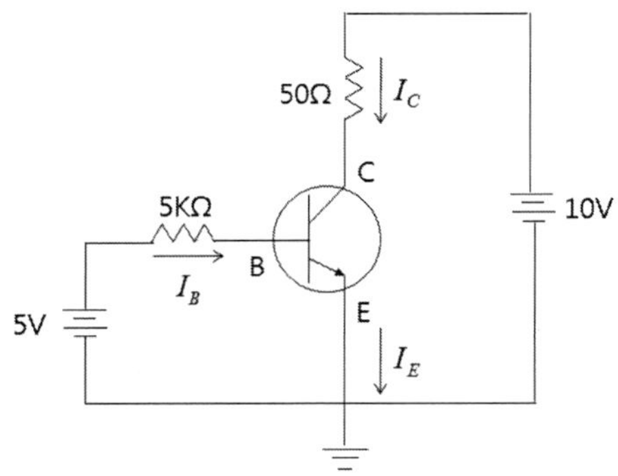

(a) I_B, I_C, I_E를 구하라.

(b) I_C의 최대값을 구하라.

(c) $R_B = 1$KΩ일 때의 I_C를 구하라.

풀이

(a) $I_B = \dfrac{V_{BB} - V_{BE}}{R_B} = \dfrac{5 - 0.7}{5 \times 10^3} = 0.86$mA이므로

$I_C = \beta I_B = 100 \times 0.86mA= 86$mA, $I_E = I_B + I_C = 0.86 + 86 = 86.86$mA

(b) $I_{C(\max)} = \dfrac{V_{CC}}{R_C} = \dfrac{10}{50} = 0.2A= 200$mA

(c) $R_B = 1$KΩ이므로 $I_B = \dfrac{5 - 0.7}{1 \times 10^3} = 4.3$mA, $I_C = \beta I_B = 100 \times 4.3mA= 430$mA

그러나 I_C는 최대값인 $I_{C(\max)} = 200$mA를 초과할 수 없으므로 $I_C = 200$mA이다.

7.3.4 동작점 Q의 역할

트랜지스터를 이용하여 실제로 증폭하고자 하는 신호는 직류가 아닌 진폭이 작은 소신호 교류 신호이다. 그러나 트랜지스터는 한쪽 방향으로만 전류가 흐르기 때문에 전류의 방향이 바뀌는 교류 신호의 경우 증폭에 문제가 발생하게 된다.

예를 들어 그림 7.4와 같이 베이스 단자에 교류 전압을 인가할 경우 베이스 – 이미터간의 다이오드에 의해 베이스 전류는 양의 반주기 동안만 흐르게 된다. 따라서 컬렉터 전류 또한 음의 반주기는 차단되고 양의 반주기만 증폭이 된다.

이러한 경우 그림 7.5와 같이 다이오드의 전위 장벽을 넘어설 수 있도록 교류 전압에 적절한 직류 전압을 더하면 전 주기에 걸쳐 증폭된 교류 전류를 얻을 수 있다.

동작점 Q로 인해 결정되는 I_{BQ}, I_{CQ} 및 V_{CEQ}는 교류의 증폭에 매우 중요하다. I_{BQ}가 적정값 이하가 되면 교류 전류의 음의 반주기 일부가 잘려 나가게 된다. 이와는 반대로 I_{BQ}가 적정값 이상이 되어 트랜지스터가 포화되도록 Q점을 설정한다면 콜렉터의 최대 전류가 $I_{C(\max)}$을 넘어서게 되면 양의 반주기 일부가 잘려 나가게 된다. 따라서 Q점(I_{BQ}, I_{CQ}, V_{CEQ})이 부하선의 가운데 근처에 있도록 설계하는 것이 안전함을 알 수 있다.

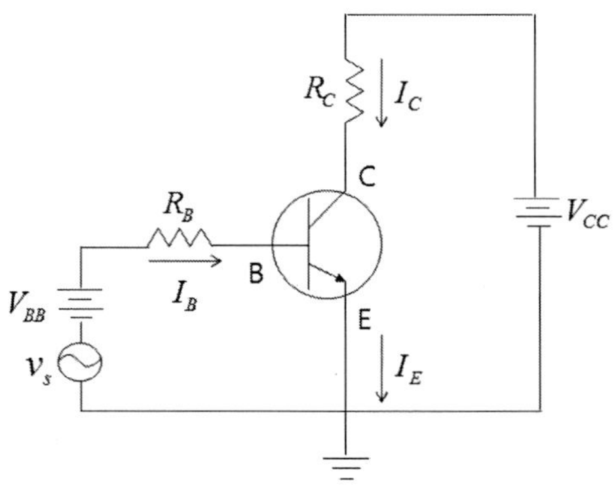

▌그림 7.5 트랜지스터의 소신호 전류 증폭

트랜지스터의 바이어스는 트랜지스터를 활성 영역에서 동작시킬 뿐만 아니라 교류를 왜곡 없이 증폭하는 데 매우 중요한 역할을 한다. 특히 교류의 진폭이 클 경우 Q점의 위치 선정이 더욱 중요하다.

다이오드 및 트랜지스터의 캐리어 농도는 온도의 변화에 영향을 많이 받기 때문에 전기적 특성들 또한 온도에 민감하다. 즉 온도가 증가하면 다이오드의 전위 장벽이 낮아지므로 트랜지스터의 전류 증폭률 β는 증가하지만 트랜지스터의 직류 전압과 전류가 변형됨으로써 동작점 Q의 위치가 바뀌게 된다. 이는 소신호 경우는 큰 문제가 되지 않지만 진폭이 큰 대신호 교류의 경우 파형의 왜곡을 초래하게 된다. 따라서 트랜지스터는 전류 이득 뿐만 아니라 안정성 또한 매우 중요하다. 바이어스의 안정화를 위해 에미터 단자에 저항 R_E를 삽입한 것이 에미터 폴로우(Emitter follower) 회로이다.

> 트랜지스터의 바이어스는 트랜지스터를 활성 영역에서 동작시킬 뿐만 아니라 교류를 왜곡 없이 증폭하는 데 매우 중요한 역할을 한다. 트랜지스터의 동작점은 부하선 중앙에 위치할수록 안정된다.

7.3.5 전압 분배 바이어스

앞에서 설명한 공통 에미터 증폭기는 두 종류의 전원 V_{BB}와 V_{CC}를 사용하였다. 그러나 휴대용 카세트나 라디오에 서로 다른 두 종류의 전지를 사용해야 한다면 매우 불편할 것이다. 그림 7.7은 단일 전원 V_{CC}를 사용하되 전압 분배기인 저항 R_1과 R_2로써 전원 V_{CC}를 적절한 수준으로 분배한 후 베이스 전원으로 사용하는 방식으로서 이를 전압 분배 바이어스라 한다.

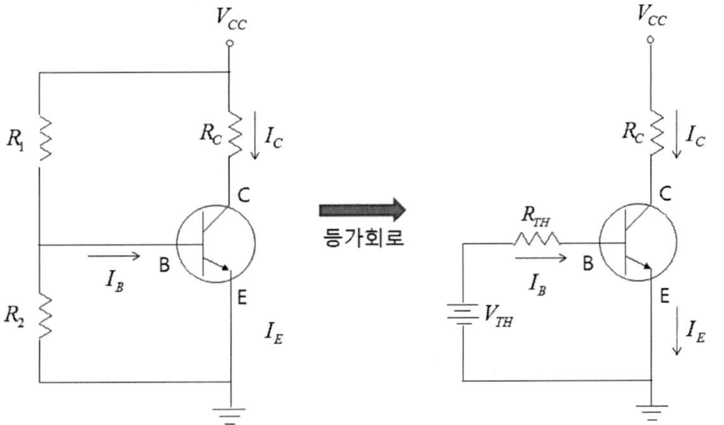

▌그림 7.7 전압 분배 바이어스 및 등가 회로

그림에서 베이스 단자의 전압은 전압 분배에 의해 다음과 같다.

$$V_{TH} = \frac{R_2}{R_1 + R_2} V_{CC} \tag{7.10}$$

또한 R_1과 R_2가 병렬 연결되어 있으므로 베이스 저항 R_{TH}는 다음과 같이 구할 수 있다.

$$R_{TH} = R_1 \parallel R_2 = \frac{R_1 R_2}{R_1 + R_2} \tag{7.11}$$

따라서 베이스 전류 및 콜렉터 전류와 콜렉터 – 에미터간 전압은 다음과 같다.

$$I_B = \frac{V_{TH} - V_{BE}}{R_{TH}} \tag{7.12}$$

$$I_C = \beta I_B = \frac{\beta(V_{TH} - V_{BE})}{R_{TH}} \tag{7.13}$$

$$V_{CE} = V_{CC} - R_C I_C \tag{7.14}$$

위의 식에서 알 수 있는 바와 같이 전압 분배 바이어스는 동작점 전류와 전압 값들이 전류 증폭률 β에 직접적으로 영향을 받는다. 따라서 바이어스 안정도가 크게 좋지는 않다.

7.3.6 자기 바이어스

자기 바이어스는 전압 분배 바이어스의 안정도를 개선하기 위해 그림 7.8과 같이 에미터 저항을 추가한 것이다.

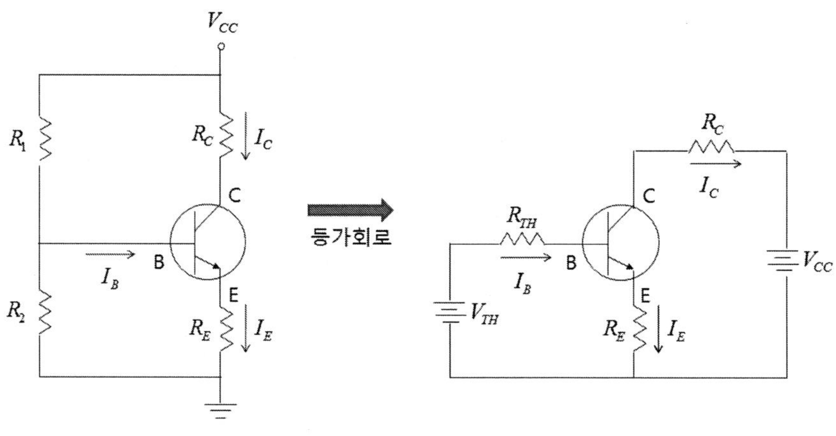

▌그림 7.8 자기 바이어스 회로

그림에서 베이스 전압 V_{TH}와 베이스 저항 R_{TH}는 전압 분배에 의해 각각 다음과 같다.

$$V_{TH} = \frac{R_2}{R_1 + R_2} V_{CC} \tag{7.15}$$

$$R_{TH} = \frac{R_1 R_2}{R_1 + R_2} \tag{7.16}$$

등가 회로에서 베이스 - 에미터의 폐회로에 키르히호프의 전압 법칙을 적용하면 다음의 방정식을 얻을 수 있다.

$$V_{TH} = R_{TH} I_B + V_{BE} + R_E I_E \tag{7.17}$$

$I_E = I_B + I_C$이고 $I_C = \beta I_B$ 이므로 식 (7.17)에 대입하면 다음과 같다.

$$V_{TH} = R_{TH} I_B + V_{BE} + R_E (1+\beta) I_B \tag{7.18}$$

따라서 식 (7.17)로부터 베이스 전류는 다음과 같다.

$$I_B = \frac{V_{TH} - V_{BE}}{R_{TH} + (1+\beta) R_E} \tag{7.19}$$

또한 콜렉터 전류와 콜렉터-에미터간 전압은 다음과 같이 유도된다.

$$I_C = \beta I_B = \frac{\beta (V_{TH} - V_{BE})}{R_{TH} + (1+\beta) R_E} \tag{7.20}$$

$$V_{CE} = V_{CC} - R_C I_C - R_E I_E \tag{7.21}$$

따라서 식 (7.21)로부터 콜렉터 전류는 다음과 같이 구할 수 있다.

$$I_C = \frac{V_{CC} - V_{CE}}{R_E + R_C} \tag{7.22}$$

만일 $(1+\beta) R_E \gg R_{TH}$이고 $\beta \gg 1$이면 식 (7.20)와 (7.21)로부터 콜렉터 전류는 다음과 같이 근사화 할 수 있다.

$$I_C = \frac{V_{TH} - V_{BE}}{R_E} \tag{7.23}$$

식 (7.23)으로부터 콜렉터 전류 I_C는 근사적으로 β와 무관하게 되어 동작점이 안정화됨을 알 수 있다.

예제 7.3

다음은 안정된 전압 분배기를 가지고 있다. 부하선 및 Q점을 표시하라.

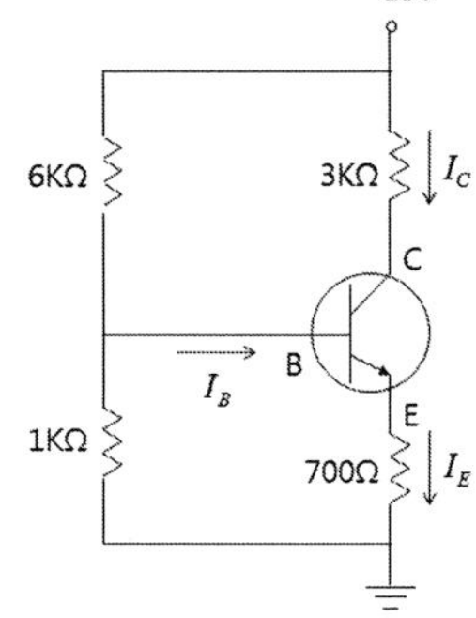

풀이

부하선의 차단 전압은 $V_{CC}=15$V이다. 그리고 포화 전류 $I_{C(\max)}=\dfrac{V_{CC}-V_{CE}}{R_E+R_C}$ 는 $V_{CE}=0$일 때이므로 $I_{C(\max)}=\dfrac{15}{3700}=4.1$[mA]가 된다.

또한 테브난 전압은 $V_{TH}=\dfrac{R_2}{R_1+R_2}V_{CC}=\dfrac{1000}{7000}15=2.14$[V]이므로

$I_E \approx I_C=\dfrac{V_{TH}-V_{BE}}{R_E}=\dfrac{2.14-0.7}{700}=2.1$[mA]이다. 따라서

$V_C=15-(3000)(2.1\times 10^{-3})=8.7$[V],

$V_E=R_EI_E=700(2.1\times 10^{-3})=1.47$[V]이며

콜렉터-에미터간 전압은 $V_{CE}=V_C-V_E=8.7-1.47=7.23$[V]이다.

이로부터 부하선을 도시하면 다음과 같고 동작점 Q는 부하선의 중앙 부근에 있음을 알 수 있다.

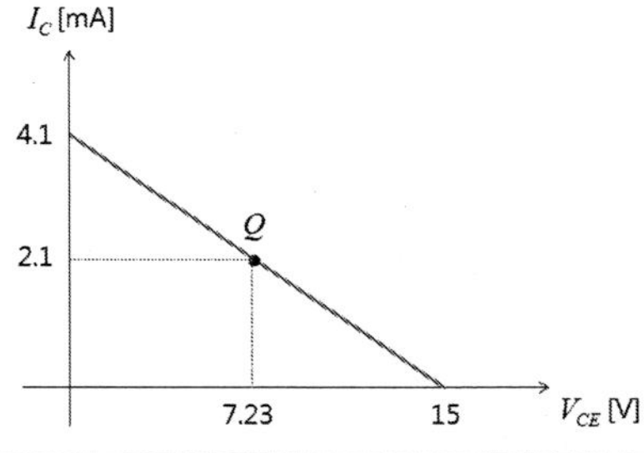

Chapter 07 트랜지스터

바이어스 회로는 회로의 간결성과 안정도가 가장 중요한 파라메타이며 고정 바이어스, 에미터 저항을 가지는 바이어스, 전압 분배 바이어스, 자기 바이어스, 궤환 저항을 가지는 바이어스 회로 등이 있다. 이때 콜렉터 전류는 트랜지스터의 전류 이득 β에 무관하여 안정된다.

7.4 접합 전계 효과 트랜지스터(JFET)

접합 전계 효과 트랜지스터(JFET; junction field-effect transistor)는 바이폴라 접합 트랜지스터와 함께 중요한 증폭 소자 중 하나이다. 그러나 전계 효과 트랜지스터는 바이폴라 접합 트랜지스터와는 달리 하나의 pn 접합으로만 구성되는 단극성 트랜지스터(unipolar transistor)로서 자유 전자 또는 정공 중 하나에 의해서만 전류 전도가 발생한다.

7.4.1 JFET의 동작 원리

JFET는 n 채널 JFET와 p 채널 JFET의 두 가지 구조를 가진다. 그림 7.9는 n 채널 JFET로서 n형 반도체 내에 p형 반도체가 접합된 구조이며 두 접합부에는 공핍층이 형성되어 있다. 이때 p 영역 사이에 농도가 낮은 n 영역이 존재하는데 이 영역을 채널(channel)이라 하며 이 채널을 통해 전류가 흐르게 된다. 만일 채널이 p 영역이라면 p 채널 JFET가 된다.

n 채널 JFET에서 p형 반도체에 연결된 단자를 게이트(gate)라 하며, n형 반도체의 아래쪽에 연결된 단자를 소스(source), 위쪽에 연결된 단자를 드레인(drain)이라 한다.

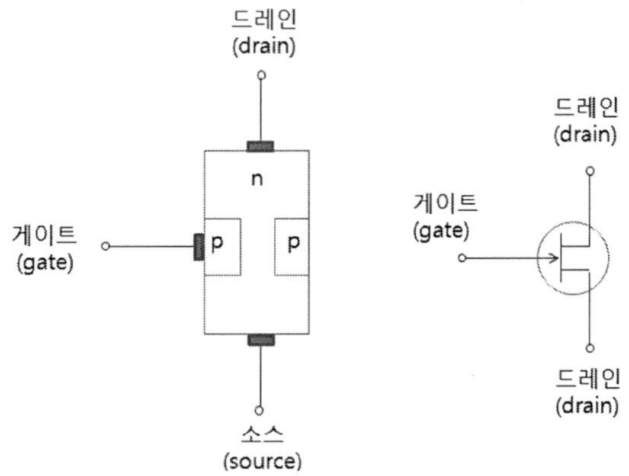

그림 7.9 n 채널 JFET의 구조 및 기호

세 단자에 적절한 바이어스 전압을 인가하면 pn 접합부의 공핍층의 폭을 조절할 수 있고 이를 통해 소스와 드레인 간의 전류를 제어할 수 있다.

n 채널 JFET는 그림 7.10(a)과 같이 정상 동작 상태에서는 pn 접합에 역바이어스를 인가한다. 이때 n 채널 쪽으로 공핍층이 확대되어 채널에서 전류가 흐르는 통로의 유효 단면적이 줄어들고 따라서 채널의 저항이 증가한다. 따라서 게이트 전압을 조절함으로써 드레인과 소스 사이를 흐르는 전류의 크기를 조절할 수 있다.

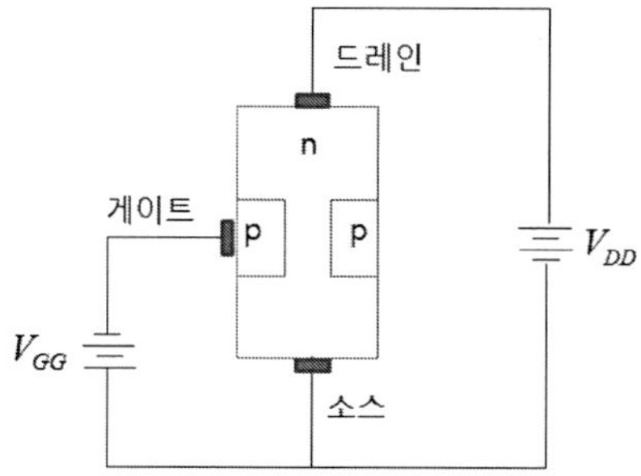

(a) 바이어스

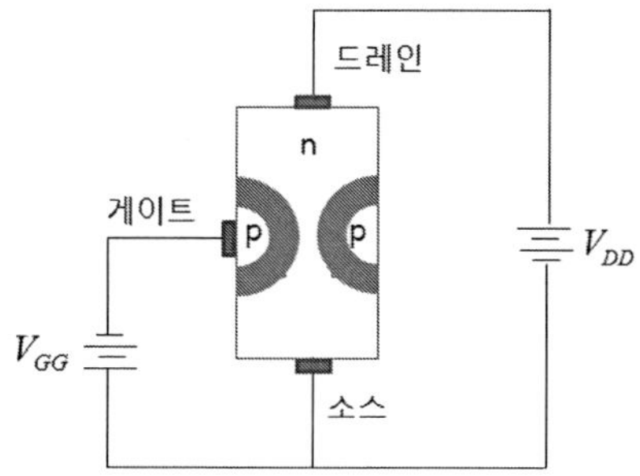

(b) pn 영역의 공핍층

▌그림 7.10 JFET의 바이어스

자세히 살펴보면 (+) 전원 V_{DD}를 드레인과 소스 사이에 인가하면 n 채널의 다수 반송자인 자유 전자는 소스에서 드레인으로 이동하게 된다. 이때 자유 전자는 채널 사이를 통과해야 하므로 드레인 전류는 채널의 폭에 따라 달라지게 된다.

또한 (−) 전원 V_{GG}에 의해 게이트와 소스 간의 pn 접합에 역방향 바이어스가 가해지면 그림 7.10(b)와 같이 p 영역 부근에 공핍층이 형성되어 채널 폭은 더욱더 좁아진다. 이때 더 큰 음(−)의 게이트 전압을 인가할수록 양쪽에 위치한 공핍층은 서로 접근되어 도전성 채널은 더욱 좁아지게 되고 드레인 전류는 감소하게 된다. 이러한 차단 상태를 핀치오프 상태라 하며, 이 때의 게이트 전압을 $V_{GS(off)}$라 한다. $V_{GS(off)}$는 흔히 핀치오프 전압(pinchoff voltage)이라고도 한다.

JFET에서는 게이트-소스 간의 역방향 바이어스인 게이트 전압 V_{GS}를 조절함으로써 드레인 전류를 제어한다.

7.4.2 JFET의 드레인 특성

n 채널 JFET의 경우 특정 V_{GS}에서 드레인 전류 I_D에 대한 드레인-소스 간 전압 V_{DS}의 효과는 그림 7.11과 같다.

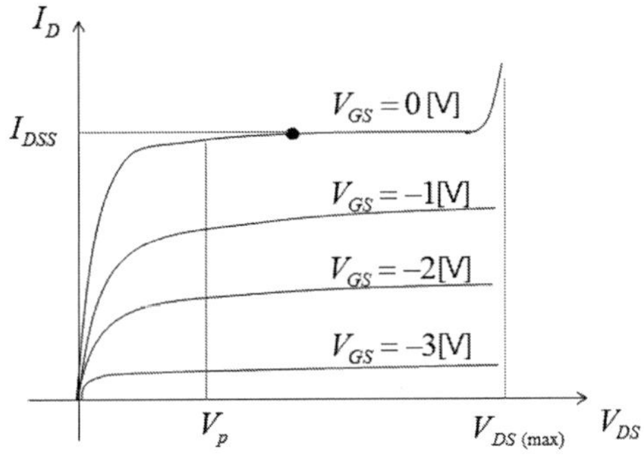

▌그림 7.11 JFET의 드레인 특성 곡선

V_{DS}가 0부터 V_p까지 증가함에 따라 드레인 전류 I_D는 0부터 JFET를 손상시키지 않는 범위의 최대의 드레인 전류 I_{DSS}까지 증가한다. 그러나 V_{DS}가 V_p에서 최대 V_{DS}까지 증가하면 드레인 전류는 거의 I_{DSS}와 같은 값을 가지게 된다. 따라서 JFET는 I_D와 변화가 거의 없는 V_p에서 최대 V_{DS}까지의 범위에서 동작한다.

만일 V_{DS}가 최대값을 초과하여 계속 증가하면 I_D가 급격히 증가하여 JFET가 파괴되는 애벌런치 현상을 일으키게 된다. 따라서 최대 V_{DS}는 $V_{GS}=0$일 때 JFET가 안전하게 동작할 수 있는 드레인-소스 전압의 최대값이다. 또 다른 드레인 특성은 게이트 전압을 약간의 전압으로 역바이어스 걸어 줌으로써 결정할 수 있다. 그래프로부터 V_{GS}의 역바이어스 전압이 커짐에 따라 I_D의 값이 작아짐을 알 수 있다.

7.4.3 JFET의 전달 특성

JFET의 동작 조건을 평가하기 위해 그림 7.12와 같이 상호 컨덕턴스가 사용된다. 상호 컨덕턴스는 입력 전압 V_{GG}에 대한 출력 전류 I_D의 비를 의미하며 식 (7.24)와 같이 2차식으로 나타난다.

$$I_D = I_{DSS}\left(1 - \frac{V_{GG}}{V_{GS(off)}}\right)^2 \tag{7.24}$$

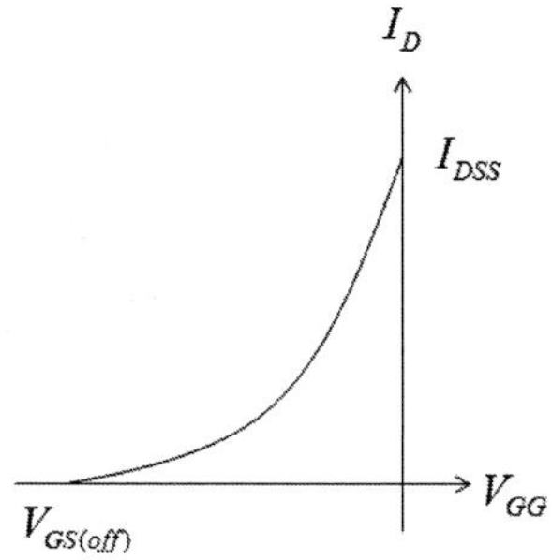

▌그림 7.12 JFET의 상호 컨덕턴스 곡선

여기서 $V_{GS(off)}$는 채널이 완전히 닫혀 $I_D = 0$이 되는 V_{GG}의 전압으로서 위에서 설명한 핀치오프(pinch-off) 전압이다. $V_{GS(off)}$는 마치 수돗물이 나오지 않도록 수도 꼭지를 완전히 잠근 상태에 비유할 수 있다.

또한 I_{DSS}는 드레인과 소스 사이에 흐를 수 있는 최대 전류로서 이는 $V_{GG} = 0$일 때이다. 이러한 상태는 수도 꼭지를 완전히 튼 상태에 비유할 수 있다. 그러나 만일 $V_{GG} > 0$이면 PN 접합이 순방향 바이어스되어 게이트에 전류가 흐르기 시작하는데 이를 누설 전류라 한다. 누설 전류는 수도 꼭지가 빠진 경우와 같으므로 허용되어서는 안 된다.

위의 식은 JFET의 공핍층의 작용으로부터 유도된 것이므로 모든 JFET에 적용할 수 있다. JFET의 데이터 시트에는 I_{DSS}와 $V_{GS(off)}$가 명시되어 있으므로 이 값을 사용함으로써 임의의 게이트 전압에 대한 드레인 전류를 계산할 수 있다.

예제 7.4

임의의 JFET에서 $I_{DSS} = 4$[mA], $V_{GS(off)} = -2$[V]이다. 게이트 전압이 $V_{GG} = 0$[V], $V_{GG} = -1$[V]일 때 각각의 드레인 전류 I_D를 계산하라.

풀이

식 (7.24)로부터 $V_{GG} = 0$[V]인 경우

$$I_D = I_{DSS}\left(1 - \frac{V_{GG}}{V_{GS(off)}}\right)^2 = 0.004\left(1 - \frac{0}{-2}\right)^2 = 0.004 = 4[\text{mA}]$$

$V_{GG} = -1$[V]인 경우

$$I_D = I_{DSS}\left(1 - \frac{V_{GG}}{V_{GS(off)}}\right)^2 = 0.004\left(1 - \frac{-1}{-2}\right)^2 = 0.002 = 2[\text{mA}]$$

임의의 JFET에 대한 I_{DSS}와 $V_{GS(off)}$는 데이터 시트를 통해 알 수 있으며 상호 콘덕턴스 곡선으로부터 드레인 전류를 직접 계산할 수 있다.

7.4.4 JFET의 자기 바이어스

트랜지스터가 활성 영역에서 동작하려면 바이폴라 접합 트랜지스터의 경우 베이스에 순방향 바이어스를 인가해야 하는 반면 JFET의 게이트는 역방향 바이어스 되어야 한다.

그림 7.13은 자기 바이어스를 이용한 n 채널 JFET 게이트 바이어스 구조를 나타낸 것이다. 자기 바이어스는 소스에 적절한 크기의 저항 R_S를 연결함으로써 게이트 전원 V_{GG}가 없이도 게이트-소스 간을 역방향으로 바이어스시킬 수 있으며 Q점을 안정화할 수 있다.

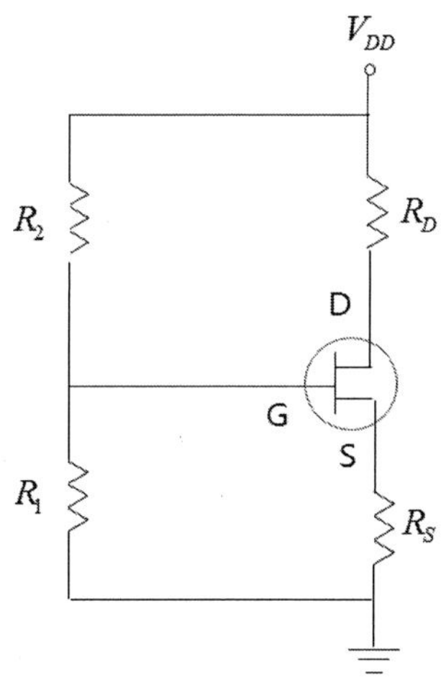

▌그림 7.13 은 JFET의 자기 바이어스

전압 분배에 의해 게이트 전압은 다음과 같다.

$$V_G = \frac{R_1}{R_1 + R_2} V_{DD} \tag{7.25}$$

$I_S \approx I_D$이므로 소스 전압 V_S는 드레인 전류 I_D와 R_S의 값에 관계된다.

$$V_S = R_S I_D \tag{7.26}$$

게이트 바이어스는 $V_{GS}= V_G- V_S$이므로 게이트가 역바이어스 되려면 다음의 조건을 만족해야 한다.

$$V_{GS}= V_G- V_S < 0 \tag{7.27}$$

이제 식 (7.26)을 식 (7.27)에 대입하면 V_{GS}는 다음과 같다.

$$V_{GS} = V_{GG} - I_D R_S = \left(\frac{R_2}{R_1 + R_2}\right) V_{DD} - I_D R_S < 0 \tag{7.28}$$

게이트 전압이 역바이어스되면 게이트 전류는 무시할 정도로 매우 작기 때문에 접지점에 대한 게이트 전압은 거의 0이 된다. 즉 $V_G = 0$이다.

따라서 게이트-소스 전압은 식 (7.27)에 의해 $V_{GS} = -R_S I_D$가 되므로 드레인 전류 I_D는 다음과 같다.

$$I_D = -\frac{V_{GS}}{R_S} \tag{7.29}$$

이 식을 그래프로 그린 것이 자기 바이어스 선이며, I_D는 V_{GS}의 변화에 따라 직선적으로 증가한다. 그림 7.14는 임의의 자기 바이어스 회로에 대한 상호 콘덕턴스 곡선과 자기 바이어스 선을 나타낸 것이다. 여기서 자기 바이어스 선의 기울기는 $-\frac{1}{R_S}$이 되며, 상호 콘덕턴스 곡선 두 가지를 모두 만족하는 유일한 경우는 교차점인 동작점 Q이다. Q가 상호 콘덕턴스 곡선의 거의 중앙에 위치하다면 안정하다고 볼 수 있다.

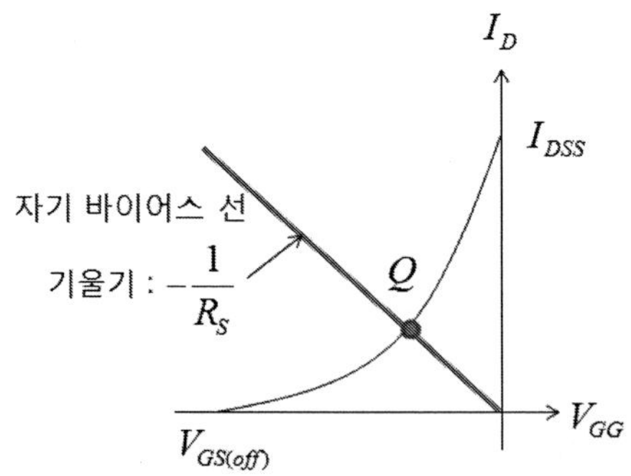

▌그림 7.14 상호 콘덕턴스 곡선과 자기 바이어스 선의 교차점 Q

예제 7.5

그림의 회로에서 V_{GS}의 최소값이 -1.5V라면 드레인 전류는 얼마인가? 또한 V_{GS}의 최대값이 -5V일 때 드레인 전류는 얼마인가? 그리고 각각의 드레인 전압을 구하라.

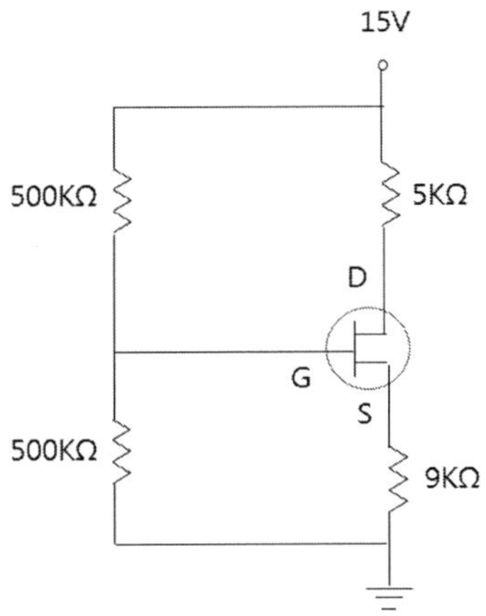

풀이

전압 분배에 의해 $V_G = \frac{500K}{500K+500K}(15) = 7.5$[V]이다.

따라서 최소 드레인 전류는 $I_D = \frac{V_G - V_{GS}}{R_S} = \frac{7.5-(-1.5)}{9K} = 1$ [mA]이고

최대 드레인 전류는 $I_D = \frac{V_G - V_{GS}}{R_S} = \frac{7.5-(-5)}{9K} = 1.39$ [mA]가 된다.

따라서 최소 드레인 전류에 대한 드레인 전압 $I_D = (5K)(1mA) = 5$[V],

최대 드레인 전류에 대한 드레인 전압 $I_D = (5K)(1.39mA) = 6.95$[V]이다.

연 | 습 | 문 | 제

1. 에미터 전류가 6mA이고 콜렉터 전류가 5.8mA라면 베이스 전류와 α는 각각 얼마인가?

2. 트랜지스터가 100mA의 I_C와 0.9mA의 I_B를 가진다. α와 β의 값은 얼마인가?

3. 아래의 회로에 대해 포화 전류와 차단 전압을 구하고 부하선을 도시하라. 또한 베이스 전류와 콜렉터-에미터 저항을 구하고 이 트랜지스터가 포화 상태에 있는지를 판별하라.

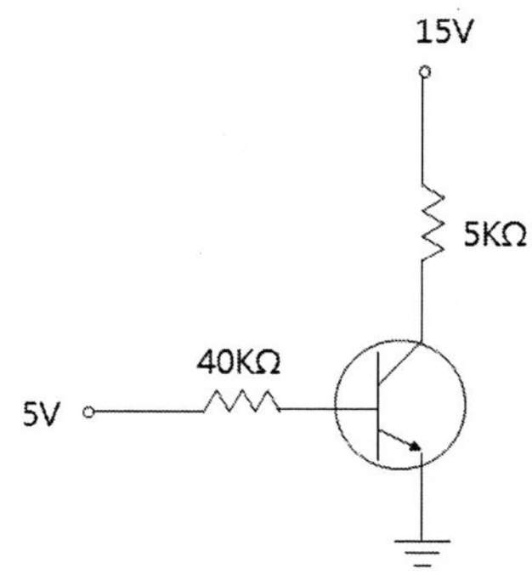

4. 다음의 회로에 대해 콜렉터 전류, 콜렉터와 접지간의 전압 그리고 콜렉터-에미터 전압을 구하라. 또한 부하선을 도시하고 콜렉터의 포화 전류와 차단 전압을 구하라.

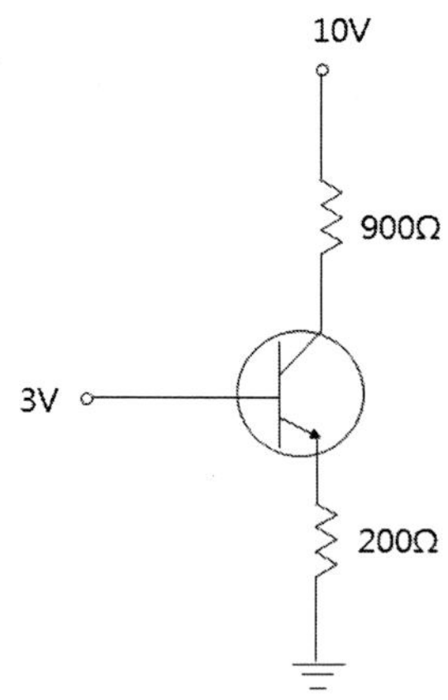

5. npn 트랜지스터를 이용하여 전압 분배 바이어스 회로를 다음의 조건에 따라 설계하라. 단 $V_{CC} = 15$V, $I_C = 6$mA, $\beta = 100 \sim 300$이다.

6. JFET의 상호 콘덕턴스 곡선이 아래와 같을 때 상호 콘덕턴스 식을 표현하라. 또한 $V_{GS} = -2$[V], $V_{GS} = -5$[V]일 때 드레인 전류는 얼마인가?

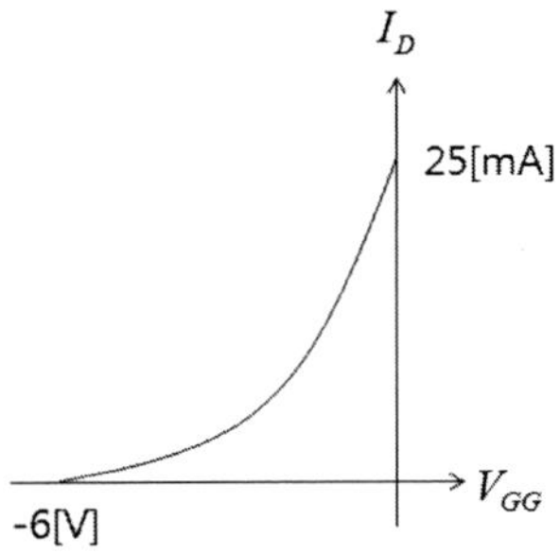

7. 그림의 회로에서 V_{GS}의 최소값이 –2V, V_{GS}의 최대값이 –8V일 때 드레인 전류와 전압 을 각각 구하라. 또한 고정된 Q점을 유지하는데 있어서 비교적 바람직한 동작을 하는지를 확인하라.

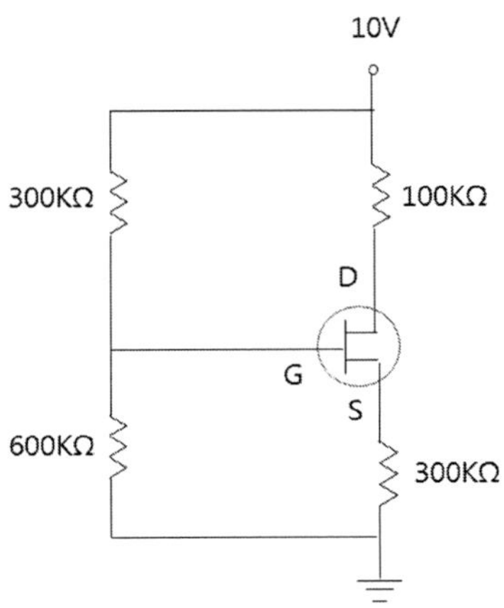

Chapter 8
연산 증폭기

연산 증폭기(OP Amp, operational amplifier)는 바이폴라 트랜지스터나 FET를 이용하여 만든 아날로그 IC(Integrated Circuit)로서 연산을 위해 사용할 수 있는 일종의 차등 증폭기(differential amplifier)이다. 연산 증폭기를 사용하면 가산기와 감산기 그리고 미분기 및 적분기를 구현할 수 있다. 또한 연산 증폭기에 저항, 커패시터, 다이오드 등 외부 회로를 연결하면 안정된 동작을 수행할 수 있다. 요즈음은 여러 종류의 연산 증폭기가 아주 싼 값에 공급되고 있기 때문에 아날로그 시스템 설계에 있어서 연산 증폭기가 차지하는 비중이 상당히 커졌다. 이 절에서는 연산 증폭기의 선형 및 비선형 응용에 대하여 살펴보기로 한다.

8.1 연산 증폭기

연산 증폭기는 그림 8.1과 같이 두 개의 입력 단자와 하나의 출력 단자를 가지며, 일반적으로 연산 증폭기를 구동시키기 위해 두 개의 전원 V_{cc}와 $-V_{cc}$가 필요하다.

연산 증폭기의 입력단은 차동 증폭기로 되어 있기 때문에 두 입력 단자의 전압차를 증폭하여 출력한다. 즉 차동 입력의 비반전(+) 입력 전압이 높으면 출력도 (+)가 되고, 반전(−) 입력 전압이 높으면 출력은 (−)이 되는 것이다. 신호 증폭을 위한 증폭기의 종류로는 전압 증폭기와 전류 증폭기가 있으나 여기서는 전압 증폭기만을 다룬다.

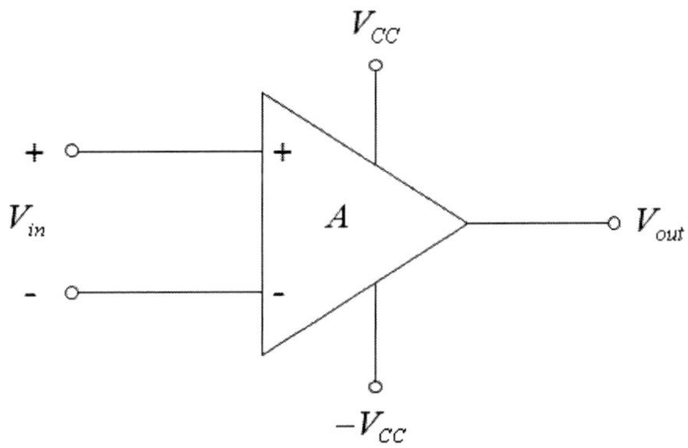

(a) 연산 증폭기의 기호

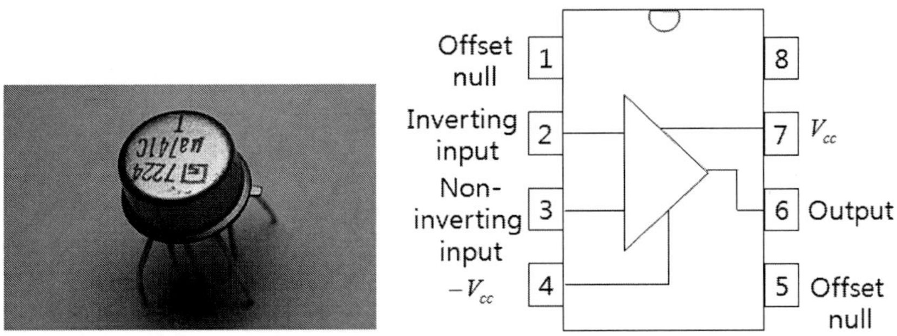

(b) μa741 연산 증폭기

▌그림 8.1 연산 증폭기의 기호

이상적인 연산 증폭기는 무한대의 전압 이득($A_v = \infty$)과 무한대의 입력 임피던스($Z_{in} = \infty$), 그리고 영의 출력 임피던스($Z_{out} = 0$), 무한대의 대역폭($BW = \infty$), 영의 오프셋 전압과 전류를 가지며, 온도에 따른 소자의 파라메타가 변하지 않아야 한다. 무한대의 대역폭이란 입력 신호에 포함된 모든 주파수 성분을 증폭할 수 있음을 의미한다. 또한 영의 오프셋이란 입력 전압이나 전류가 영일 때 출력 전압과 전류도 영이어야 함을 뜻한다.

그림 8.2는 이상적인 연산 증폭기의 성질을 나타낸 것이다.

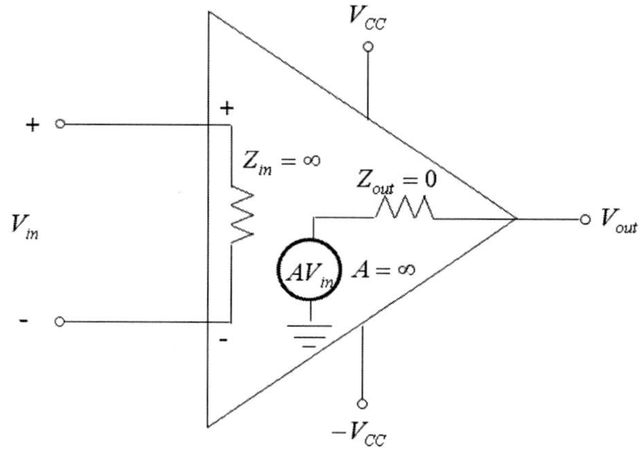

▌그림 8.2 이상적인 연산 증폭기

> 이상적인 연산 증폭기는 무한대의 전압 이득($A_v = \infty$)과 무한대의 입력 임피던스($Z_{in} = \infty$), 그리고 영의 출력 임피던스($Z_{out} = 0$), 무한대의 대역폭($BW = \infty$), 영의 오프셋 전압과 전류를 가지며, 온도에 따른 소자의 파라메타가 변하지 않아야 한다.

8.2 반전 증폭기와 비반전 증폭기

8.2.1 반전 증폭기

궤환(feedback)이 없는 연산 증폭기는 온도나 습도 등의 영향으로 인해 자신이 원하는 정확한 전압 이득을 얻기 어려울 뿐만 아니라 아주 작은 잡음 신호가 가해져도 증폭되어 비선형 영역에서 동작하게 된다. 따라서 이러한 증폭기는 일반적으로 비교기와 기타 응용 회로에만 사용된다. 그러나 궤환을 사용하면 원하는 전압 이득을 얻을 수 있으며 선형 증폭기로 사용할 수 있고, 입출력 임피던스와 대역폭의 제어가 가능하게 된다.

그림 8.3은 출력 신호가 연산 증폭기의 반전 입력 단자로 피드백되는 기본적인 부궤환(negative feedback) 회로를 나타낸 것이다.

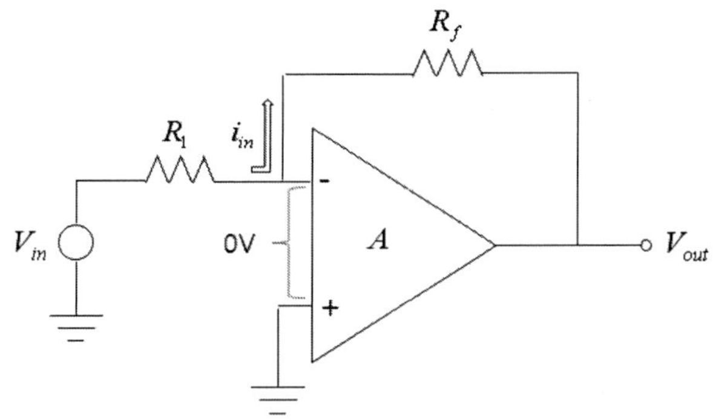

▎그림 8.3 반전 증폭기

이상적인 연산 증폭기의 전압 이득은 무한대이므로 입력 단자 간의 전압은 0이다. 그러나 실제로 단락은 아니므로 두 입력 단자 사이의 전압을 0이라 가정하며, 이를 가상 접지(virtual ground)라 한다. 하나의 입력 단자를 접지시키면 다른 입력 단자의 전위도 가상적으로 접지된 효과를 얻을 수 있다. 가상 접지 개념은 연산 증폭기를 해석할 때 특히 중요하다.

그림 8.3의 반전 증폭기는 입력 전압 V_{in}이 저항 R_1을 통해 반전 입력 단자로 인가된다. 따라서 저항 R_1에 흐르는 입력 전류는 다음과 같다.

$$i_{in} = \frac{V_{in}}{R_1} \tag{8.1}$$

가상 접지에 의해 반전 입력 단자의 전압은 0, 즉 $V_- = 0$이므로 두 입력 단자는 사실상 개방 상태가 된다. 따라서 증폭기 내부로 들어가는 전류는 거의 무시할 수 있기 때문에 결국 입력 전류는 R_f를 통해서만 흐르게 된다. 이때 피드백 저항 R_f의 양단 전압 V_f은 다음과 같다.

$$V_f = V_- - V_{out} = -V_{out} = R_f i_{in} \tag{8.2}$$

식 (8.1)을 식 (8.2)에 대입하면 출력 전압 V_{out}은 식 (8.3)과 같다.

$$V_{out} = -\frac{R_f}{R_1} V_{in} \tag{8.3}$$

여기서 음(-)의 부호는 입력 전압과 출력 전압의 위상차가 180°임을 의미한다. 그림 8.4는 반전 증폭기의 입력 전압과 출력 전압의 위상차를 비교한 것이다.

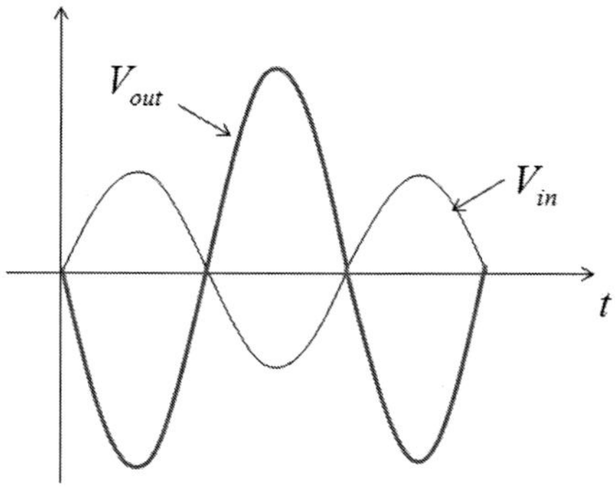

▌그림 8.4 반전 증폭기의 입출력 전압의 위상차

이제 식 (8.3)으로부터 반전 증폭기의 전압 이득을 구하면 다음과 같다.

$$A_v = \frac{V_{out}}{V_{in}} = -\frac{R_f}{R_1} \tag{8.4}$$

위의 식으로부터 반전 증폭기의 전압 이득은 입력 저항 R_1과 피드백 저항 R_f의 비율을 사용하여 임의로 조절할 수 있음을 알 수 있다. 또한 연산 증폭기의 전압 이득은 무한 대에 가깝기 때문에 입력의 변화가 작더라도 출력 전압은 크게 나타나게 된다. 그러나 출력 전압은 반전 입력 단자로 피드백되기 때문에 출력으로 나타나지 않는다. 즉 부궤환은 차동 입력의 전압 차이를 상쇄시키는 작용을 함으로써 연산 증폭기의 차동 입력을 항상 동일한 전압이 되도록 유지하는 것이다.

예제 8.1

아래의 반전 증폭기에서 전압 이득 및 출력 전압을 계산하라.

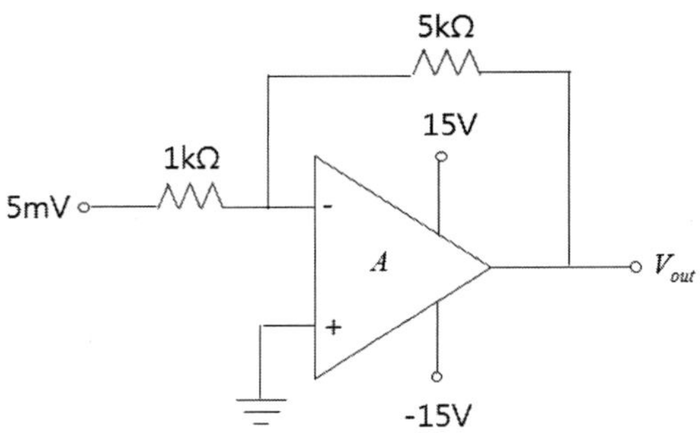

풀 이

$R_1 = 1$[kΩ], $R_f = 5$[kΩ]이므로 $A_v = -\dfrac{R_f}{R_1} = -5$이다.

따라서 $V_{out} = A\,V_{in} = -25$[mV]이다.

8.2.2 비반전 증폭기

그림 8.5는 또 다른 형태의 연산 증폭기인 비반전 증폭기를 보인 것이다. 비반전 증폭기는 입력 전압이 비반전 입력 단자에 인가되고, 출력 전압은 피드백 저항을 통해 반전 입력 단자에 연결된다.

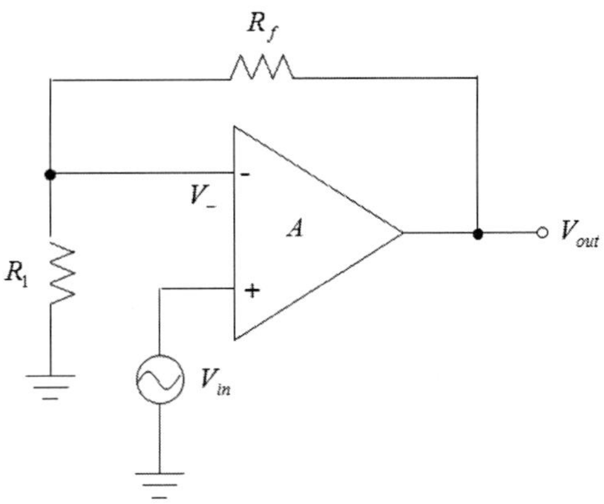

▌그림 8.5 비반전 증폭기

연산 증폭기의 입력 임피던스는 매우 크므로 연산 증폭기로 들어가는 전류는 거의 영이다. 따라서 키르히호프의 전류 법칙에 의해 R_1에 흐르는 전류와 R_2에 흐르는 전류는 같아진다. 이때 직렬 연결된 R_1과 R_f는 전압 분배 회로가 되므로 반전 입력 단자의 전압은 다음과 같다.

$$V_- = \frac{R_1}{R_1 + R_f} V_{out} \tag{8.6}$$

그리고 가상 접지에 의해 두 입력 단자의 전압차는 영이므로 다음의 관계가 성립된다.

$$V_- = V_{in} \tag{8.7}$$

따라서 식 (8.6)을 식 (8.7)에 대입하면 비반전 증폭기의 전압 이득은 식 (8.8)과 같다.

$$A_v = \frac{V_{out}}{V_{in}} = \frac{R_1 + R_f}{R_1} = 1 + \frac{R_f}{R_1} \tag{8.8}$$

위의 식으로부터 비반전 증폭기는 출력 전압과 신호 전압간의 위상차가 동일함을 알 수 있다. 그림 8.6은 비반전 증폭기의 입력 전압과 출력 전압의 위상차를 나타낸 것이다.

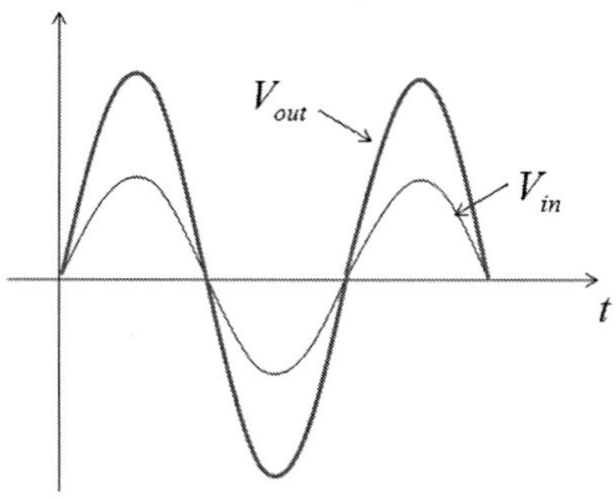

▌그림 8.6 비반전 증폭기의 입출력 전압의 위상차

그림 8.7은 비반전 회로인 특수한 예로 전압 폴로우를 보인 것으로서 피드백 저항 $R_1 = \infty$, $R_f = 0$일 때 전압 이득은 $A_v = 1$이므로 $A_{out} = A_{in}$이 된다. 즉 입력 전압이 그대로 출력으로 나타나므로 폴로우(follow)라 하며, 버퍼(buffer)라고도 한다.

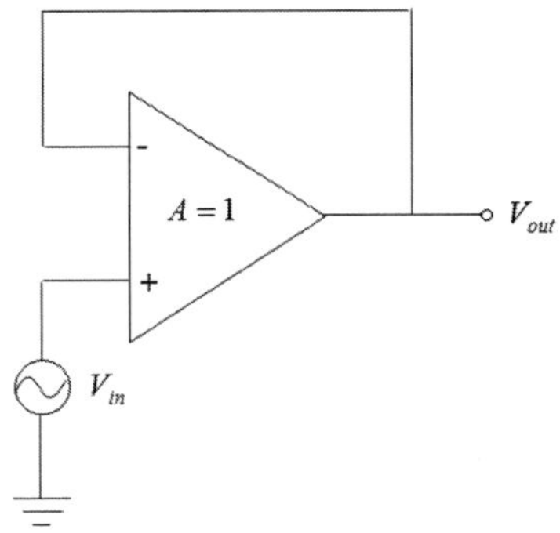

▌그림 8.7 전압 폴로우

예제 8.2

아래의 비반전 증폭기의 전압 이득이 100이 되기 위한 피드백 저항 R_f의 값을 구하라.

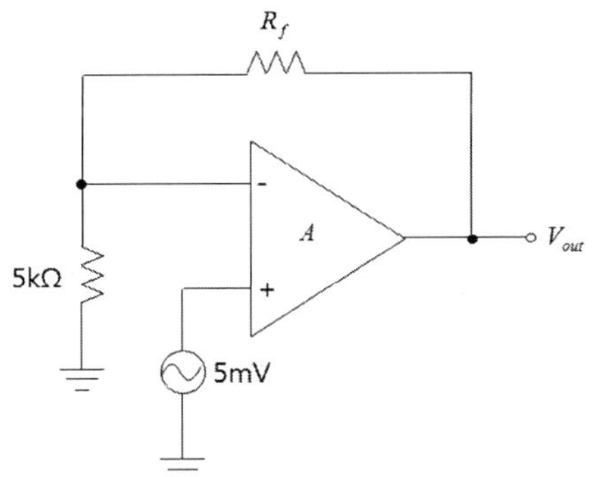

풀 이

$A_v = 1 + \frac{R_f}{R_1}$ 이므로 $R_f = R_1(A_v - 1)$이다. 따라서 $R_1 = 5$[kΩ]이므로 $A_v = 100$이 되려면 $R_f = (5k)\cdot(99) = 495$[kΩ]이어야 한다.

8.3 연산 증폭기의 응용

8.3.1 가산 증폭기

반전 증폭기는 그림 8.8과 같이 두 개 이상의 전압을 더할 수 있는 가산 증폭기를 만드는데 사용될 수 있다.

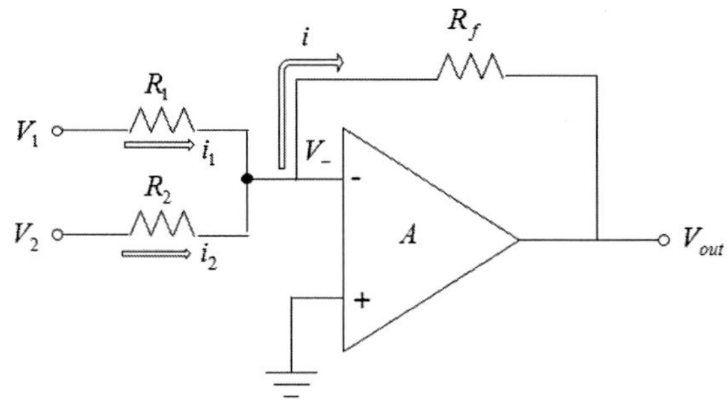

▌그림 8.8 가산 증폭기

연산 증폭기의 입력 임피던스는 무한대이므로 연산 증폭기의 내부로 들어가는 전류는 영이다. 따라서 저항 R_1, R_2에 흐르는 전류를 각각 i_1, i_2라 할 때 키르히호프의 전류 법칙에 의해 두 전류는 모두 R_f에 흐르게 된다. 따라서 R_f에 흐르는 전류 i는 다음과 같다.

$$i = i_1 + i_2 = \frac{V_1}{R_1} + \frac{V_2}{R_2} \tag{8.9}$$

또한 R_f의 양단 전압은

$$V_f = V_- - V_{out} = R_f i \tag{8.10}$$

이고, 가상 접지에 의해 $V_- = 0$이므로 식 (8.10)은 아래의 식으로 표현할 수 있다.

$$-V_{out} = R_f i \tag{8.11}$$

따라서 식 (8.9)를 식 (8.11)에 대입하면 출력 전압에 관한 식을 얻을 수 있다.

$$-\frac{V_{out}}{R_f} = i = \frac{V_1}{R_1} + \frac{V_2}{R_2}$$

$$V_{out} = -R_f\left(\frac{V_1}{R_1} + \frac{V_2}{R_2}\right) \tag{8.12}$$

위의 식으로부터 출력 전압은 각 입력 전압을 스케일링하여 합한 것이 됨을 알 수 있다. 따라서 n개의 저항 R_1, R_2, ..., R_n을 입력으로 하는 가산 증폭기의 경우 출력 전압은 다음과 같이 확장될 수 있다.

$$V_{out} = -R_f\left(\frac{V_1}{R_1} + \frac{V_2}{R_2} + \cdots + \frac{V_n}{R_n}\right) \tag{8.13}$$

예제 8.3

다음의 가산 증폭기의 출력을 구하라.

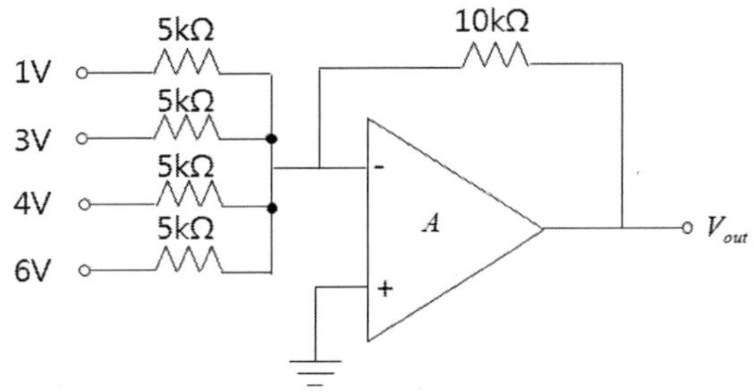

풀이

$R_1 = R_2 = R_3 = R_4 = 5[\text{k}\Omega]$, $R_f = 10[\text{k}\Omega]$이므로

$$V_{out} = -R_f\left(\frac{V_1}{R_1} + \frac{V_2}{R_2} + \frac{V_3}{R_3} + \frac{V_4}{R_4}\right) = -10k\left(\frac{1}{5k} + \frac{3}{5k} + \frac{4}{5k} + \frac{6}{5k}\right) = -28\,[\text{V}]$$

이다.

8.3.2 적분기

그림 8.9는 적분기를 보인 것이다. 적분기는 반전 증폭기의 피드백 저항을 커패시터로 바꾼 것이다.

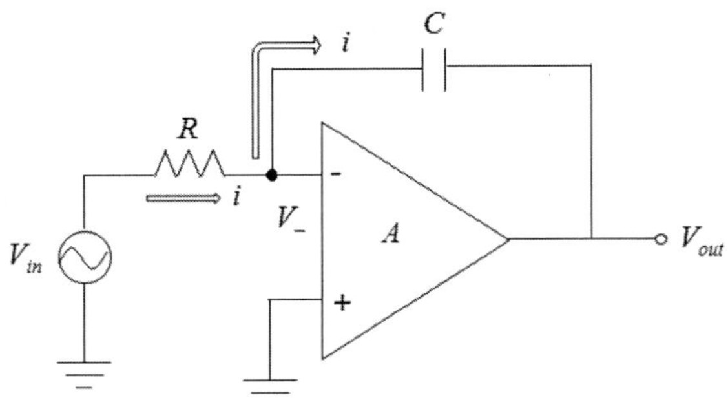

▌그림 8.9 적분기

가상 접지에 의해 $V_- = 0$이므로 커패시터 C의 양단 전압은

$$V_- - V_{out} = -V_{out} \tag{8.14}$$

이 된다. 또한 연산 증폭기의 입력 임피던스가 무한대이므로 연산 증폭기의 내부로 들어가는 전류는 영이 된다. 따라서 다음의 식과 같이 R에 흐르는 전류 $i = \frac{V_{in}}{R}$는 모두 커패시터 C에 흐르게 된다.

$$i = \frac{V_{in}}{R} = C\frac{d(-V_{out})}{dt} \tag{8.15}$$

위의 식으로부터 적분기의 출력 전압을 얻을 수 있다.

$$V_{out} = -\frac{1}{RC}\int V_{in}dt \tag{8.16}$$

그림 8.10은 적분기에 사각파의 교류 전압이 입력될 경우 삼각파의 전압이 출력됨을 보인 것이다.

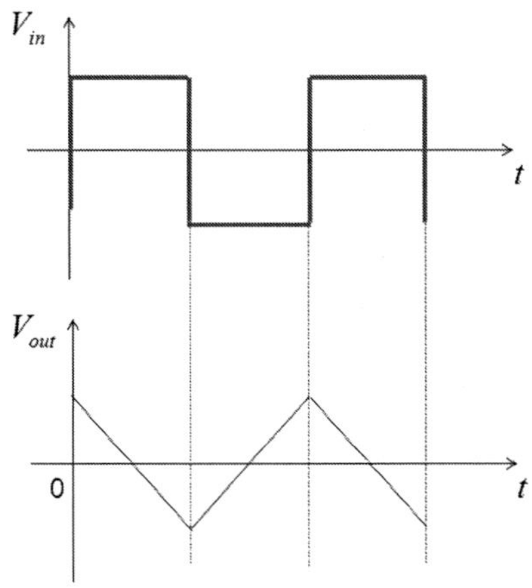

▎그림 8.10 적분기의 입출력

예제 8.4

그림의 적분기에서 입력 전압에 대한 출력 전압의 변화율을 구하라.

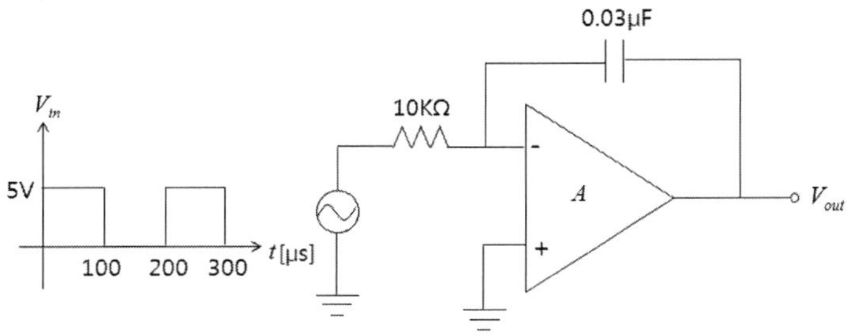

풀 이

$V_{out} =- \frac{1}{RC}\int V_{in}dt$로부터 최대 출력 전압의 변화율은

$\frac{\Delta V_{out}}{\Delta t} =- \frac{V_{in}}{RC} =- \frac{5}{0.3\times 10^{-3}} =- 16.7$[kV/s]이다.

따라서 100μs 동안 출력 전압의 변화는 $\Delta V_{out} =$ (−16.7kV/s)(100μs)=−1.67V가 된다.

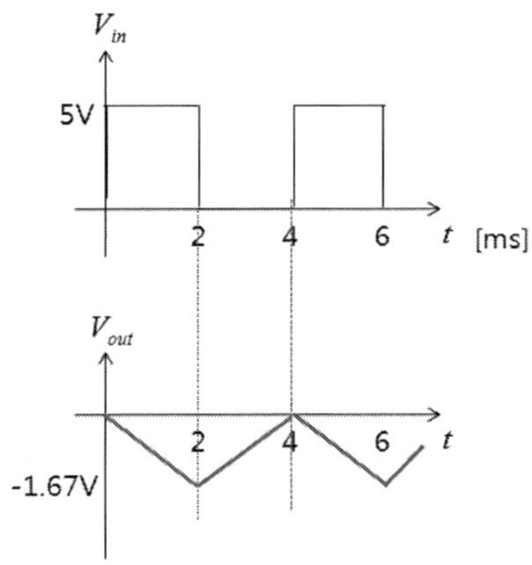

8.3.3 미분기

그림 8.11은 미분기를 보인 것으로서 적분기의 저항과 커패시터를 서로 바꾼 것이다. 미분기는 입력 전압의 변화율에 비례하는 전압을 출력한다.

적분기와 마찬가지로 C에 흐르는 전류 $i = C\frac{dV_{in}}{dt}$는 모두 R에 흐르게 된다.

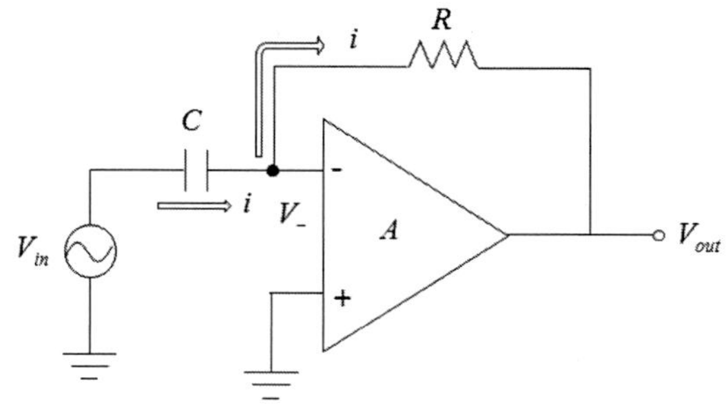

▎그림 8.11 미분기

또한 가상 접지에 의해 $V_- = 0$이므로 저항 R의 양단 전압은 $V_- - V_{out} = -V_{out}$이고, 전류 $i = \frac{-V_{out}}{R}$이다. 따라서 다음의 식이 성립한다.

$$C\frac{dV_{in}}{dt} = \frac{-V_{out}}{R} \tag{8.17}$$

위의 식을 정리하면 출력 전압은

$$V_{out} = -RC\frac{dV_{in}}{dt} \tag{8.18}$$

이 되며, 출력 전압은 입력 전압을 미분한 것과 같다. 그림 8.12는 미분기의 입출력 관계를 보인 것이다.

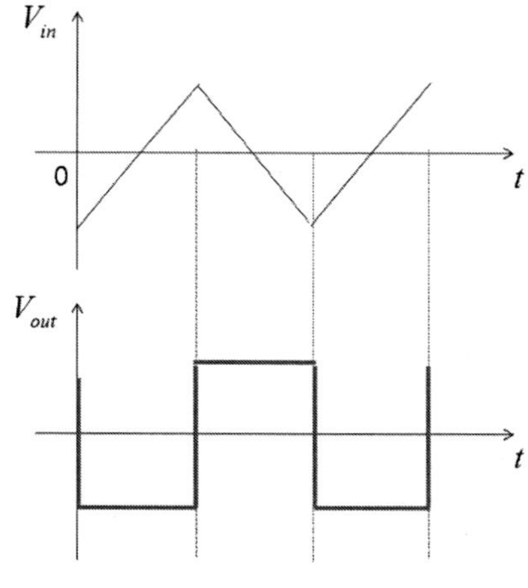

▎그림 8.12 미분기의 입출력

예제 8.5

다음에 주어진 미분기의 출력 전압을 구하라.

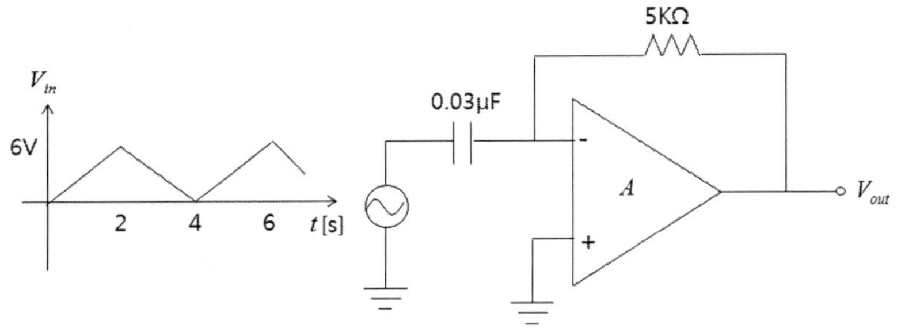

풀이

$0 < t \leq 2$일 때, $V_{out} = -RC\frac{dV_{in}}{dt} = (-0.15\times10^{-3})\left(\frac{6-0}{2-0}\right) = -0.45$[mV],

$2 < t \leq 4$일 때, $V_{out} = -RC\frac{dV_{in}}{dt} = (-0.15\times10^{-3})\left(\frac{0-6}{4-2}\right) = 0.45$[mV]이다.

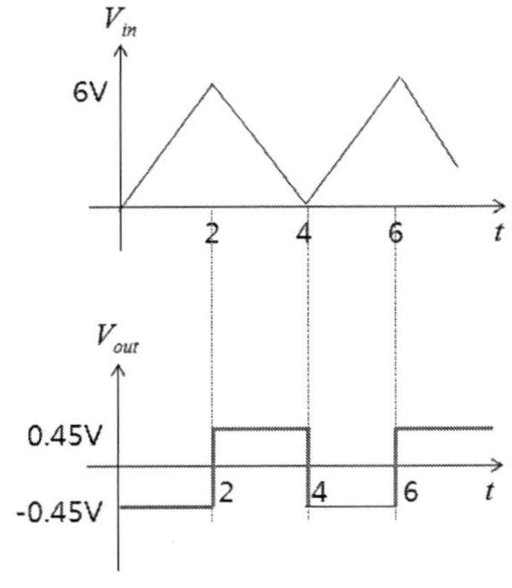

8.3.4 비교기

비교기는 두 개의 입력 전압 중 어느 것이 더 큰가를 판단하고자 할 때 또는 입력 신호가 미리 정해진 레벨을 초과하는 순간을 알고자 할 때 사용한다. 그림 8.13은 비교기를 보인 것으로서 피드백 저항이 없는 무한 이득의 연산 증폭기이다.

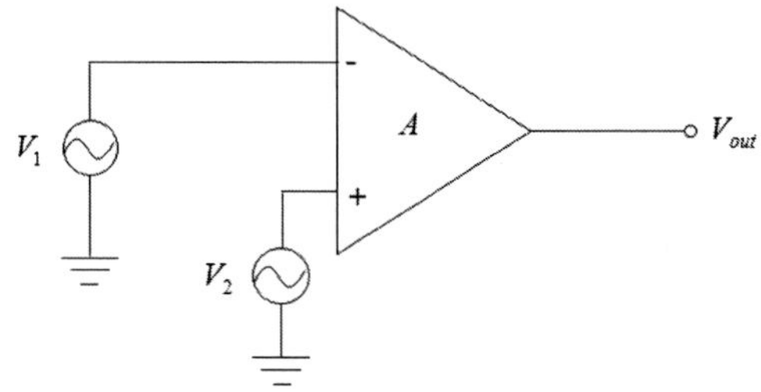

▌그림 8.13 비교기

따라서 V_1이 V_2보다 크다면, 즉 $V_1 > V_2$이면 전압차는 음(−)이 되어 출력은 최소값을 가진다. 반면 $V_1 < V_2$이면 전압차는 양(+)이 되어 출력은 최대값을 가진다.

그림 8.14는 $V_1 = 0$, 즉 영전위 검출기를 나타낸 것이다. 비반전 입력 단자에는 정현파가 인가되며, 반전 단자는 접지로 영전위가 된다.

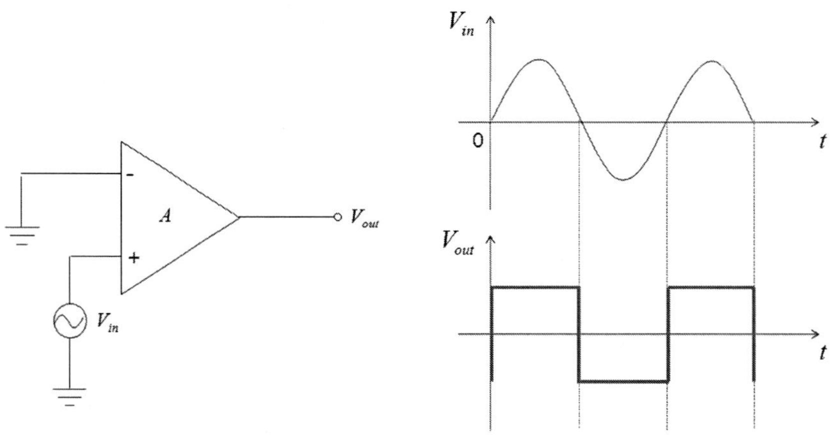

(a) 영전위 검출기　　　　(b) 비교기의 입출력

▌그림 8.14 영전위 검출기

정현파가 양(+)의 값을 가질 때 출력은 최대의 양(+)의 레벨을 가지며, 음(−)의 값을 가지면 출력은 반대로 최대의 음(−)의 레벨을 가진다. 영전위 검출기는 정현파로부터 구형파를 발생시킬 때 사용된다.

예제 8.6

다음의 비교기에 정현파 입력이 주어질 때 출력 전압을 그리시오.

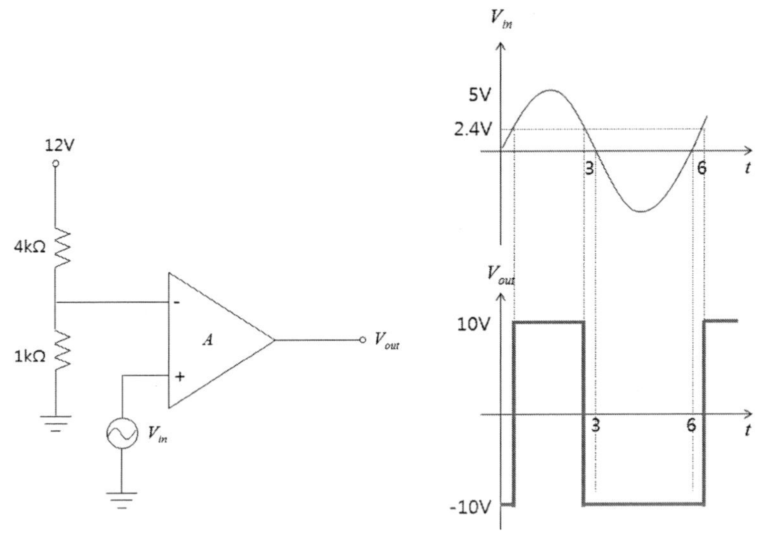

풀이

반전 입력 단자의 전압은 전압 분배 법칙에 의해 $V_{-} = \dfrac{1k}{1k+4k}(12\,V) = 2.4\,[\mathrm{V}]$ 가 되고, 이는 비교기의 기준 전압이 된다. 따라서 2.4[V]보다 크면 비교기의 출력은 10[V], 2.4[V]보다 작으면 −10[V]가 출력된다.

8.3.5 차동 증폭기

차동 증폭기는 그림 8.15와 같이 연산 증폭기의 반전 입력 단자와 비반전 입력 단자에 동시에 입력 전압이 가해지며, 두 입력 신호의 차를 증폭하는 기능을 가진다. 따라서 차동 증폭기는 두 입력에 공통인 신호들을 이상적으로 제거한다.

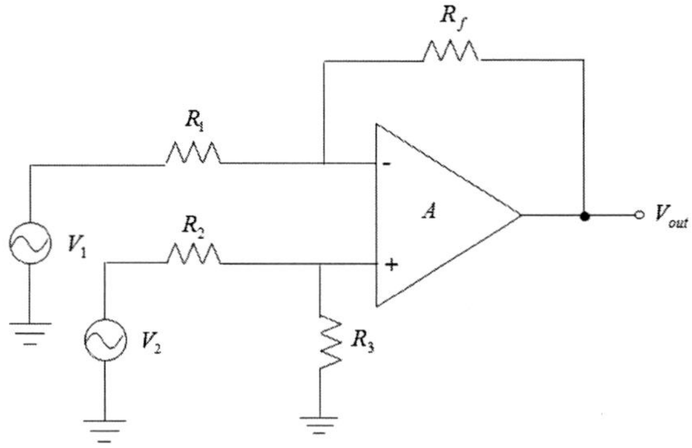

▌그림 8.15 차동 증폭기

차동 증폭기의 동작 원리를 설명하기 위해 먼저 V_2를 단락하면 그림 8.16과 같이 출력 전압 V_{out}은 다음과 같다.

$$V_{out} = -\frac{R_f}{R_1} V_1 \qquad (8.19)$$

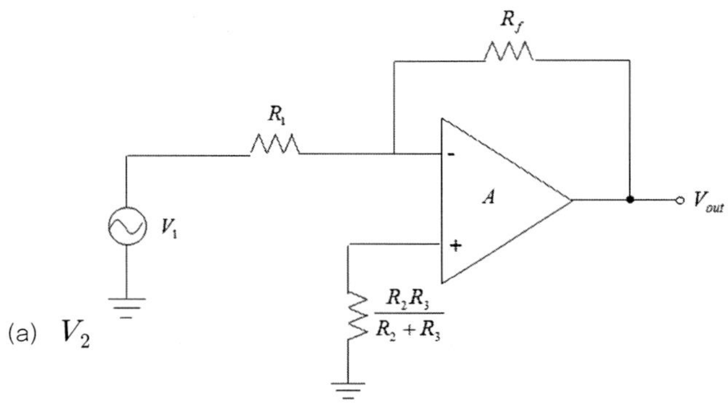

▌그림 8.16 V_2를 단락할 경우($V_2 = 0$)

이제 그림 8.15에서 V_1을 단락하면 그림 8.17과 같고 전압 분배 법칙에 의해 비반전 입력 단자에 인가되는 전압 V_3는 다음과 같다.

$$V_3 = \frac{R_3}{R_2 + R_3} V_2 \qquad (8.20)$$

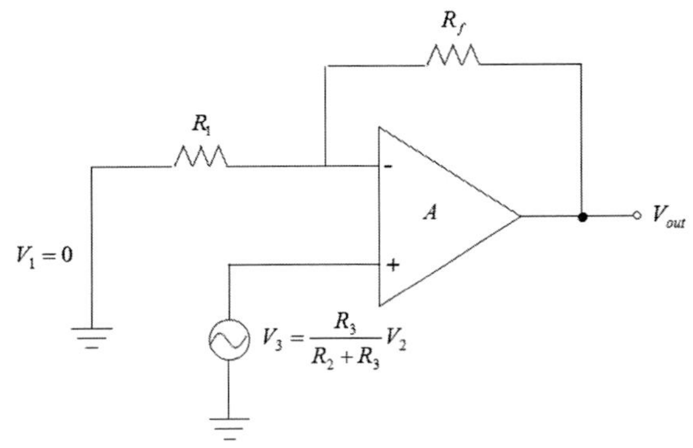

▌그림 8.17 V_1을 단락할 경우($V_1 = 0$)

또한 비반전 입력 단자의 전압은 V_{out}에 의해 다음과 같이 주어진다.

$$V_- = \frac{R_1}{R_1 + R_f} V_{out} \tag{8.21}$$

위의 식으로부터 출력 전압 V_{out}은

$$V_{out} = \left(1 + \frac{R_f}{R_1}\right) V_- \tag{8.22}$$

이 되며, 가상 접지에 의해 $V_- = V_3$과 같으므로 식 (8.20)을 대입하면 출력 전압은 다음과 같이 구해진다.

$$V_{out} = (1 + \frac{R_f}{R_1}) V_3 = (1 + \frac{R_f}{R_1})(\frac{R_f}{R_2 + R_f}) V_2 \tag{8.23}$$

이다. 따라서 중첩의 원리에 의해 식 (8.19)와 (8.23)을 더하면 차동 증폭기의 출력 전압은 다음과 같다.

$$V_{out} = -\frac{R_f}{R_1} V_1 + (1 + \frac{R_f}{R_1})(\frac{R_f}{R_2 + R_f}) V_2 \tag{8.24}$$

여기서 $R_1 = R_2 = R$이면 출력 전압은 입력 전압의 차를 증폭한 것이 된다.

$$V_{out} = \frac{R_f}{R}(V_2 - V_1) \tag{8.25}$$

연 습 문 제

1. 아래의 회로에서 입력 전압 V_{in}의 최대 전압이 1V일 때 출력 신호 V_{out}을 구하라.

만일 $V_{out} = 10$V라면 2KΩ에 흐르는 전류는 얼마인가? 또한 9KΩ에 흐르는 전류는 얼마인가?

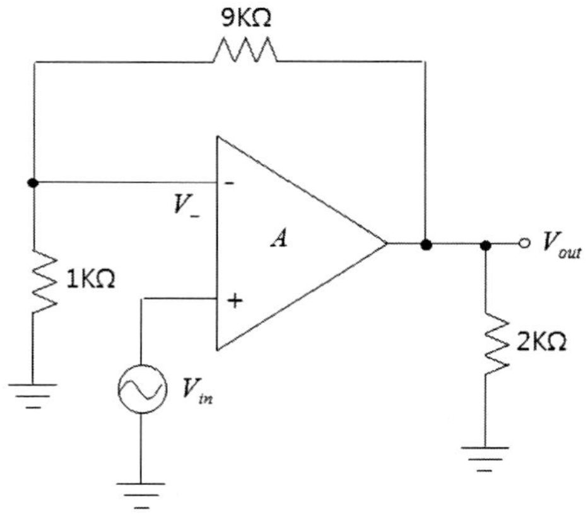

2. 아래의 회로에 1μA의 입력 전류가 흐른다면 출력 전압은 얼마인가?

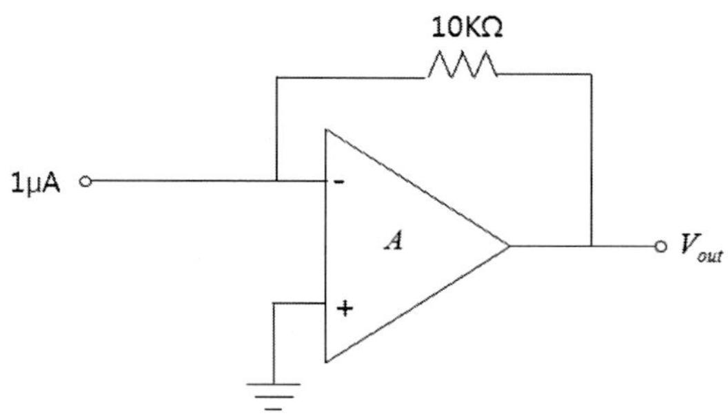

3. 1mV의 입력 전류가 그림과 같이 전류-전압 변환기에 가해진다. 각 스위치 위치에 대한 출력 전압은 얼마인가?

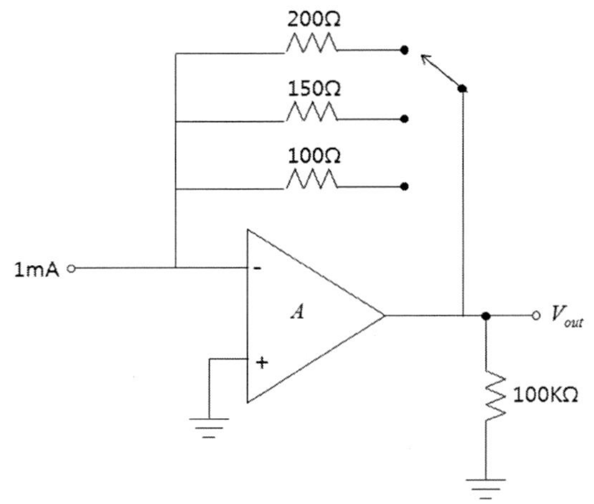

4. 2.75KHz의 주파수를 가진 구형파가 아래의 적분기를 구동한다. 만일 10V의 피크-피크값을 가진다면 출력 전압의 피크-피크값은 얼마인가?

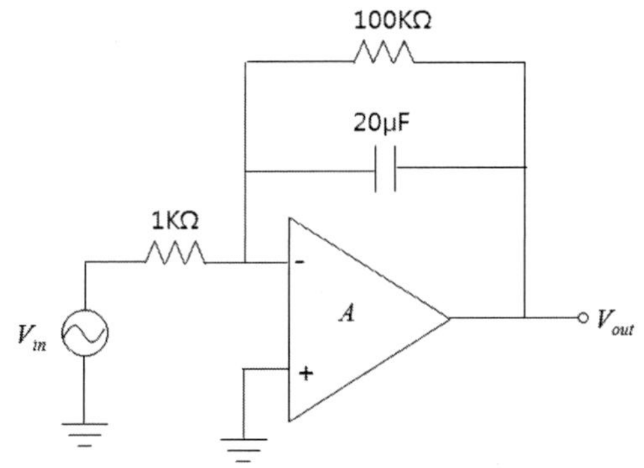

5. 다음의 미분기에 3V의 램프 신호가 입력된다고 하자. 콘덴서에 흐르는 전류 및 출력 전압을 구하라.

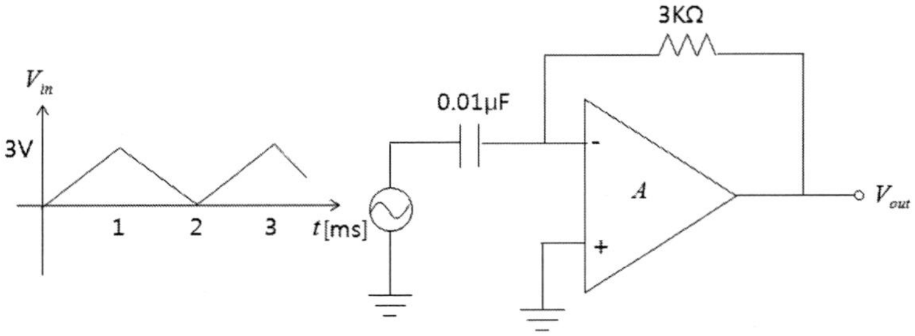

Chapter 9
시스템 해석

시스템 해석은 시스템의 복잡한 관계를 수식적으로 표현하고 해석하는 것이다. 선형 시스템의 경우 입출력 관계는 대부분 선형 미분 방정식으로 표현된다. 이때 시간 영역의 방정식을 다른 영역으로 변환하면 매우 간단하게 해석할 수 있다. 라플라스 변환은 시간 영역의 미분 방정식을 단순한 대수 방정식으로 쉽게 변환할 수 있을 뿐 아니라 시스템을 설명하고 해석하는 데 있어서 가장 주요한 수단이 된다. 이 장에서는 라플라스 변환에 대해 살펴보고 시스템의 전달 이득 및 안정도 판별법에 대해 설명한다.

9.1 라플라스 변환

9.1.1 라플라스 변환의 정의

라플라스 변환(Laplace transform)은 시간 함수 $f(t)$를 주파수 함수 $F(s)$로 변환하는 것으로 모든 실수 $t \geq 0$에 대해 변환자 $\mathcal{L}$를 사용하여 다음과 같이 정의된다.

$$F(s) = \mathcal{L}[f(t)] = \int_0^{\infty} f(t)e^{-st}dt, \quad s = \sigma + jw \tag{9.1}$$

라플라스 변환은 어떤 함수의 변환을 한 번 구하면 같은 함수를 다른 문제에도 그대로 적용할 수 있으므로 변환표를 이용하여 계속 사용할 수 있다. 특히 회로의 미분 방정식을 라플라스 변환하면 복소 주파수에 대한 대수 방정식으로 표현되므로 전압 혹은 전류의 관계식으로 정리하여 역라플라스 변환하면 구하고자 하는 회로의 시간 응답을 쉽게 구할 수 있다.

역라플라스 변환은 복소 주파수 함수를 시간 함수로 변환하는 것으로서 다음과 같이 정의된다.

$$f(t) = \mathcal{L}^{-1}[F(s)] = \frac{1}{2\pi j}\int_{\sigma_1 - j\infty}^{\sigma_1 + j\infty} F(s)e^{st}ds \tag{9.2}$$

이때 σ_1은 상수로서 대수 방정식을 만족하는 모든 복소 주파수의 실수값보다 작은 값을 가지게 된다. 그러나 라플라스 변환과 마찬가지로 역라플라스 변환 역시 대부분 변환표를 이용하기 때문에 역라플라스 변환을 구하기 위해 식 (9.2)를 사용할 필요가 없다.

9.1.2 몇 가지 중요한 함수의 라플라스 변환

9.1.2.1. 단위 계단 함수

단위 계단 함수(unit step function)는 그림 9.1과 같이 정의되는 함수이다.

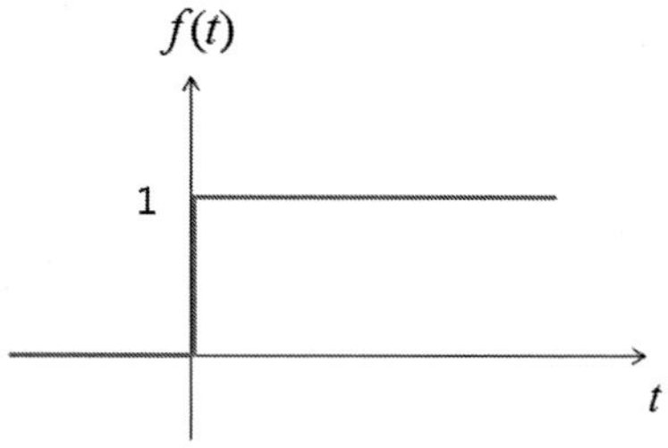

▌그림 9.1 단위 계단 함수

$$u(t) = \begin{cases} 1\,, & t \geq 0 \\ 0\,, & t < 0 \end{cases} \tag{9.3}$$

식 (9.1)을 사용하여 단위 계단 함수의 라플라스 변환을 구하면 다음과 같다.

$$\mathcal{L}\,[u(t)] = \int_0^{\infty} 1 \cdot e^{-st} dt = \frac{1}{s} \tag{9.4}$$

단위 계단 함수는 물리적으로 $t=0$에서 직류 전원을 인가한 경우와 같으므로 주로 직류(DC) 전원을 라플라스 변환할 때 이용된다.

9.1.2.2 단위 임펄스 함수

단위 임펄스 함수(unit impulse function)는 그림 9.2와 같이 정의되며, 이상적으로 $t=0$에서 크기가 무한대이므로 화살표로 표시한다.

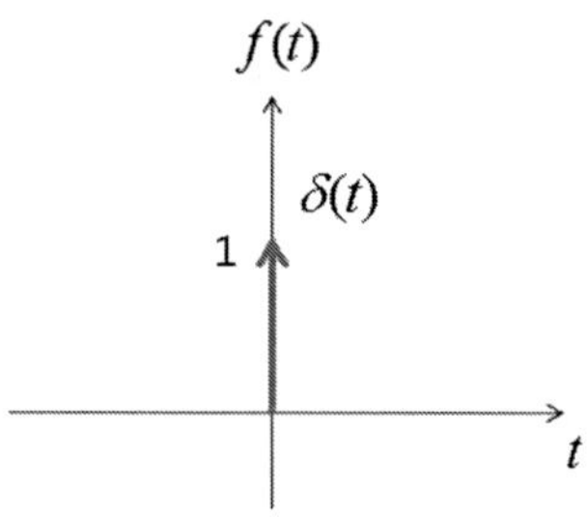

▌그림 9.2 단위 임펄스 함수

$$\delta(t) = \begin{cases} \infty\,, & t = 0 \\ 0\,, & t \neq 0 \end{cases} \tag{9.5}$$

단위 임펄스 함수의 크기는 무한대이나 폭은 0에 가까우므로 전 구간에 대한 면적은 1로 정의된다.

$$\int_{-\infty}^{\infty} \delta(t)dt = 1 \tag{9.6}$$

임펄스 함수 $\delta(t)$는 $t=0$에서만 값을 가지므로 단위 임펄스 함수의 라플라스 변환은 다음과 같다.

$$\mathcal{L}[\delta(t)] = \int_0^{\infty} \delta(t)\cdot e^{-st}dt = e^{-s(0)} = 1 \tag{9.7}$$

그러나 $\delta(t+1)$의 라플라스 변환은 $\mathcal{L}[\delta(t+1)] = \int_0^{\infty} \delta(t+1)\cdot e^{-st}dt = 0$이 된다. 왜냐하면 $\delta(t+1)$는 $t=-1$일 때만 값을 가지게 되나 이 값이 적분 범위인 0에서 ∞에 포함되지 않기 때문이다.

9.1.2.3 단위 램프 함수

단위 램프 함수(unit ramp function)는 그림 9.3과 같이 기울기가 1인 직선 함수이다.

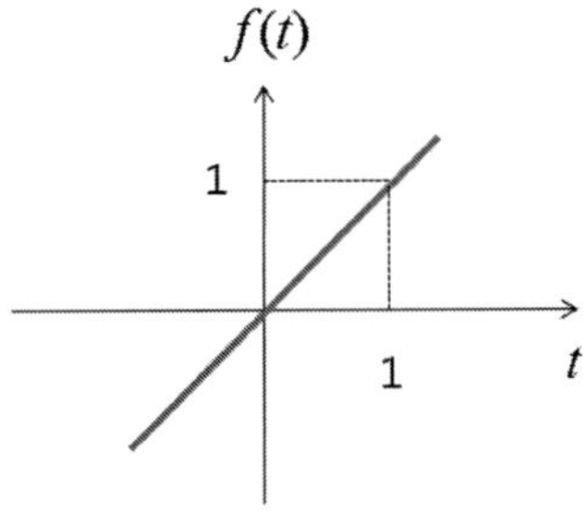

▌그림 9.3 단위 램프 함수

$$f(t) = t \tag{9.8}$$

따라서 단위 램프 함수를 라플라스 변환하면 다음과 같다.

$$\mathcal{L}[t] = \int_0^{\infty} t\cdot e^{-st}dt = \frac{1}{s^2} \tag{9.9}$$

또한 $f(t)=t^2$일 때

$$F(s) = \int_0^{\infty} t^2\cdot e^{-st}dt = \frac{2!}{s^3} \tag{9.10}$$

$f(t) = t^3$이면

$$F(s) = \int_0^{\infty} t^3 \cdot e^{-st} dt = \frac{3!}{s^3} \tag{9.11}$$

이 된다. 그러므로 n차의 램프 함수 $f(t) = t^n$에 관한 라플라스 변환의 일반식은 식 (9.9)와 같다.

$$F(s) = \mathcal{L}\{t^n\} = \frac{n!}{s^{n+1}} \tag{9.12}$$

9.1.2.4 지수 함수

a가 상수인 지수 함수 $f(t) = e^{at}$의 라플라스 변환은 다음과 같다.

$$F(s) = \int_0^{\infty} e^{at} \cdot e^{-st} dt = \int_0^{\infty} e^{-(s-a)t} dt = \frac{1}{s-a} \tag{9.13}$$

마찬가지로 $f(t) = e^{-at}$이면 $F(s) = \dfrac{1}{s+a}$이다.

9.1.2.5 삼각 함수

$f(t) = \sin at$이라 할 때,

$$F(s) = \int_0^{\infty} \sin at \cdot e^{-st} dt = \frac{a}{s^2 + a^2} \tag{9.14}$$

$f(t) = \cos at$이라 할 때,

$$F(s) = \int_0^{\infty} \cos at \cdot e^{-st} dt = \frac{s}{s^2 + a^2} \tag{9.15}$$

이다.

위의 결과로부터 시스템 해석에서 자주 사용되는 함수들의 라플라스 변환을 정리하면 표 9.1과 같다.

▌표 9.1 몇가지 중요한 함수의 라플라스 변환표

$f(t)$	$F(s)$
$u(t)$	$\frac{1}{s}$
$\delta(t)$	1
$t,\ t^2,\ t^n$	$\frac{1}{s^2},\ \frac{2}{s^3},\ \frac{n!}{s^{n+1}}$
$e^{at},\ e^{-at}$	$\frac{1}{s-a},\ \frac{1}{s+a}$
$\sin wt$	$\frac{w}{s^2+w^2}$
$\cos wt$	$\frac{s}{s^2+w^2}$
$e^{-at}\sin wt$	$\frac{w}{(s+a)^2+w^2}$
$e^{-at}\cos wt$	$\frac{s+a}{(s+a)^2+w^2}$

9.1.3 라플라스 변환의 기본 성질

앞에서 설명한 바와 같이 주어진 함수의 라플라스 변환은 표 9.1의 변환표를 이용함으로써 쉽게 구할 수 있다. 그러나 시간 이동, 주파수 이동, 미분, 적분 등과 같이 연산에 의해 함수의 상태가 바뀌는 경우 라플라스 변환은 어떻게 구할 것인가 ? 이는 라플라스 변환의 몇 가지 기본 성질을 이용함으로써 쉽게 구할 수 있다. 이 절에서는 라플라스 변환의 성질 중 자주 사용되는 대표적인 몇 가지에 대해서만 소개한다.

9.1.3.1 선형성

$f_i(t)$의 라플라스 변환을 $F_i(s)$라 하면, 임의의 상수 a에 대해 다음의 식이 성립한다.

$$\mathcal{L}\left\{\sum_i a f_i(t)\right\} = \sum_i a F_i(s) \tag{9.16}$$

이는 각 함수에 상수를 곱한 후 더한 것을 라플라스 변환한 것은 각 함수의 라플라스 변환식에 상수를 곱하고 모두 더한 것과 같음을 의미한다.

9.1.3.2 시간 이동(time shifting)

$f(t)u(t)$를 시간 a만큼 이동시킨 $f(t-a)u(t-a)$의 라플라스 변환은 다음과 같다.

$$\mathcal{L}\{f(t-a)u(t-a)\} = e^{-as}F(s) \tag{9.17}$$

9.1.3.3 주파수 이동(frequency shifting)

$f(t)$에 지수 함수 $e^{\pm at}$를 곱하면 라플라스 변환 영역에서 $F(s)$는 $\pm a$만큼 지연된다.

$$\mathcal{L}\{f(t)e^{\pm at}\} = F(s \mp a) \tag{9.18}$$

9.1.3.4 미분

$f(t)$의 초기 조건을 $f(0)$라 할 때 1차 및 2차 미분 함수 $f' = \dfrac{df(t)}{dt}$, $f'' = \dfrac{d^2f(t)}{dt^2}$의 라플라스 변환은 다음과 같다.

$$\mathcal{L}\{f'\} = sF(s) - f(0) \tag{9.19}$$

$$\mathcal{L}\{f''\} = s^2F(s) - sf(0) - f'(0) \tag{9.20}$$

위의 결과를 n차 미분에 관한 식으로 확장하면 식 (9.21)과 같다.

$$\mathcal{L}\{f^{(n)}\} = s^nF(s) - s^{n-1}f(0) - s^{n-2}f'(0) - \cdots - f^{n-1}(0) \tag{9.21}$$

9.1.3.5 적분

$f(t)$의 적분 함수를 라플라스 변환하면

$$\mathcal{L}\left\{\int_0^t f(\tau)d\tau\right\} = \frac{1}{s}F(s) \tag{9.22}$$

$$\mathcal{L}\left\{\int_0^{t_1}\int_0^{t_2}\cdots\int_0^{t_n} f(\tau)d\tau dt_1 dt_2 \cdots dt_n\right\} = \frac{1}{s^n}F(s) \tag{9.23}$$

9.1.3.6 초기치 정리

$F(s)$가 주어졌을 때 $f(t)$의 초기 조건 $f(0)$를 구하고자 한다면 식 (9.24)와 같이 $F(s)$로부터 직접 구할 수 있다.

$$\lim_{t\to 0} f(t) = \lim_{s\to\infty} sF(s) \tag{9.24}$$

단 초기치 정리가 성립하려면 $f(t)$는 $t=0$에서 임펄스 함수와 같은 무한대의 연속이 존재해서는 안된다.

9.1.3.7 최종치 정리

$F(s)$가 주어진 경우 $f(t)$의 최종 조건 $f(\infty)$는 역라플라스 변환을 구한 다음 $t=\infty$를 대입하여 구하지 않고도 식 (9.25)와 같이 $F(s)$로부터 직접 구할 수 있다.

$$\lim_{t\to\infty} f(t) = \lim_{s\to 0} sF(s) \tag{9.25}$$

단 최종치 정리가 성립하려면 $F(s)$의 분모 다항식에서 모두 음의 실근을 가져야 하며 허근은 단 하나만 존재해야 한다. 예를들어 다음의 라플라스 변환식을 살펴보자.

$$F(s) = \frac{2}{s(s^2+5s+4)}$$

이때 분모 다항식 $s(s^2+5x+4) = s(s+1)(s+4)$의 근은 $s=0,-1,-4$이므로 두 개는 음, 하나는 원점에서 단순근이므로 최종치 정리가 성립한다. 따라서 함수 $f(t)$의 최종 조건은

$$\lim_{t\to\infty} f(t) = \lim_{s\to 0} sF(s) = \lim_{s\to 0} \frac{2s}{s(s^2+5s+4)} = \frac{1}{2}$$

이다.

예제 9.1

다음의 함수들에 대한 라플라스 변환을 구하라.

(a) $x(t) = 3e^{-3t} + e^{-2t} - e^{t}$

(b) $y(t) = \sin(t - \frac{\pi}{6})u(t - \frac{\pi}{6})$

(c) $y(t) = \frac{d^2y}{dt} - 2\frac{dy}{dt} - 1,\ y(0) = y'(0) = 1$

(d) $y(t) = \int (t^3 - 2t)dt$

풀 이

(a) $X(s) = \frac{3}{s+3} + \frac{1}{s+2} - \frac{1}{s-1}$

(b) $Y(s) = \frac{1}{s^2+1}e^{-\pi/6 \cdot s}$

(c) $Y(s) = (s^2 Y(s) - sy(0) - y'(0)) - 2(sY(s) - y(0)) - \frac{1}{s}$ 이므로 초기 조건을 대입하면 $Y(s) = (s^2 Y(s) - s - 1) - 2(sY(s) - 1) - \frac{1}{s}$

$$= s^2 Y(s) - 2sY(s) - (s + \frac{1}{s} - 1)$$

(d) $Y(s) = \frac{1}{s}\left(\frac{3!}{s^4}\right) - 2\frac{1}{s}\left(\frac{1}{s^2}\right) = \frac{6}{s^5} - \frac{2}{s^3}$

9.1.4 역라플라스 변환

앞 절에서 설명한 바와 같이 역라플라스 변환은 주파수 함수 $F(s)$를 시간 함수 $f(t)$로 변환하는 것이다. 미분 또는 적분 방정식으로 표현된 회로 방정식이 주어졌을 때 이를 라플라스 변환하고 전압 또는 전류의 함수로 정의하면 일반적으로 식 (9.26)과 같이 분수 형태로 표현된다.

$$F(s) = \frac{P(s)}{Q(s)} = \frac{a_m s^m + a_{m-1}s^{m-1} + \cdots + a_1 s + a_0}{b_n s^n + b_{n-1}s^{n-1} + \cdots + b_1 s + b_0} \tag{9.26}$$

여기서 a_i와 b_i는 계수, m, n은 양의 정수로서 $n \geq m$이며, 특히 분모 다항식 $Q(s)$를 특성 방정식이라 한다.

$$Q(s) = b_n s^n + b_{n-1} s^{n-1} + \cdots + b_1 s + b_0 \tag{9.27}$$

특성 방정식 $Q(s) = 0$을 만족하는 근은 특성근 또는 극(pole)이라 한다. 특성근은 실수 및 공액 복소수의 단순근 또는 다중근의 형태를 가질 수 있으며, 부분 분수(partial fraction)로 분해한 후 표 9.1을 이용하여 해를 구할 수 있다.

예제 9.2

다음 함수의 역라플라스 변환을 구하라.

(a) $F(s) = \dfrac{2}{s+3}$

(b) $F(s) = \dfrac{4}{(s+1)^2 + 4}$

(c) $F(s) = \dfrac{-s-10}{s^2 - s - 2}$

(d) $F(s) = \dfrac{0.1s + 0.9}{s^2 + 9}$

풀이

(a) 표 9.1로부터 $F(s) = \pounds\,[e^{-at}] = \dfrac{1}{s+a}$이므로 $f(t) = 2e^{-3t}$

(b) $F(s) = \dfrac{4}{(s+1)^2 + 4} = \dfrac{2 \cdot 2}{(s+1)^2 + 2^2}$ 이므로 $f(t) = 2e^{-t}\sin 2t$

(c) $F(s) = \dfrac{-s-10}{s^2 - s - 2} = \dfrac{-s-10}{(s+1)(s-2)} = \dfrac{3}{s+1} + \dfrac{-4}{s-2}$이므로

$f(t) = 3e^{-t} - 4e^{2t}$

(d) $F(s) = \dfrac{0.1s + 0.9}{s^2 + 9} = \dfrac{0.1s}{s^2 + 9} + \dfrac{0.9}{s^2 + 9} = \dfrac{0.1s}{s^2 + 3^2} + \dfrac{(0.9/3) \cdot 3}{s^2 + 3^2}$이므로

$f(t) = 0.1\cos 3t + 0.3\sin 3t$

9.2 미분 방정식의 해

일반적으로 RLC 회로 및 여러 시스템의 특성은 식 (9.28)과 같이 2차 선형 상미분 방정식의 형태로 표현된다. 선형 상미분 방정식은 시간 함수와 그 시간 함수의 도함수들로 이루어진 상수 계수를 갖는 방정식을 말한다.

$$a_2\frac{d^2y(t)}{dt}+a_1\frac{dy(t)}{dt}+a_0y(t)=r(t) \tag{9.28}$$

여기서 a_2, a_1, a_0는 상수, $r(t)$와 $y(t)$는 각각 입력 및 출력 함수를 말하며 최고차 도함수의 차수를 미분 방정식의 차수(order)라 한다.

선형 미분 방정식은 라플라스 변환을 이용하여 쉽게 해를 구할 수 있으며, 차수와 동일한 수의 초기 조건이 필요하다. 즉 2차 선형 상미분 방정식의 경우 두 개의 초기 조건이 요구된다.

이제 식 (9.28)의 미분 방정식의 양변을 라플라스 변환하면 라플라스 변환의 미분 성질에 의해 다음의 방정식을 얻을 수 있다.

$$a_2(s^2Y(s)-sy(0)-y'(0))+a_1(sY(s)-y(0))+a_0Y(s)=R(s) \tag{9.29}$$

초기 조건이 $y(0)=Y_0$, $y'(0)=Y_1$일 때 식 (9.29)에 대입하면 다음과 같다.

$$a_2(s^2Y(s)-sY_0-Y_1)+a_1(sY(s)-Y_0)+a_0Y(s)=R(s) \tag{9.30}$$

이를 $Y(s)$에 대해 풀면 다음과 같이 두 개 항의 합을 얻을 수 있다.

$$Y(s)=\frac{R(s)}{a_2s^2+a_1s+a_0}+\frac{a_2sY_0+a_1Y_0+a_2Y_1}{a_2s^2+a_1s+a_0} \tag{9.31}$$

이제 각각을 역라플라스 변환하면 시간 함수의 해를 구할 수 있다.

$$y(t)=\pounds^{-1}\left\{\frac{R(s)}{a_2s^2+a_1s+a_0}\right\}+\pounds^{-1}\left\{\frac{a_2sY_0+a_1Y_0+a_2Y_1}{a_2s^2+a_1s+a_0}\right\} \tag{9.32}$$

예제 9.3

다음의 선형 상미분 방정식의 해를 구하라.

(a) $\frac{dy(t)}{dt} - 3y(t) = e^{-t}u(s),\ y(0) = 0$

(b) $\frac{d^2y(t)}{dt^2} + 3\frac{dy(t)}{dt} + 2y(t) = u(s),\ y(0) = 0, y'(0) = 2$

풀이

(a) 주어진 미분 방정식을 라플라스 변환하면

$sY(s) - y(0) - 3Y(s) = \frac{1}{s+1}$이므로 초기 조건 $y(0) = 0$을 대입하면

$sY(s) - 3Y(s) = \frac{1}{s+1}$가 된다.

이를 $Y(s)$에 관해 정리하고 부분 분수로 전개하면 다음과 같다.

$$Y(s) = \frac{1}{(s-3)(s+1)} = \frac{1/4}{(s-3)} + \frac{-1/4}{(s+1)}$$

따라서 이를 역라플라스 변환하면 $y(t) = \frac{1}{4}(e^{3t} - e^{-t})$이다.

(b) $s^2Y(s) - sy(0) - y'(0) + 3(sY(s) - y(0)) + 2Y(s) = \frac{1}{s}$이므로 초기 조건을 대입하면 $s^2Y(s) - 2 + 3sY(s) + 2Y(s) = \frac{1}{s}$가 된다.

이를 $Y(s)$에 관해 정리하면 $Y(s) = \frac{1+2s}{s(s^2+3s+2)} = \frac{1/2}{s} + \frac{1}{s+1} + \frac{-3/2}{s+2}$

가 된다. 따라서 이를 역라플라스 변환하면 $y(t) = \frac{1}{2} + e^{-t} - \frac{3}{2}e^{-2t}$이다.

9.3 시스템 전달 함수

9.3.1 선형 시스템의 전달 함수

일반적으로 선형 제어 시스템의 입출력 신호의 관계는 시간 영역에서 선형 미분 방정식으로 표현된다. 이때 입력 신호와 출력 신호의 라플라스 변환의

비로 나타낸 분수 함수를 시스템의 전달 함수(transfer function)라 한다.

그림 9.4는 선형 제어 시스템의 블록도를 나타낸 것으로서 $r(t)$와 $y(t)$는 각각 입력과 출력, $g(t)$는 시스템 함수라 하며, 특히 $G(s)$는 전달 함수를 의미한다.

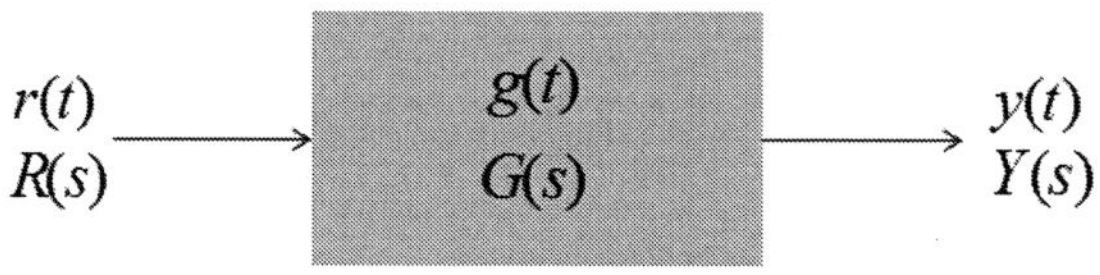

▌그림 9.4 선형 제어 시스템의 블럭도

시스템의 전달 함수는 입력 신호가 출력 신호에 전달되는 특성을 표시하기 위한 것이므로 시스템의 초기 상태는 모두 0으로 가정한다. 따라서 식 (9.28)과 같이 2차 선형 상미분 방정식으로 표현되는 시스템의 전달 함수는 다음과 같이 구해진다.

$$G(s) = \frac{Y(s)}{R(s)} = \frac{1}{a_2 s^2 + a_1 s + a_0} \tag{9.33}$$

이때 전달 함수의 분모 다항식인 $R(s)$를 특성 방정식이라 하며, $R(s)=0$이 되는 근 s를 극점(pole), 분자 다항식 $Y(s)=0$의 근을 영점(zero)이라 한다.

전달 함수는 시스템을 표현하는데 편리할 뿐만 아니라 시스템의 안정성을 평가하는데 있어서도 매우 중요하다. 또한 전달 함수로부터 임펄스 함수 입력에 대한 임펄스 응답(impulse response)과 계단 입력에 대한 계단 응답(step response) 그리고 주파수에 대한 주파수 응답(frequency response) 등의 시스템 특성을 얻을 수 있다. 여기서 응답이란 시스템의 출력을 의미하는 또 다른 용어이다.

예제 9.4

입력이 $r(t)$, 출력이 $y(t)$인 시스템의 미분 방정식이 다음과 같을 때 전달 함수를 구하라.

$$3\frac{d^2y(t)}{dt^2} + 2\frac{dy(t)}{dt} + 3y(t) = \frac{dr(t)}{dt} - 2r(t)$$

풀이

주어진 미분 방정식을 라플라스 변환하고 모든 초기 조건을 0이라 두면 $(3s^2+2s+3)Y(s)=(s-2)R(s)$이므로 이를 정리하면 시스템의 전달 함수는 다음과 같다.

$$G(s)=\frac{Y(s)}{R(s)}=\frac{s-2}{3s^2+2s+3}$$

9.3.2 시스템 응답

식 (9.33)으로부터 시스템의 출력 신호 $Y(s)$는 입력 신호 $R(s)$와 전달 함수 $G(s)$의 곱으로 나타낼 수 있다.

$$Y(s)=R(s)G(s) \tag{9.34}$$

위의 식을 역라플라스 변환하면 시간 영역에서의 출력 신호 $y(t)$는 입력 신호 $r(t)$와 시스템 함수 $g(t)$의 컨벌루션(convolution)으로 주어진다.

$$\begin{aligned} y(t) &= \mathcal{L}^{-1}\{Y(s)\} \\ &= \int_0^t r(t-\tau)g(\tau)d\tau \\ &= r(t)*g(t) \end{aligned} \tag{9.35}$$

이때 입력 함수가 임펄스 함수, 즉 $r(t)=\delta(t)$일 때 시스템의 출력 신호 $y(t)$를 임펄스 응답이라 하며, 다음과 같이 시스템 함수 $g(t)$가 그대로 출력됨을 알 수 있다.

$$y(t)=\int_0^t \delta(t-\tau)g(\tau)d\tau=g(t) \tag{9.36}$$

따라서 시스템 함수를 알고자 한다면 임펄스 신호를 입력하면 된다. 그러나 임펄스 응답은 순간적으로 무한대의 크기를 갖는 신호를 발생시켜야 하므로 실제로 구현하기에는 불가능하다. 따라서 제어 시스템의 해석에서는 임펄스 함수 대신 계단 함수를 입력으로 하는 계단 응답이 널리 사용되고 있다.

$$y(t)=\int_0^t u(t-\tau)g(\tau)d\tau=\int_t^\infty g(\tau)d\tau \tag{9.37}$$

이는 계단 응답이 임펄스 응답을 적분한 것임을 의미한다.

일반적으로 시스템의 기능에 따라 요구되는 전달 함수의 형태는 달라진다. 예를들어 통신 시스템의 경우 여러 가지 증폭기와 필터 등의 요구에 맞게 다양한 전달 함수가 필요하다. 그러나 제어 시스템의 경우 가장 이상적인 전달 함수는 1이다. 왜냐하면 자동차나 비행기 로봇 등의 제어 시스템에 지시를 내렸을 때 제어 시스템이 그 지시를 그대로 따르는 것이 가장 바람직하기 때문이다.

9.4 시스템의 안정도

9.4.1 극점의 시스템 특성

전달 함수는 대부분 식 (9.33)과 같이 분수 함수의 형태를 가지며 9.3.1절에서 설명한 바와 같이 전달 함수의 분모값이 0이 되도록 하는 s의 값을 극점이라 하고, 전달 함수의 분자값이 0이 되도록 하는 값을 영점이라 한다.

극점은 시스템의 특성에 큰 영향을 미친다. 이는 극점의 위치에 따라 정상 상태와 과도 상태의 출력 신호의 변화가 크게 달라지기 때문이다. 정상 상태란 시간이 많이 흐른 후의 안정된 출력 상태를 의미하며, 과도 상태는 정상 상태에 도달하기 전의 상태를 의미한다.

다음과 같이 극점의 위치가 s평면의 우측에 있는 경우를 고려해 보자.

$$G(s) = \frac{Y(s)}{R(s)} = -\frac{p}{s-p} \tag{9.38}$$

이 시스템의 극점은 $s=p$이다. 이제 시스템의 입력 신호로서 단위 계단 함수, 즉 $r(t)=u(t)$가 주어진다면 $R(s)=\frac{1}{s}$이므로 식 (9.34)에 의해 출력 신호는 다음과 같아진다.

$$Y(s) = R(s)G(s) = -\frac{1}{s}\frac{p}{s-p} = \frac{1}{s} - \frac{1}{s-p} \tag{9.39}$$

이를 역라플라스 변환하면

$$y(t) = 1 - e^{pt}, \ \ t \geq 0 \tag{9.40}$$

가 된다. 그림 9.5는 p에 따른 출력 신호의 변화를 보인 것이다.

그림 9.5(a)에서 보는 바와 같이 $p>0$, 즉 극점이 허수축(y축)을 기준으로

우측에 있는 경우 출력은 음의 크기로 발산하게 된다. 이와 같은 경우 시스템은 불안정(unstable)하다고 한다. 마찬가지로 극점이 두 개 이상인 시스템에서 어느 하나라도 우측에 있다면 이 시스템은 역시 불안정하다.

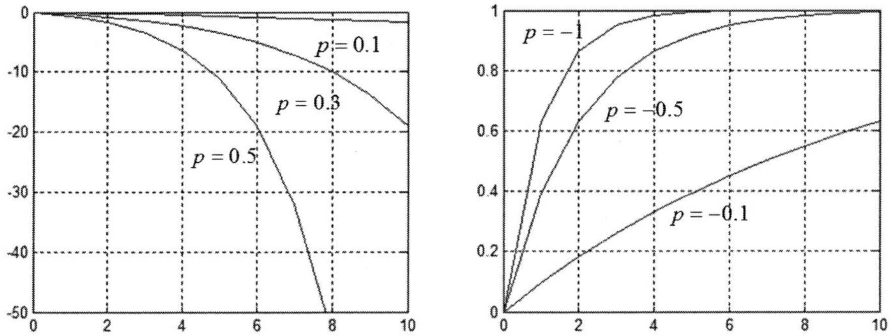

(a) $p>0$인 경우 (b) $p<0$인 경우

그림 9.5 극점 p의 변화에 따른 출력 신호의 변화

반면 그림 9.5(b)와 같이 $p<0$, 즉 극점이 허수축을 기준으로 좌측에 있을 경우 출력은 발산하지 않고 유한 값으로 수렴하거나 한정된 범위에 있게 된다. 이때 p의 절대값이 클수록 수렴 속도는 빨라진다. 이와 같은 경우 시스템은 안정(stable)하다고 하며, 시스템의 모든 극점이 좌측에 있다면 이 시스템은 역시 안정하다고 말한다.

이제 시스템이 다음과 같이 복소수의 극점, 즉 $s=a\pm jw$을 가지는 경우에 대해 살펴보기로 하자.

$$G(s)=\frac{a^2+w^2}{(s-a)^2+w^2},\ a : \text{실수},\ w>0 \tag{9.41}$$

만일 시스템에 단위 계단 함수가 입력된다고 가정하면 출력 함수는 다음과 같이 구할 수 있다.

$$\begin{aligned} Y(s) &= G(s)R(s) \\ &= \frac{a^2+w^2}{s\left[(s-a)^2+w^2\right]} \\ &= \frac{A}{s}+\frac{B}{(s-a)^2+w^2}+\frac{C(s-a)}{(s-a)^2+w^2} \\ &= \frac{1}{s}+\frac{a}{(s-a)^2+w^2}+\frac{-(s-a)}{(s-a)^2+w^2} \end{aligned} \tag{9.42}$$

이를 역라플라스 변환하면 출력 신호는 다음과 같다.

$$y(t) = 1 + e^{at}\left[\frac{a}{w}\sin wt - \cos wt\right] \qquad (9.43)$$

그림 9.6은 극점 $s = a \pm jw$에서 실수부 a와 허수부 w의 변화에 따른 출력 신호 $y(t)$의 변화를 나타낸 것이다.

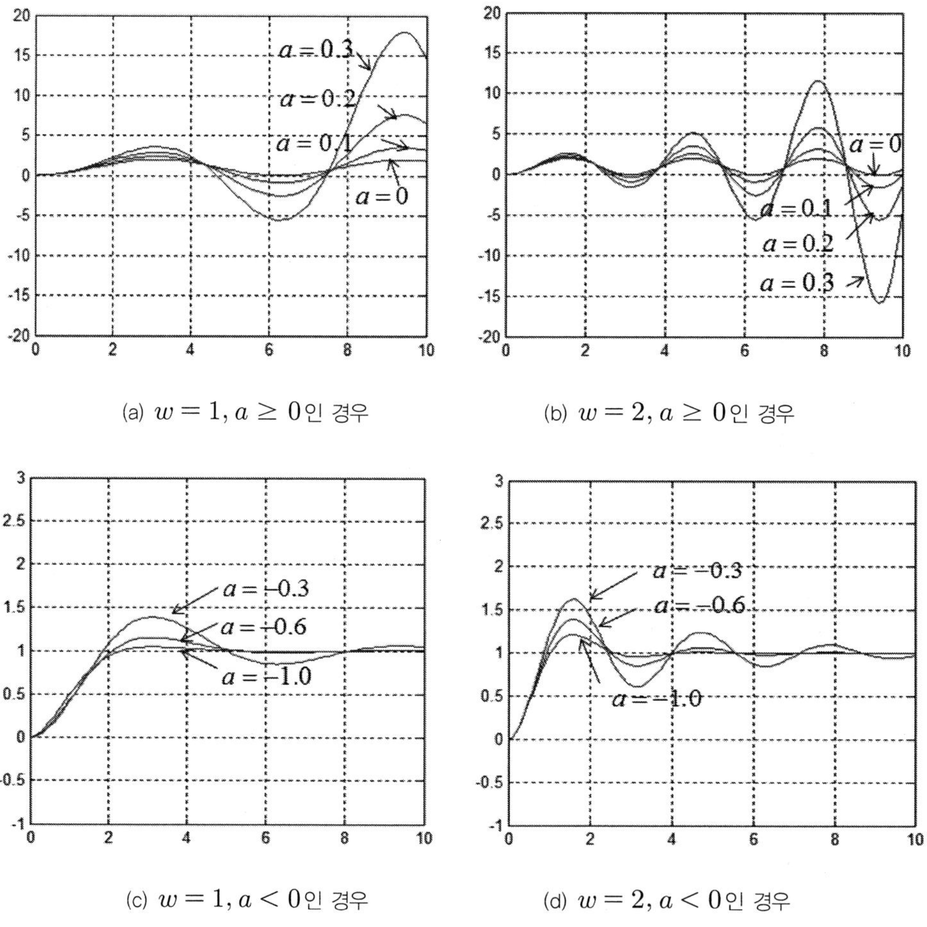

(a) $w = 1, a \geq 0$인 경우

(b) $w = 2, a \geq 0$인 경우

(c) $w = 1, a < 0$인 경우

(d) $w = 2, a < 0$인 경우

▌그림 9.6 극점 p의 변화에 따른 출력 신호의 변화

그림 9.5(a)와 9.5(b)로부터 $a \geq 0$일 때 a의 값이 커짐($a = 0.3$)에 따라 출력 신호는 점점 발산하여 시스템은 불안정해짐을 알 수 있다. 그러나 그림 9.5(c)와 9.5(d)와 같이 $a < 0$일 때 a가 작아짐($a = -1.0$)에 따라 출력은 점점 수렴하게 되어 시스템은 안정되어진다. 또한 w가 커짐($w = 2$)에 따라 출

력 신호의 진동수는 커짐을 알 수 있다.

이와같이 극점이 복소수인 경우 실수부는 감쇠 정도를 결정하며 허수부는 진동수를 결정한다. 그림 9.7은 극점의 위치에 따른 시스템의 특성을 요약한 것이다.

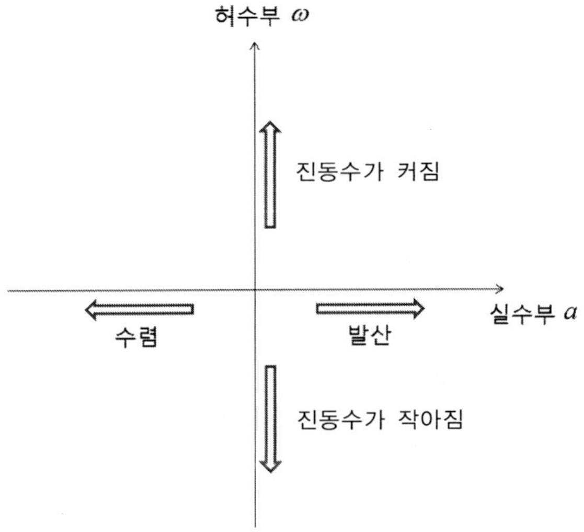

▌그림 9.7 극점의 위치에 따른 시스템의 특성

9.4.2 영점의 시스템 특성

앞 절에서 살펴본 바와 같이 극점은 시스템의 안정성을 결정할 뿐만 아니라 과도 상태 및 정상 상태 응답 모두에 큰 영향을 미친다. 반면 영점은 시스템의 안정성과 정상 상태 응답에는 직접적인 영향을 미치지는 않으나 과도 응답에는 변화를 주게 된다. 이 절에서는 영점의 위치, 즉 크기와 부호에 따라 시스템의 단위 계단 응답이 어떻게 변화하는가를 살펴본다.

어떤 시스템이 다음의 전달 함수를 가진다고 가정하자. 여기서 z는 실수이다.

$$G(s) = -\frac{2(s-z)}{z(s+1)(s+2)} \tag{9.44}$$

이때 극점은 $s=-1,-2$이고, 영점은 전달 함수의 분자식이 영일 때의 해이므로 $2(s-z)=0$로부터 $s=z$가 된다. 만일 시스템의 입력 신호가 단위 계단 함수이면 출력 신호는 다음과 같다.

$$
\begin{aligned}
Y(s) &= R(s)G(s) \\
&= -\frac{2(s-z)}{sz(s+1)(s+2)} \\
&= \frac{1}{s} + \frac{-2-2/z}{(s+1)} + \frac{1+2/z}{(s+2)}
\end{aligned}
\tag{9.45}
$$

이를 역라플라스 변환하면 과도 상태의 출력은 $y(t) = 1 - 2(1+1/z)e^{-t} + (1+2/z)e^{-2t}$ 이고 영점 z가 출력 신호에 영향을 미치게 됨을 알 수 있다. 그러나 정상 상태, 즉 $t \to \infty$ 일 때는 $y(t) = 1$이므로 출력이 영점 z의 항에 나타나지 않는다. 이는 영점이 정상 상태에 아무런 영향을 주지 않음을 의미하는 것이다. 그림 9.8은 과도 상태에서 영점 z의 값에 따른 출력 신호 $y(t)$의 변화를 나타낸 것이다.

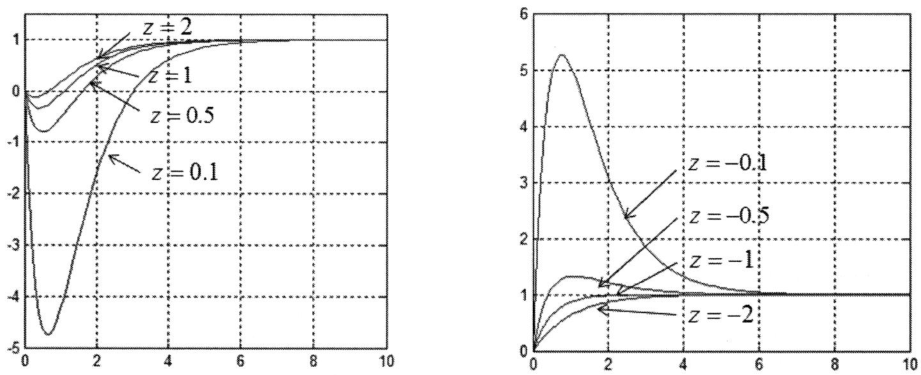

(a) $z > 0$인 경우　　　(b) $z < 0$인 경우

▌그림 9.8 영점 z의 변화에 따른 출력 신호의 변화

그림 9.8(a)와 같이 영점 z가 허수축의 우측($z > 0$)에 존재한다면, 시스템의 출력은 기준입력 1과는 반대 방향으로 지나침을 알 수 있다. 이러한 현상을 하향 초과(undershoot)라고 부르며 초과의 정도는 영점이 허수축에 가까울수록 ($z = 0.1$) 더 커진다.

반면 그림 9.8(b)와 같이 영점이 허수축의 좌측($z < 0$)에 존재한다면 기준 입력 1을 지나치는 초과(overshoot) 현상이 발생하며 초과의 정도는 영점이 원점에 가까울수록 ($z = -0.1$) 심하게 나타난다. 즉 이러한 초과 및 하향 초과는 영점과 원점과의 거리가 영점과 최대 극점과의 거리보다 클 때, 즉 $|z| > 2$일수록 작아진다.

예제 9.5

다음의 전달 함수를 가지는 시스템의 안정도를 판별하라.

$$G(s) = \frac{s+1}{(s+2)^2(s^2+s+1)}$$

풀이

시스템의 극점은 $s=-2, \dfrac{-1 \pm j\sqrt{3}}{2}$은 모두 허수축의 좌측에 존재한다. 따라서 시스템은 안정하다.

예제 9.6

다음과 같은 전달 함수를 가지는 시스템의 안정도를 판별하라. 만일 불안정하다면 출력을 발산시키는 입력을 구하라.

$$G(s) = \frac{s}{s^2+\omega^2}$$

풀이

시스템의 극점 $s=\pm jw$은 모두 허수축에 있으므로 시스템은 불안정하다.

또한 출력을 발산시키는 입력으로는 $r(t)=\sin wt$와 같은 정현파가 있다. 이때 출력 신호는 $Y(s)=R(s)G(s)=\dfrac{w}{s^2+w^2}\left(\dfrac{s}{s^2+w^2}\right)=\dfrac{ws}{(s^2+w^2)^2}$이므로

$y(t)=\dfrac{1}{2}t\sin wt$가 되고 $t \to \infty$로 가까워짐에 따라 무한대로 발산한다.

9.5 궤환 제어 시스템

시스템의 상태나 출력을 원하는 값이 되도록 입력 신호를 조절하는 것을 제어라 한다. 시스템의 출력을 원하는 목표로 제어하기 위해 거의 모든 제어 시스템에서는 그림 9.9와 같이 출력의 일부를 입력으로 다시 궤환(feedback) 시킴으로써 출력과 기준 입력과의 오차를 줄여 나가도록 제어한다.

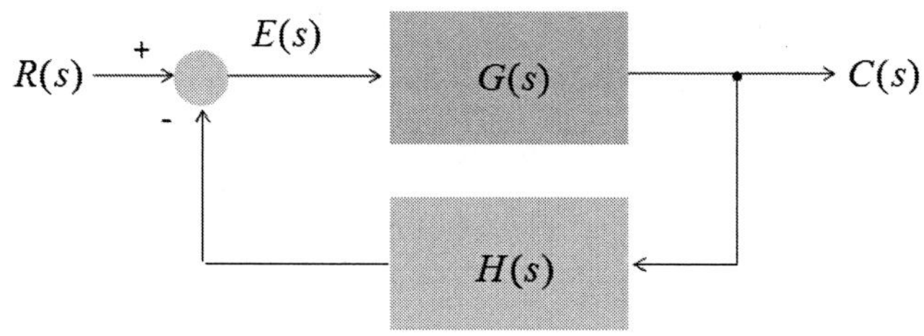

▌그림 9.9 기본적인 궤환 제어 시스템

여기서 $G(s)$를 전방향(forward) 전달 함수, $H(s)$를 궤한 전달 함수라 하며 $E(s)$는 입력 신호와 궤한 신호의 오차 신호를 의미한다. 위의 그림으로부터 시스템의 방정식을 나타내면 다음과 같다.

$$C(s) = E(s)G(s) \tag{9.46}$$

$$E(s) = R(s) - C(s)H(s) \tag{9.47}$$

식 (9.47)을 식 (9.46)에 대입하면 출력 신호 $C(s)$는 아래와 같다.

$$C(s) = [R(s) - C(s)H(s)]\,G(s) \tag{9.48}$$

따라서 전체 전달 함수는 식 (9.46)과 같다.

$$G(s) = \frac{C(s)}{R(s)} = \frac{G(s)}{1 + G(s)H(s)} \tag{9.49}$$

위의 식으로부터 시스템의 극점은 분모 식에 의해 결정된다.

$$1 + G(s)H(s) = 0 \tag{9.50}$$

이때 만일 전달 함수 $G(s)$의 극점이 허수축의 우측에 존재하여 시스템이 불안정 할지라도 궤환 전달 함수 $H(s)$를 적절히 조절함으로써 극점이 좌측 평면 안의 원하는 위치에 올 수 있도록 할 수 있으므로 안정도를 크게 개선할 수 있다.

이제 궤환의 또 다른 효과를 알아보기 위해 그림 9.10의 전형적인 궤환 제어 시스템(feedback control system)에 대해 살펴보자. 예를 들어 냉방 장치가 온도를 자동 제어하려면 현재 온도를 측정하는 감지기(sensor)가 필요하고, 제어기는 이 측정 온도와 원하는 온도 사이의 오차를 최소화하면서 원하는 온도가 출력되도록 시스템을 제어하게 된다.

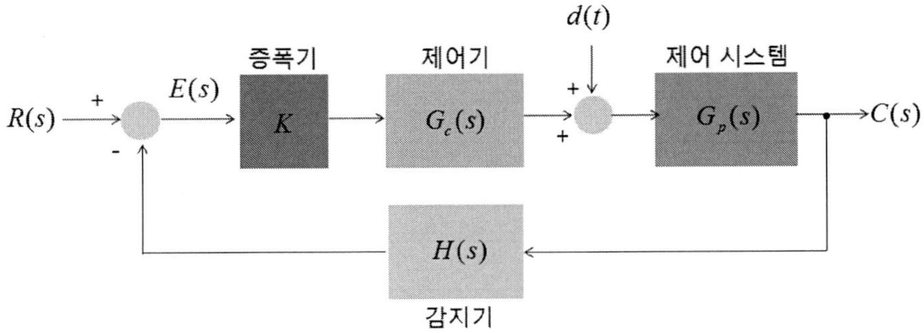

▌그림 9.10 기본적인 궤환 제어 시스템

그림에서 K는 증폭기 이득, $d(t)$는 외란을 나타낸다. 외란(disturbance)이란 시스템의 외부에서 발생하는 것으로서 출력에 나쁜 영향을 미치는 신호를 말한다. 또한 전달 함수 $H(s)$는 출력을 감지하여 입력으로 궤환시켜 주는 감지기의 특성을 나타낸다. 이때 오차 신호 $E(s)$는 시스템을 구동시키기에 충분하도록 K배 증폭되어 제어기(controller)를 구동하며, 제어기는 제어 시스템의 부족한 성능을 보충해 주는 역할을 한다.

일반적으로 제어 시스템 $G_p(s)$는 일단 설계가 되면 변경이 어려우므로 제어기를 적절히 설계하여 제어 시스템의 성능을 향상시킬 수 있다. 다음의 식은 그림 9.10의 전체 전달 함수를 구하는 과정을 나타낸 것이다.

$$C(s) = [KG_c(s)G_p(s)]E(s) + G_p(s)D(s) \tag{9.51}$$

오차 신호 $E(s) = R(s) - H(s)C(s)$이므로 식 (9.51)을 정리하면 아래의 식과 같다.

$$C(s) = \left(\frac{KG_c(s)G_p(s)}{1+KG_c(s)G_p(s)}\right)R(s) + \left(\frac{G_p(s)}{1+KG_c(s)G_p(s)}\right)D(s) \tag{9.52}$$

위의 식에서 두 번째 항은 외란 $D(s)$에 의한 출력 성분이며, 외란에 의한 영향을 알아보기 위해 $d(t) = u(t)$, 즉 $D(s) = \dfrac{1}{s}$라 가정하면 최종치 정리에 의해 외란 신호의 정상상태 응답은 다음과 같이 구할 수 있다.

$$
\begin{aligned}
c(\infty) &= \lim_{s\to 0} sC(s) \\
&= \lim_{s\to 0}\left(\frac{sKG_c(s)G_p(s)}{1+KG_c(s)G_p(s)}\right)R(s)+\lim_{s\to 0}\left(\frac{G_p(s)}{1+KG_c(s)G_p(s)}\right) \\
&= \lim_{s\to 0}\left(\frac{G_p(s)}{1+KG_c(s)G_p(s)}\right) \\
&= \frac{1}{\lim\limits_{s\to 0}\dfrac{1}{G_p(s)}+K\lim\limits_{s\to 0}G_c(s)}
\end{aligned}
\tag{9.53}
$$

위의 결과로부터 외란에 의한 정상 상태 응답을 최소화하려면 증폭기의 이득 K와 $G_c(0)$를 크게 하되 $G_p(0)$은 작게 해야 함을 알 수 있다. 따라서 궤환 제어 시스템에서 증폭기는 매우 중요한 역할을 한다.

예제 9.7

다음의 시스템에서 단위 계단 외란에 대한 출력 성분의 최종치를 구하라.

이때 $K=1000$, $G_p(s)=\dfrac{1}{s(s+5)}$라 가정한다.

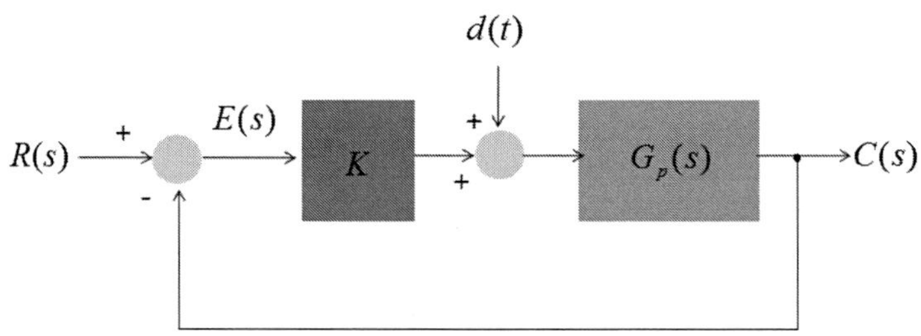

풀 이

$C(s)=KE(s)G_p(s)+D(s)G_p(S)$, $E(s)=R(s)-C(s)$이므로 출력 신호는

$C(s)=\left(\dfrac{KG_p(s)}{1+KG_p(s)}\right)R(s)+\left(\dfrac{G_p(s)}{1+KG_p(s)}\right)D(s)$와 같다.

이때 $d(t)=u(t)$이므로 최종치는

$c(\infty)=\lim\limits_{s\to 0} sC(s)=\lim\limits_{s\to 0}\left(\dfrac{G_p(s)}{1+KG_p(s)}\right)=\dfrac{1}{\lim\limits_{s\to 0} s(s+5)+K}=\dfrac{1}{1000}$이다.

연 습 문 제

1. 다음의 함수들에 대한 라플라스 변환을 구하라.

(a) $f(t)=\begin{cases}0, & t<0\\ A\sin wt, & t\geq 0\end{cases}$

(b) $e^{-2t}\cos 2t\,u(t)$

(c) $\sin(t-\frac{\pi}{3})u(t)$

(d) $f(t)=e^{2t}+3e^{-t}+e^{-2t}$

2. 다음의 라플라스 변환 함수 $X(s)$에 대한 시간 함수 $x(t)$와 최종치를 구하라.

(a) $\dfrac{2}{s+3}$

(b) $\dfrac{1}{s(s+1)^3(s+2)}$

(c) $\dfrac{6s+4}{(s+3)^2+9}$

(d) $\dfrac{2s^2+1}{s^2+4s+13}$

(e) $\dfrac{1}{s(s^2+s+1)}$

(f) $\dfrac{s^2}{s(s^2+3s+3)+1}$

3. 라플라스 변환을 이용하여 다음의 미분 방정식의 해를 구하라.

(a) $\dfrac{d^2x(t)}{dt^2}+3\dfrac{dx(t)}{dt}+2x(t)=5u(t),\ x(0)=-1,\ x'(0)=2$

(b) $\dfrac{dx(t)}{dt}+2x=e^t,\ x(0)=-2$

(c) $\begin{cases}3\dfrac{dx(t)}{dt}+2x(t)+y(t)=0, & x(0)=1\\ \dfrac{dy(t)}{dt}+2x(t)=0, & y(0)=1\end{cases}$

4. 어떤 시스템의 전달 함수가 $G(s)=\dfrac{2}{s^2+3s+2}$일 때 단위 임펄스 응답과 계단 응답을 각각 구하라.

5. 전달 함수 $G(s)=0$의 근이 다음과 같을 때 각각에 대한 전달 함수 $G(s)$를 구하라.

(a) $s=-1,-2,-3$ (b) $s=-1,\ -1+j,\ -1-j$

(c) $s=1,-1+j,-1-j,-2+3j,-2-3j$

(d) $s=1$(중근), -3(중근)

6. 아래의 궤환 제어 시스템에서 계단 함수 형태의 외란에 대한 정상 상태 오차 $e_d(\infty)$를 구하라.

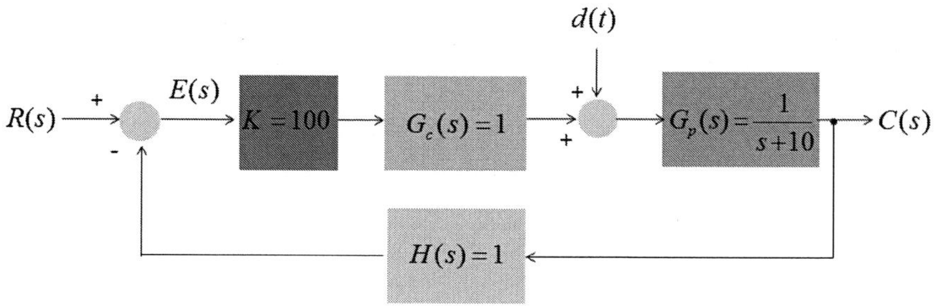

Chapter 10
디지털 공학

전기 및 전자, 기계, 제어 등의 광범위한 분야에서 컴퓨터 시스템의 이해와 분석 및 설계에 필요한 개념들을 공부하기 위해서는 디지털 논리 회로에 대한 기본 개념의 이해가 필수적으로 요구된다. 이 장에서는 컴퓨터의 수 체계 및 진법 변환 그리고 데이터 표현법에 대해 반드시 알아야 할 내용들만 간추려 설명한다. 또한 논리 회로를 간략화하기 위한 부울 대수와 카르노맵에 대해 살펴보고 게이트와 플립플롭을 이용한 조합 회로 및 순차 회로의 설계 방법에 대해 설명한다.

10.1 데이터의 표현

10.1.1 수의 표현과 진법 변환

인간은 수를 표현하기 위해 0에서 9까지의 수를 이용하는 10진법을 사용하지만 컴퓨터는 0 또는 1의 수만을 이용하는 2진법을 사용한다. 이때 2진수를 구성하는 각 숫자를 비트(bit)라 하며, 8비트의 묶음을 바이트(byte), 2바이트의 묶음을 워드(word)라 한다.

일반적으로 각 진법의 수는 다음과 같이 아래 첨자 10과 2를 사용하여 구분한다.

10진법의 표현 예 : 1001_{10}, 456_{10} ...

2진법의 표현 예 : 011_2, 10110_2 ...

각 진법의 수는 필요에 따라 원하는 진법의 수로 변환할 필요가 있다. 예를 들어 그림 10.1과 같이 컴퓨터로 입력되는 수는 인간이 이해할 수 있는 10진수이므로 컴퓨터는 입력받은 데이터를 처리하려면 2진수로 변환해야만 한다. 역으로 컴퓨터가 처리한 결과 또한 2진수이므로 인간이 이를 이해하려면 다시 10진수로 바꿔 주어야 하는 것이다.

▌그림 10.1 10진수와 2진수의 변환

그러나 10진수의 값이 커짐에 따라 이를 표현하기 위한 2진수의 비트 수가 증가하게 되면 해독이 어려울 수 있다. 이를 해결하기 위해 2진수를 3비트씩 묶은 후 0에서 7까지의 수로 표현할 수 있는데 이를 8진법이라 한다. 또한 2진수를 4비트씩 묶어 0에서 9 그리고 문자 A(10)에서 F(15)까지의 총 16개의 수로 표현한 것을 16진법이라 한다. 일반적으로 이들은 각 수에 아래 첨자 8과 16을 사용하여 구분하게 된다.

10.1.1.1 10진수와 m진수(m = 2, 8, 16)의 변환

주어진 10진수를 m진수로 변환하는 방법은 더 이상 m으로 나누어지지 않을 때까지 계속해서 나눈 후 그 나머지의 값을 역으로 읽는 것이다. 그림 10.2는 10진수를 2진수와 8진수 그리고 16진수로 변환하는 과정을 보인 것이다.

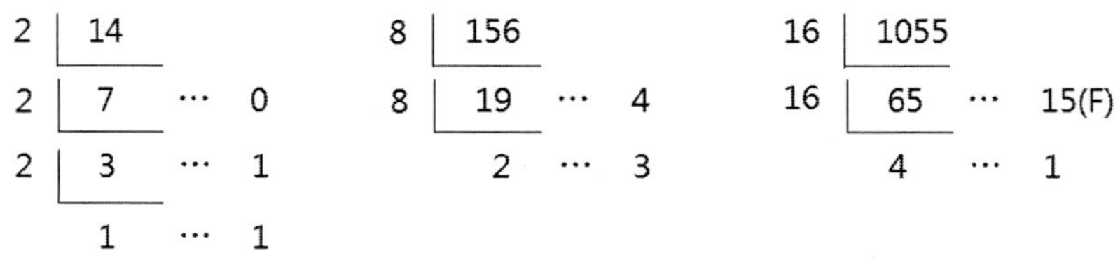

(a) $14_{10} \rightarrow 1110_2$ (b) $156_{10} \rightarrow 234_8$ (c) $1055_{10} \rightarrow 41F_{16}$

▌그림 10.2 10진수를 2진수, 8진수, 16진수로 변환하는 과정

역으로 m진수를 10진수로 변환하려면 하위 비트(LSB, least significant bit)부터 각 자리수에 가중치 m^0, m^1, m^2, … 를 곱한 후 이를 모두 더해 주면 된다. 그림 10.3은 2진수와 8진수 그리고 16진수를 각각 10진수로 변환하는 예를 보인 것이다.

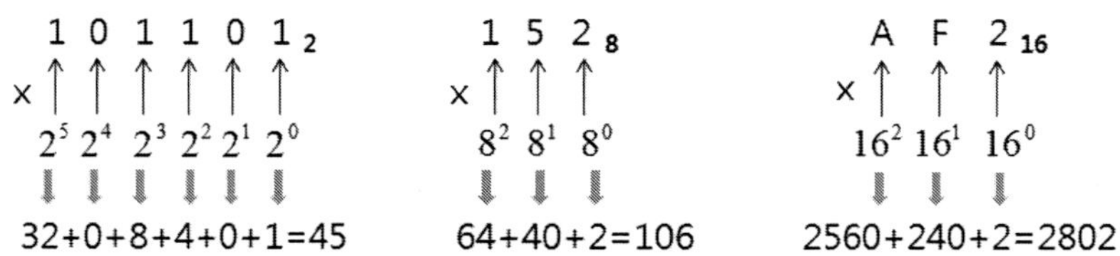

(a) $101101_2 \rightarrow 45_{10}$ (b) $152_8 \rightarrow 106_{10}$ (c) $AF2_{16} \rightarrow 2802_{10}$

▌그림 10.3 2진수, 8진수, 16진수를 10진수로 변환하는 과정

10.1.1.2 2진수와 8진수 및 16진수의 변환

2진수를 8진수로 변환하려면 그림 10.4(a)와 같이 LSB부터 3비트씩 묶은 후 가중치 2^0, 2^1, 2^2를 곱한 결과를 모두 더하면 된다. 마찬가지로 2진수를 16진수로 바꾸려면 그림 10.4(b)와 같이 4비트씩 묶고 가중치 2^0, 2^1, 2^2, 2^3을 곱한 후 더하면 된다.

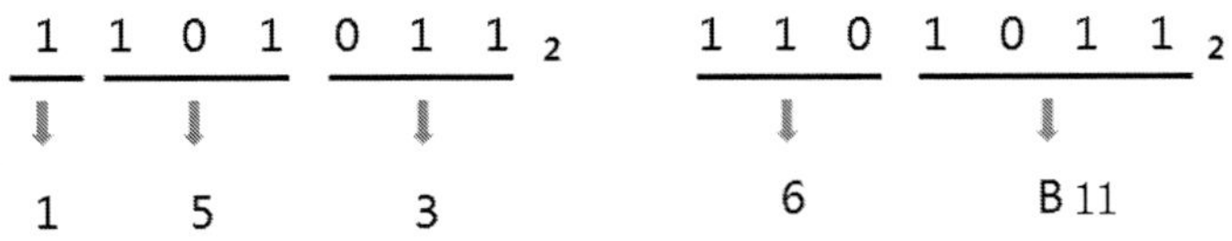

(a) $1101011_2 \rightarrow 153_8$ (b) $1101011_2 \rightarrow 6B_{16}$

▌그림 10.4 2진수를 8진수 및 16진수로 변환하는 과정

따라서 10진수를 8진수 또는 16진수로 변환하기 위해 주어진 수를 8 또는 16으로 나눈 나머지를 구하는 것 보다 그림 10.5와 같이 먼저 10진수를 2진수로 변환한 후 이를 8진수와 16진수로 변환하는 것이 더 간단하다.

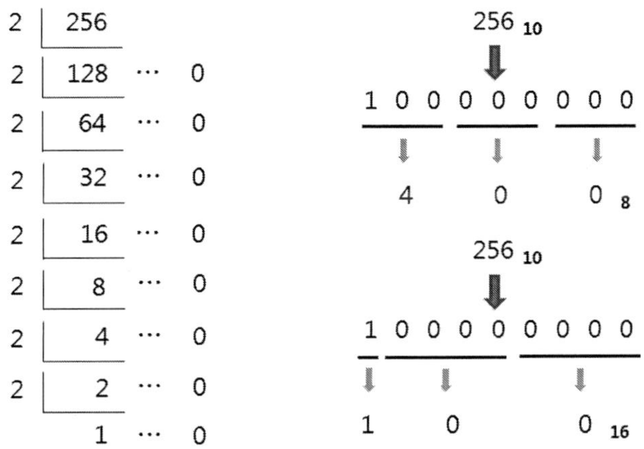

(a) $256_{10} \rightarrow 100000000_2$ (b) $100000000_2 \rightarrow 400_8$,100_{16}

▌그림 10.5 10진수를 8진수 및 16진수로 변환하는 또 다른 방법

같은 원리로 8진수와 16진수를 2진수로 바꾸려면 각 자리수를 3비트 이진수 또는 4비트 이진수로 직접 변환하면 된다. 그림 10.6은 8진수와 16진수를 2진수로 변환하는 과정을 보인 것이다.

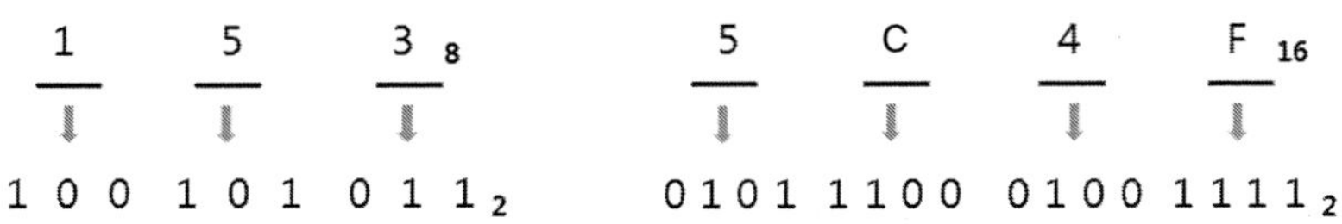

(a) $153_8 \rightarrow 100101011_2$ (b) $5C4F_{16} \rightarrow 0101110001001111_2$

▌그림 10.6 8진수와 16진수를 2진수로 변환하는 과정

예제 10.1

다음의 수를 진법 변환하라.

(a) 10진수 178을 2진수로

(b) 2진수 10001001을 8진수로

(c) 8진수 721을 10진수로

(d) 16진수 4DC를 8진수로

풀 이

(a) $178_{10} = 10110010_2$

(b) $10\ 001\ 001_2 = 211_8$

2	178		
2	89	…	0
2	44	…	1
2	22	…	0
2	11	…	0
2	5	…	1
2	2	…	1
	1	…	0

(c) $721_8 = 7\times8^2 + 2\times8^1 + 1\times8^0 = 448+16+1 = 465_{10}$

(d) $4DC_{16} = 0100\ 1101\ 1100_2 = 010\ 011\ 011\ 100_2 = 2334_8$

10.1.2 정수의 표현

부호가 없는 양의 정수는 앞에서 설명한 바와 같이 단순히 2진수의 비트열로 표현할 수 있다. 그러나 부호가 있는 음의 정수의 경우 컴퓨터는 어떻게 표현할 수 있을까? 일반적으로 컴퓨터는 음수를 표현하기 위해 부호화된 절대값 방법 또는 보수법을 사용하게 된다.

10.1.2.1 부호화된 절대값 방법

부호화된 절대값(signed-magnitude) 방법은 가장 왼쪽의 최상위 비트(MSB, most significant bit)를 부호를 나타내기 위한 비트로 사용하며, 나머지 비트는 절대값을 표현하기 위해 사용한다. 일반적으로 부호 비트는 양수일 때 0, 음수이면 1로 나타낸다.

그림 10.7은 부호화된 절대값 방법을 사용하여 +15와 −15를 8비트로 표현한 것이다.

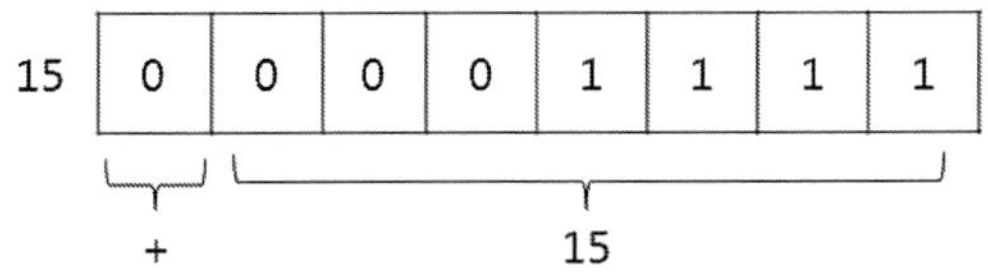

(a) +15의 표현

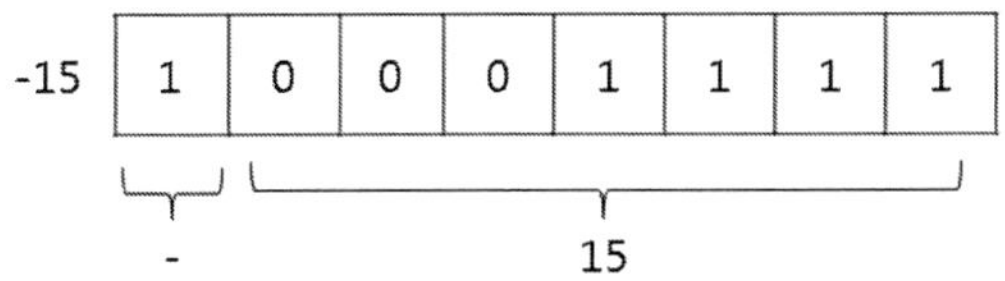

(b) −15의 표현

▌그림 10.7 부호화된 절대값 표현법

10.1.2.2 1의 보수 표현법

보수 표현법에는 1의 보수법과 2의 보수법이 있다. 1의 보수법은 부호화된 절대값 방법으로 표현된 음수에서 부호 비트를 제외한 각 비트의 값을 0은 1로, 1은 0으로 바꿈으로써 쉽게 구할 수 있다. 흔히 보수라 함은 1의 보수를 의미하는 것이다.

그림 10.8은 −15를 1의 보수법으로 표현한 것이다.

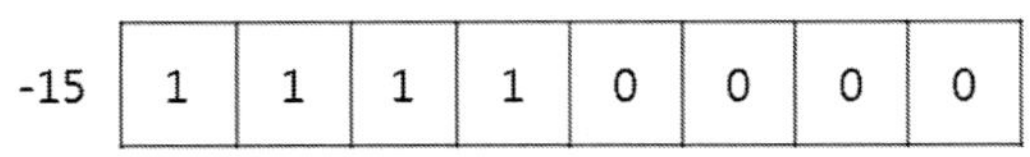

▌그림 10.8 −15에 대한 1의 보수 표현법

이제 1의 보수법을 이용한 뺄셈 연산에 대해 살펴 보도록 하자. 컴퓨터에서 산술 연산은 덧셈을 기본으로 하기 때문에 뺄셈 연산을 하려면 피감수에 감수의 보수를 더하게 된다. 예를들어 49 − 52 = 49 + (−52)이므로 피감수 49에 감수 52의 보수를 더하는 것이다.

그림 10.9는 8비트로 표현한 두 개의 수 49와 52에 대한 뺄셈 연산의 과정

을 보인 것이다. 49는 양수이므로 보수법을 이용하여 표현할 수 없다. 따라서 49는 부호화 절대값 방법으로만 나타낼 수 있으며, −52는 1의 보수법을 이용하여 표현한 것이다.

▌그림 10.9 1의 보수법을 이용한 뺄셈 연산(49−52=−3)

이 두 수를 더한 결과 부호 비트가 1이므로 음수임을 알 수 있으며, 따라서 정수값으로 변환하려면 부호 비트를 제외한 나머지 비트들을 1의 보수로 바꾸면 된다.

이제 같은 방법으로 49−10을 계산해 보자. 표현 가능한 비트의 수가 8비트로 제한된다고 가정하면 49와 10의 1의 보수를 더할 때 상위 비트에 캐리(carry) 비트가 발생하게 된다. 이때 그림 10.10과 같이 발생된 캐리는 하위 비트에 다시 더해야만 옳은 결과를 얻을 수 있다. 최종 연산 결과 MSB가 0이므로 양수임을 알 수 있으며, 따라서 부호 비트를 제외한 나머지 비트를 읽으면 39가 된다.

위의 예제에서 알 수 있듯이 1의 보수를 이용한 뺄셈에서 캐리가 발생하면 이를 하위 비트에 더해주는 별도의 처리가 필요하다. 이러한 1의 보수법을 보완한 것이 2의 보수법이다. 2의 보수법은 1의 보수로 표현된 수에 1을 더하면 간단하게 구할 수 있다.

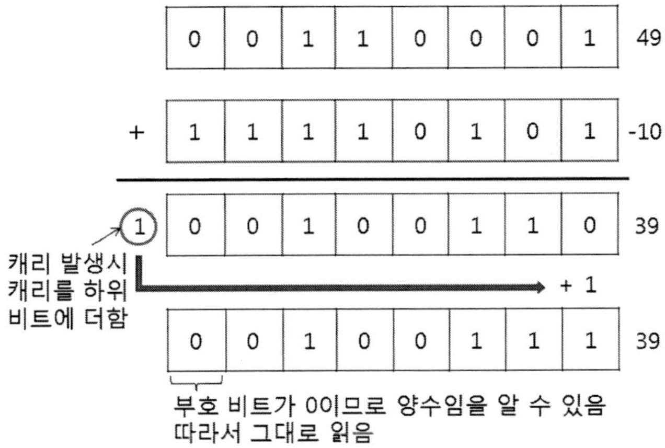

▌그림 10.10 1의 보수법을 이용한 뺄셈 연산(49−10=39)

10.1.2.3 2의 보수 표현법

2의 보수법을 이용한 뺄셈은 1의 보수를 이용한 경우보다 더 간단하다. 즉 2의 보수를 이용한 뺄셈 연산에서 캐리가 발생되면 이는 무시하면 된다.

그림 10.11은 49−10의 연산을 2의 보수법을 이용하여 구하는 과정을 보인 것이다. 먼저 양수인 49를 부호화 절대값 방법으로 표현한 후 −10을 2의 보수로 표현한다. 이때 −10을 1의 보수로 표현하면 11110101이므로 여기에 1을 더하면 2의 보수는 11110110이 된다.

이제 49와 10의 2의 보수를 더하면 상위 비트에서 캐리가 발생하게 되는데 발생한 캐리는 무시되므로 0이 바로 부호 비트가 된다. 따라서 연산 결과는 양임을 알 수 있으며 나머지 비트를 그대로 읽으면 39가 된다.

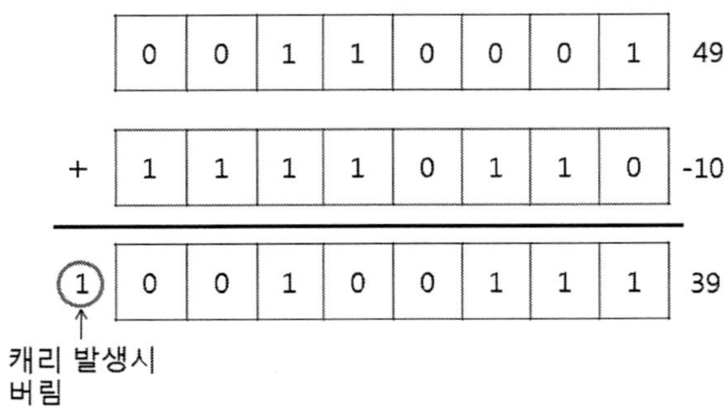

▌그림 10.11 2의 보수법을 이용한 뺄셈 연산(49−10=39)

이와 같이 2의 보수법은 수의 표현 범위와 연산의 편리함 등에서 1의 보수법보다 뛰어난 성능을 가진다. 따라서 대부분의 많은 컴퓨터는 2의 보수를 이용하여 음수를 표현한다.

예제 10.2

음수 −19를 주어진 방법으로 표현하시오(10비트로 제한).

(a) 부호화된 절대값 표현법 (b) 1의 보수 표현법 (c) 2의 보수 표현법

풀이

(a) 부호화된 절대값 표현법 : 1 000010011

(b) 1의 보수 표현법 : 1 111101100

(c) 2의 보수 표현법 : 1 111101101

예제 10.3

12−18을 1의 보수법과 2의 보수법을 이용하여 구하라(6비트로 제한).

풀이

	0	01100	12
+	1	01101	-18(1의 보수)
	1	11001 → (1의 보수)	-6

	0	01100	12
+	1	01110	-18(2의 보수)
	1	11010 → (2의 보수)	-6

대부분의 컴퓨터는 음수를 표현하기 위해 2의 보수법을 사용한다. 2의 보수법은 부호화 절대값 방법 또는 1의 보수법에 비해 +0을 표현하지 않는 대신 음수 한 개를 더 표현할 수 있으며, 뺄셈 연산시 발생되는 캐리를 버림으로써 연산이 간단하다.

10.1.3 실수의 표현

컴퓨터는 부동 소수점(floating point)을 이용하여 실수를 표현한다. 부동 소수점 표현법은 부호부(sign) 및 가수부(mantissa)와 지수부(exponent)로 구성되며, 아주 작은 수에서 큰 수까지의 표현이 가능하다.

오늘날 대부분의 컴퓨터는 다른 종류의 컴퓨터와 호환이 가능하도록 IEEE 754 부동 소수점 표현을 따른다. IEEE 754 표준은 그림 10.12와 같이 32비트의 단정도(single precison)와 64비트의 배정도(double precison) 등의 형식을 지원한다. 그림 위에 표기된 숫자는 비트 번호를 의미한다.

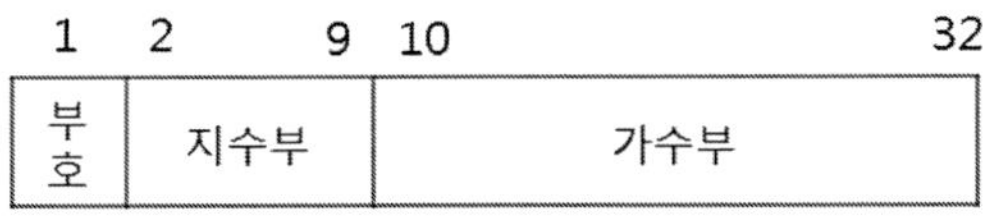

(a) 단정도 형식(32비트)

(b) 배정도 형식(64비트)

▌그림 10.12 IEEE 754 부동 소수점 표준

단정도와 배정도 형식은 모두 2진법 체계를 사용하며, 지수값에 대해 excess−N 표현법을 사용한다. 이때 단정도 형식은 지수부가 8비트이므로 excess−127, 배정도 형식은 11비트의 지수부로 인해 excess−1023을 사용한다. 가수부는 MSB가 1이 되도록 지수값의 소수점 위치를 조정한 후 이 값을 생략하여 표현한다. 이를 가수부의 정규화(normalization)라 한다. 다음의 예제를 통해 이러한 과정을 살펴보도록 하자.

> 오늘날 대부분의 컴퓨터는 실수를 표현하기 위해 IEEE 754 표준을 따른다. IEEE 754 표현법은 첫 번째 비트를 부호 비트로 사용하고, 나머지는 지수부와 가수부로 표현한다.
>
> 단계 1 : 10진수 실수를 2진수로 변환한다.
>
> 단계 2 : 변환된 2진수는 1... 가 되도록 소수점 자리를 이동시킴으로써 정규화한다.
>
> 단계 3 : 부호 비트에 양수면 0, 음수면 1을 표현한다.
>
> 단계 4 : 지수부에는 정규화된 값의 지수값에 N(excess−N)을 더한 후 2진수로 변환한 값을 표현한다.
>
> 단계 5 : 가수부에는 단계 2의 정규화된 값에서 MSB 1을 제외한 나머지 비트를 그대로 표현한다.

예제 10.4

10진수 −0.75를 IEEE 754의 32비트 단정도 형식으로 표현하라.

풀이

먼저 실수 0.75를 2진수로 나타내면 그림과 같이 -0.11_2이다.

10진수의 실수값을 2진수로 변환하려면 계속해서 2를 곱하면서 정수부만을 차례대로 취하면 된다. 단 2를 곱하는 과정은 곱셈 결과 소수점 이하가 0이 될 때 종료되고 그렇지 않으면 제한된 비트 수만큼만 계속해서 반복된다.

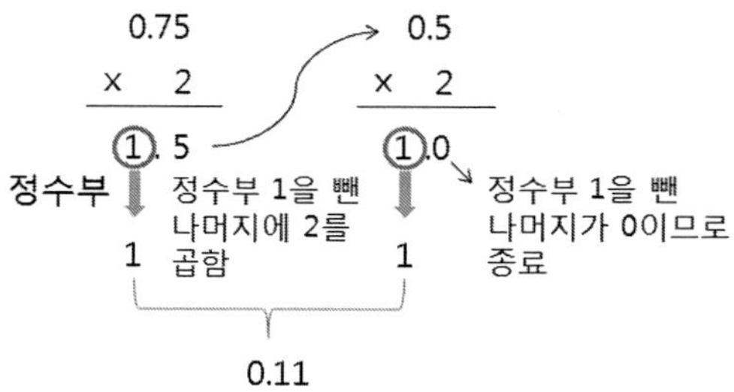

이제 이를 가수부가 1이 되도록 조절하면 -1.1×2^{-1}이 된다. 따라서 부호 비트는 음수이므로 1, 가수부는 정수부 1을 제외한 소수점 이하의 1000..., 그리고 지수값은 −1이므로 excess−127 표현법에 의해 $-1+127 = 126 = 01111110_2$이 된다.

따라서 −0.75를 단정도 형식으로 표현하면 다음과 같다.

1	2 ~ 9	10 ~ 32
1	01111110	10000000000000000000000

10.2 부울 대수

컴퓨터의 모든 연산은 부울 대수에 기반한다. 부울 대수는 2진 변수와 이들을 다루는 2진 논리 연산을 정의한 것이다. 부울 대수의 세 가지 기본적인 논리 연산은 AND, OR, NOT이다. 부울 논리는 모든 가능한 입력들에 대한 결과를 진리표로 표현할 수 있다.

표 10.1은 2진 변수 A, B에 대한 AND, OR, NOT, Exclusive−OR, Exclusive−NOR 연산의 진리표를 나타낸 것이다. 여기서 기호 ·, +, ', ⊕, ⊙는 각각 AND, OR, NOT, Exclusive−OR, Exclusive−NOR 연산의 부울 기호를 뜻한다.

표 10.1 AND, OR, NOT, Exclusive-OR, Exclusive-NOR 연산의 진리표

A	B	A'	B'	A · B	A + B	A ⊕ B	A ⊙ B
0	0	1	1	0	0	0	1
0	1	1	0	0	1	1	0
1	0	0	1	0	1	1	0
1	1	0	0	1	1	0	1

표에서 알 수 있듯이 NOT은 2진 변수의 값이 0이면 1, 1이면 0으로 바꾸는 부정 연산자이다. 또한 AND 연산자는 두 변수의 값이 모두 1일 때만 1이고 하나라도 0이면 0이 된다. 반면 OR 연산자는 두 변수의 값 중 어느 하나라도 1이면 출력은 1이 되는 연산자이다.

Exclusive-OR 연산자는 입력이 서로 다를 경우에만 1이 된다. 따라서 Exclusive-OR 연산을 부울 함수로 표현하면 다음과 같다.

$$A \oplus B = A \cdot B' + A' \cdot B \qquad (10.1)$$

$$= A\,B' + A'\,B$$

여기서 AND 연산자 · 는 편의상 생략하여 나타내기도 한다.

반면 Exclusive-NOR는 Exclusive-OR의 결과를 NOT 연산한 것으로서 두 수가 같은 경우만 1이 되고 다를 때는 0임을 알 수 있다. 따라서 Exclusive-NOR 연산을 동치 연산이라고도 한다. 이를 부울 함수로 나타내면 다음과 같다.

$$A \odot B = AB + A'B' = (A \oplus B)' \qquad (10.2)$$

부울 대수의 연산은 다음과 같이 교환 법칙, 결합 법칙 그리고 분배 법칙과 드모르강 법칙이 성립한다. 이는 진리표를 통해서도 쉽게 증명할 수 있다.

교환 법칙 : $A + B = B + A$ (10.3)

결합 법칙 : $A + (B + C) = (A + B) + C$ (10.4)

분배 법칙 : $A \cdot (B + C) = A \cdot B + A \cdot C$ (10.5)

드모르강 법칙 : $(A + B)' = A' \cdot B'$, $(A \cdot B)' = A' + B'$ (10.6)

특히 드모르강 법칙은 부울 함수를 간략화할 때 자주 사용되는 중요한 법칙으로서 부울 함수 부정시 변수는 부정(NOT)을 취하고 AND는 OR, OR는

AND 연산자로 바꾼 것임을 알 수 있다.

이제 부울 함수 f = A'B + AB의 논리 회로를 구현해 보자. 주어진 부울 함수가 간략화 될수록 요구되는 게이트 수와 게이트를 연결하는 선의 수가 작아지므로 연산 속도가 빨라지고 회로는 더 간단해진다. 게이트(gate)란 트랜지스터와 다른 전자 소자들로 구현된 컴퓨터의 내부 집적 회로(IC)를 말한다. 게이트는 다음 절에서 다시 설명하도록 한다.

위에서 설명한 부울 논리 연산과 몇 가지 법칙을 이용하여 주어진 부울 함수를 간략화하면 다음과 같다.

$$
\begin{aligned}
f &= A'B + AB \\
&= (A'+A)\cdot B \text{ : 분배법칙} \\
&= 1\cdot B \text{ : AND 연산} \\
&= B \text{ : AND 연산}
\end{aligned}
$$

이러한 결과로부터 부울 함수 f는 입력 A에는 무관하고, 오직 B에 의해서만 출력이 결정됨을 알 수 있다. 따라서 부울 함수 f를 구현하기 위해 NOT 게이트나 AND, OR 게이트가 불필요하게 된다.

예제 10.5

부울 함수 f = ABC' + AB'C + ABC를 간략화하라.

풀이

$$
\begin{aligned}
f &= ABC' + AB'C + ABC \\
&= ABC' + AC\cdot(B' + B) \text{ : 분배 법칙} \\
&= ABC' + AC \text{ : OR 연산} \\
&= A(BC' + C) \text{ : 분배 법칙}
\end{aligned}
$$

부울 함수의 몇 가지 성질 : 부울 연산자의 정의 및 부울 대수 법칙을 이용한 다음의 유용한 관계식들은 부울 함수를 간략화하고자 할 때 자주 사용된다.

$A + A = A,\quad A + A' = 1$

$A\cdot A = A,\quad A\cdot A' = 0$

$(A')' = A$

10.3 카르노맵

간단한 부울 함수는 앞 절에서 설명한 바와 같이 부울 대수의 성질을 이용하여 쉽게 간략화할 수 있다. 그러나 함수가 복잡해지면 간략화의 정도를 가늠하기 어려울 수 있다. 이러한 경우 카르노맵(Karnaugh map)을 이용하여 간략화하는 것이 더욱더 명확하다. 카르노맵은 입력 변수의 수가 많을수록 복잡하므로 일반적으로 두 개에서 네 개의 입력 변수에 대해 사용한다. 입력 변수가 다섯 개 이상이 되면 주로 PI 테이블을 이용한다.

10.3.1 두 개의 입력 변수에 대한 카르노맵

앞 절에서 살펴본 부울 방정식 f = A'B + AB를 카르노맵을 이용하여 간략화해 보자. 입력 변수가 두 개이므로 가능한 입력의 수는 2^2 = 4가지가 된다. 따라서 정사각형 네 개를 그림 10.13(a)와 같이 만들고 주어진 부울 함수의 항에 해당되는 칸에 1을 표시한다. 예를들어 AB'는 A는 1, B는 0에 해당되는 칸에 표시하고 A'B는 A는 0 그리고 B는 1에 해당하는 칸에 표시하면 된다. 이제 인접해 있는 1의 값들을 2의 지수승 개수, 즉 1, 2, 4, 8, ... 개씩 가능한 크게 묶는다. 그림 10.13(b)는 인접한 두 개의 1을 함께 묶은 것이다. 이때 1의 묶음을 살펴보면 입력 A는 0 또는 1의 값을 가지지만 입력 B는 모두 1일 때만 묶여 있음을 알 수 있다. 이는 입력 A에는 무관하고 입력 B가 1일 때만 출력에 영향을 미친다는 의미이므로 이 묶음의 간략화 결과는 B가 된다.

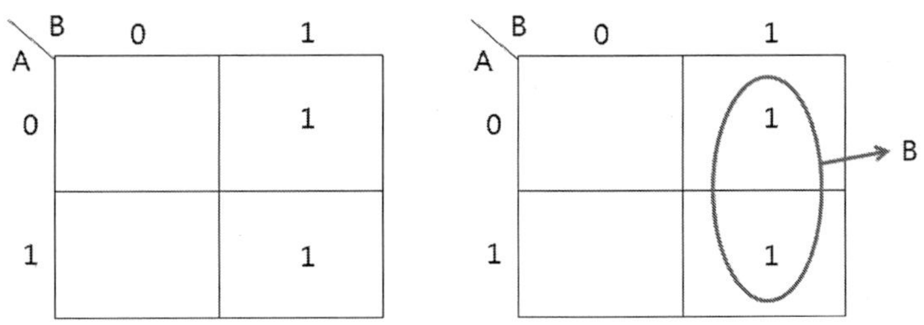

(a) 2변수에 대한 가능한 입력 표시 (b) 인접한 1의 묶음

▌그림 10.13 두 개의 입력 변수에 대한 카르노맵

예제 10.6

카르노맵을 이용하여 f = AB + A'B' + A'B를 간략화하라.

풀 이

f = A' + B

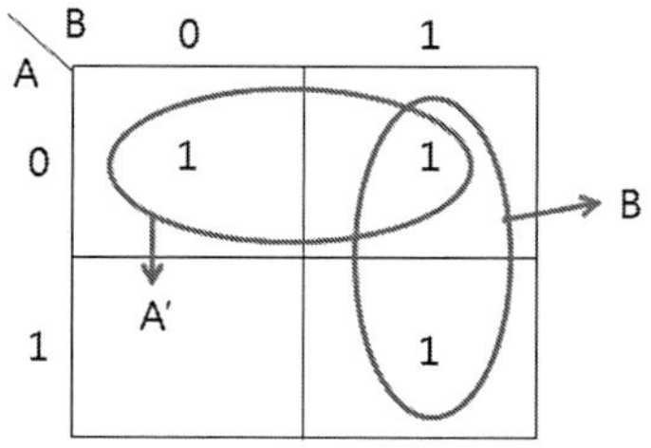

10.3.2 세 개의 입력 변수에 대한 카르노맵

이제 세 개의 입력 변수로 구성된 부울 함수 f = ABC' + A'BC + AB'C' + ABC를 간략화해 보자. 입력 변수가 세 개이므로 가능한 입력의 수는 2^3 = 8가지이다.

따라서 그림 10.14와 같이 여덟 개의 칸을 가지는 직사각형을 만든 후 입력 변수가 가질 수 있는 있는 값을 그레이 코드(gray code) 순으로 표시한다. 그레이 코드란 인접한 값들이 한 비트씩만 차이가 나는 코드를 말한다. 따라서 입력 변수 BC의 경우 00→01→11→10으로 표시되어야 함을 주의해야 한다.

이제 부울 함수의 항에 해당되는 칸에 1을 표시하고 인접한 1의 값들을 묶어준다. 이때 묶음에 한번 사용된 1은 다른 묶음을 만들기 위해 재사용 될 수도 있다. 또한 묶음 ②와 같이 직사각형의 가로 또는 세로의 끝을 말았을 때 마주 보는 두 끝 부분의 1이 인접해 있다면 이것도 함께 묶어준다. 묶음 ①의 경우 변수 BC가 모두 1이므로 BC, 묶음 ②는 입력 변수 A는 모두 1, C는 모두 0이므로 AC'가 된다. 따라서 주어진 부울 함수를 간략화하면 BC + AC'가 된다.

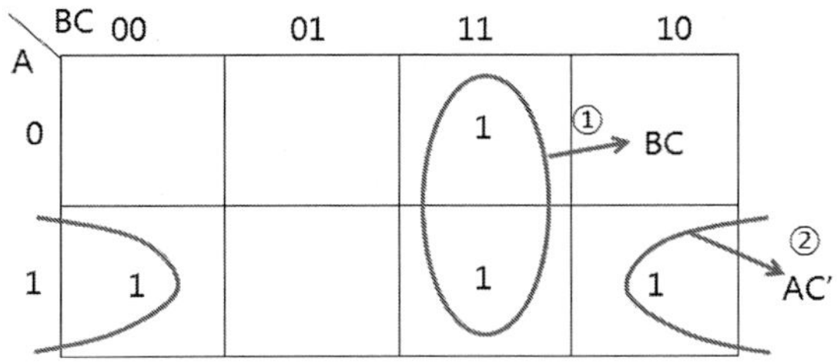

▌그림 10.14 세 개의 입력 변수에 대한 카르노맵

예제 10.7

카르노맵을 이용하여 f = A'BC' + AB'C + ABC를 간략화하라.

풀이

f = AC + A'BC'

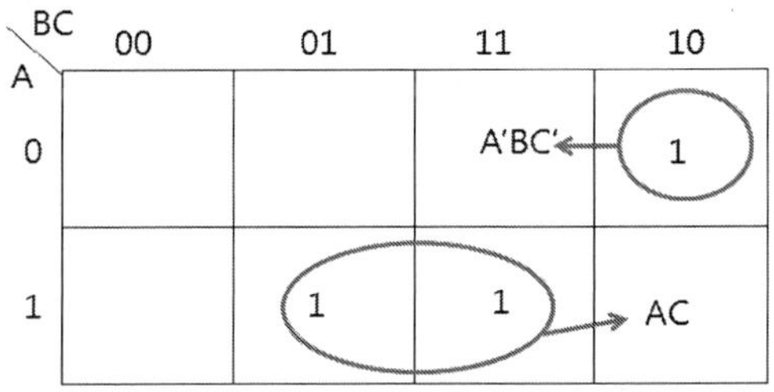

10.3.3 네 개의 입력 변수에 대한 카르노맵

마지막으로 네 개의 입력 변수로 된 부울 함수 f = A'B'C'D' + A'B'CD + A'B'CD' + A'BCD + AB'C'D' + AB'C'D + AB'CD'를 간략화해 보자. 입력 변수가 네 개이므로 가능한 입력의 수는 2^4 = 16가지이다. 따라서 열여섯 개의 칸으로 구성된 정사각형을 만든 후 입력 변수 AB와 CD가 가질 수 있는 있는 값을 모두 그레이 코드순으로 표시한다.

이제 부울 함수의 항에 해당되는 칸에 1을 표시하고 인접한 1의 값들을 묶어준다. 이때 그림 10.15의 묶음 ③과 같이 한 번 사용된 1은 간략화를 위해 재사용 될 수 있으므로 정사각형의 모서리 부분에 모두 1이 있다면 이것도 함께 묶어준다. 묶음 ①의 경우 변수 A는 모두 0이고 CD가 모두 1이므로 A'CD, 묶음 ②는 입력 변수 AB는 모두 10이고, C는 0이므로 AB'C'가 된다. 끝으로 묶음 ③에 해당하는 1들은 B의 값이 모두 0이고 D의 값이 모두 0이므로 B'D'

가 된다. 따라서 주어진 부울 함수를 간략화하면 f = A'CD + AB'C' + B'D'이다.

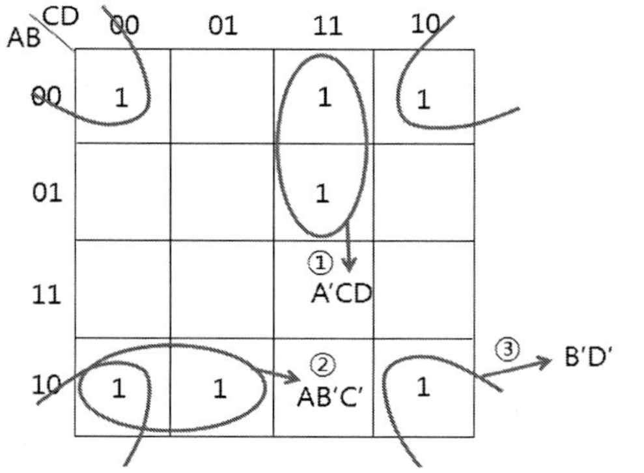

▌그림 10.15 네 개의 입력 변수에 대한 카르노맵

예제 10.8

카르노맵을 이용하여 f = A'B'C'D +A'B'CD+ A'B'CD' + A'BCD + AB'C'D + AB'CD + AB'CD'를 간략화하라.

풀 이

f = A'CD + B'C + B'D = A'CD + B'(C + D)

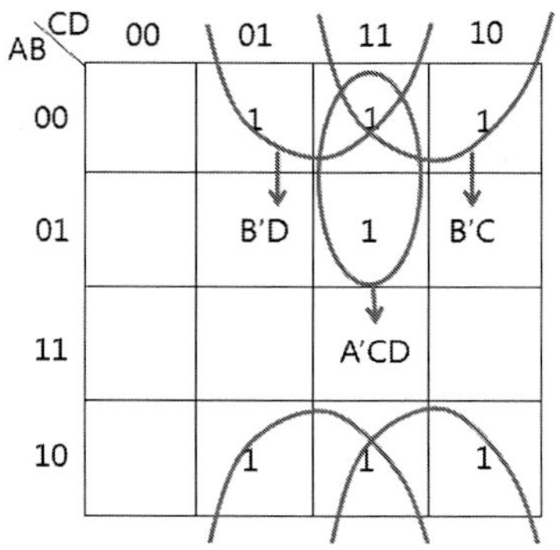

10.4 조합 회로

조합 회로는 현재의 출력이 오직 현재의 입력에 의해서만 결정되는 논리 회로로서 게이트(gate)라 불리는 전자 회로들로 구현된다. 그림 10.16은 조합 회로의 블럭도를 보인 것이다.

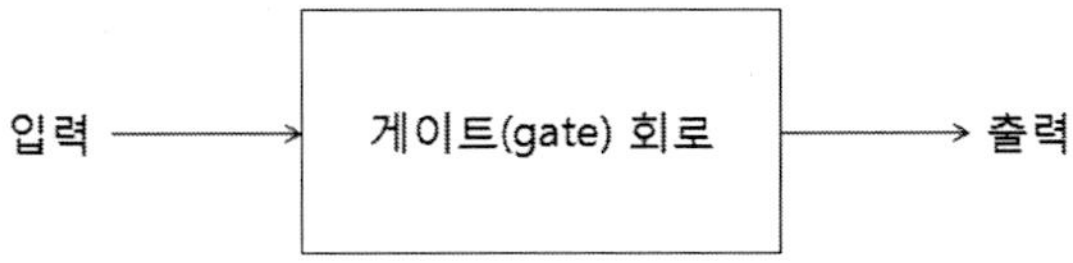

▌그림 10.16 조합 회로의 블럭도

그림 10.17은 조합 회로를 구성하는 기본 게이트들의 기호를 나타낸 것이며, NAND와 NOR 게이트의 원 표시는 NOT 게이트를 의미한다.

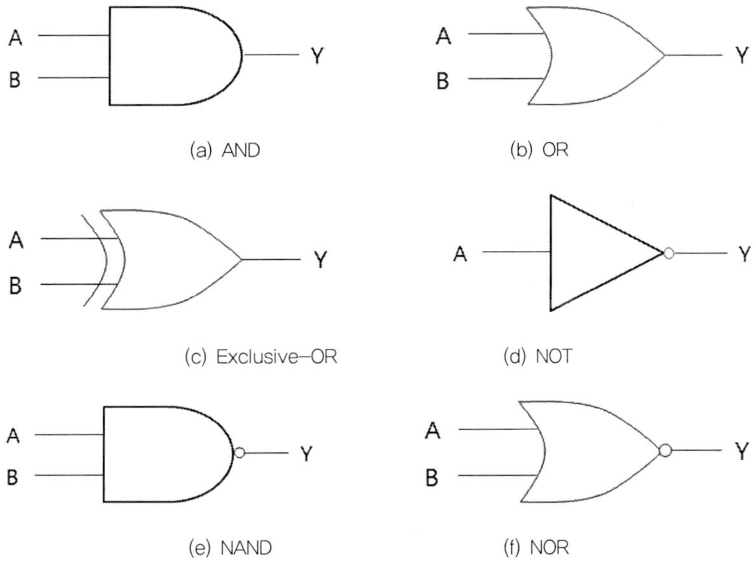

▌그림 10.17 게이트

이제 게이트를 사용하여 한 비트의 값을 가지는 2진 변수 A와 B를 더하는 반가산기 조합 회로를 설계해 보자. 이때 연산 결과는 합(S) 뿐만 아니라 윗단으로 전달되는 캐리(C)가 발생할 수 있다. 이를 진리표로 나타내면 표 10.2와 같다.

▌표 10.2 반가산기의 진리표

A	B	S	C
0	0	0	0
0	1	1	0
1	0	1	0
1	1	0	1

위의 진리표로부터 출력 S = A ⊕ B, C = A · B임을 쉽게 알 수 있다. 따라서 게이트를 사용하여 회로도를 그리면 그림 10.18과 같다.

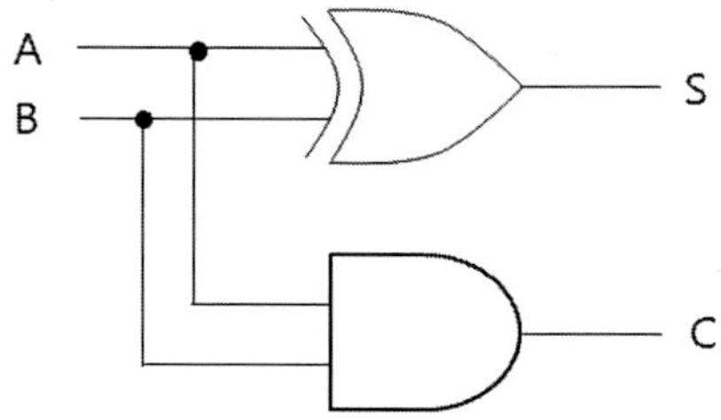

▎그림 10.18 반가산기 회로

전가산기는 이전 비트들의 연산으로 생성된 캐리를 가산할 수 있는 가산기이다. 따라서 전가산기의 입력은 2진 변수 A, B와 이전 단에서 올라온 캐리(C_in)이며, 출력은 이 세 수의 합(S)와 새로 발생된 캐리(C_out)이다. 표 10.3은 전가산기의 진리표를 보인 것이다.

▎표 10.3 전가산기의 진리표

A	B	C_in	S	C_out
0	0	0	0	0
0	0	1	1	0
0	1	0	1	0
0	1	1	0	1
1	0	0	1	0
1	0	1	0	1
1	1	0	0	1
1	1	1	1	1

진리표로부터 출력 S와 C_out을 부울 함수로 표현하고 정리하면 다음과 같다.

S = A'B'C_in + A'BC_in' + AB'C_in' + ABC_in
= C_in(A'B' + AB) + C_in'(A'B + AB') – 식 (10.5)의 분배법칙 이용
= C_in(A ⊙ B) + C_in'(A ⊕ B) – 식 (10.1), 식 (10.2) 이용
= C_in(A ⊕ B)' + C_in'(A ⊕ B) – 식 (10.2) 이용
= (A ⊕ B) ⊕ C_in – 식 (10.1) 이용

$$C\_out = A'BC\_in + AB'C\_in + ABC\_in' + ABC\_in$$

$$= (A'B + AB')C\_in + AB(C\_in' + C\_in)$$ – 식 (10.5) 이용

$$= (A \oplus B)C\_in + AB$$ – 식 (10.1) 이용

따라서 전가산기의 회로도는 그림 10.19와 같다.

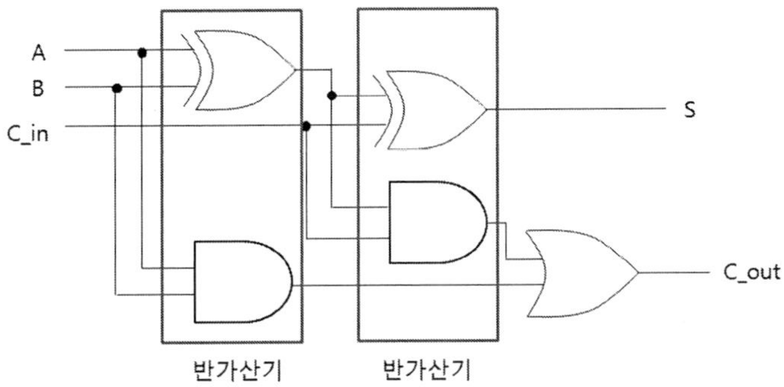

▌그림 10.19 전가산기

위의 그림으로부터 전가산기는 반가산기 두 개와 OR 게이트로 구성되어 있음을 알 수 있다. 이 외에도 자주 사용되는 조합 회로에는 전감산기, 멀티플렉서, 인코더, 디코더, 각종 코드 변환기 등이 있다.

예제 10.9

4×1 멀티플렉서를 설계하라.

풀이

4×1 멀티플렉서는 아래의 그림과 같이 두 개의 선택 단자를 사용하여 4개의 입력 가운 데 하나만을 출력으로 내보내는 조합 회로이다. 진리표를 이용하여 출력 O를 부울 함수로 나타내면 다음과 같다.

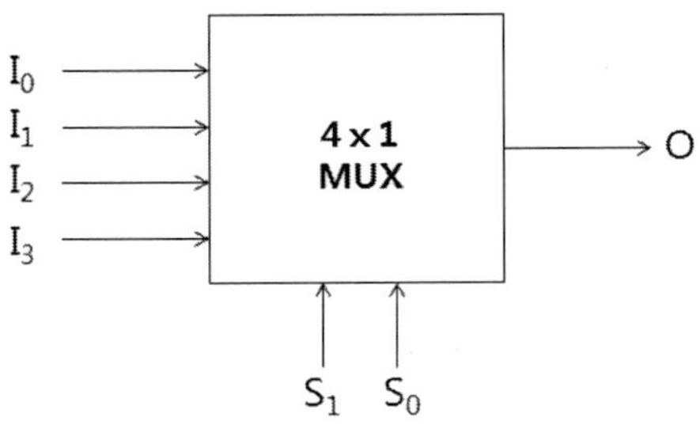

S_1	S_0	O
0	0	I_0
0	1	I_1
1	0	I_2
1	1	I_3

O = S1´ S0´ I0 + S1´ S0 I1 + S1 S0´ I2 + S1 S0 I3

따라서 4×1 멀티플렉서의 조합 회로는 다음과 같다.

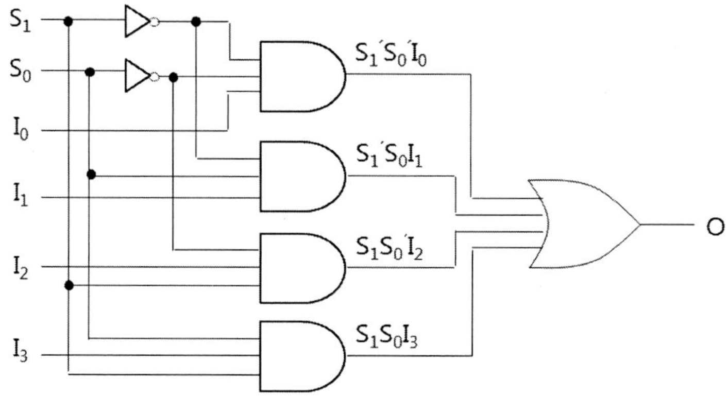

조합 회로 : 조합 회로는 현재의 입력에 의해서만 출력이 결정되는 회로이다. 따라서 조합 회로는 게이트들로만 구성되어 있으며, 가/감산기, 멀티/디멀티플렉서, 인코더/디코더, 코드 변환기 등 다양한 회로가 이에 해당한다.

10.5 순차 회로

순차 회로는 현재의 출력이 현재의 입력 뿐만 아니라 이전의 출력에 의해 결정되는 회로이다. 따라서 순차 회로는 게이트들로 구성된 조합 회로와 이전 출력을 저장하기 위한 플립플롭(flip-flop)으로 구성된다. 그림 10.20은 순차 회로의 블록도를 나타낸 것이다.

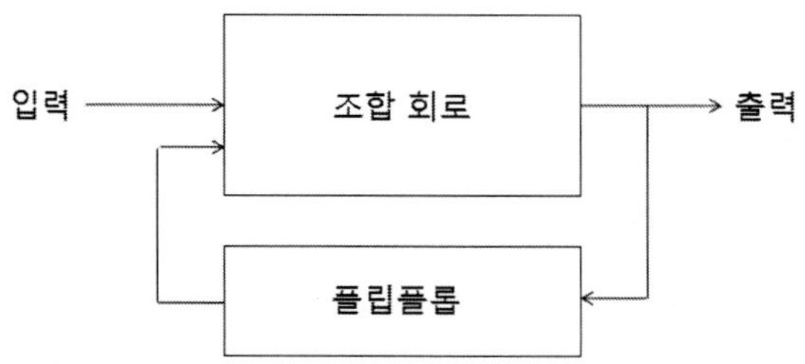

▍그림 10.20 순차 회로의 블럭도

플립플롭은 1비트를 저장할 수 있는 기억 소자로서 NAND 또는 NOR 게이트를 연결해서 만들 수 있다. 그림 10.21은 NAND 게이트를 사용한 SR 플립플롭의 구조 및 진리표를 나타낸 것이다.

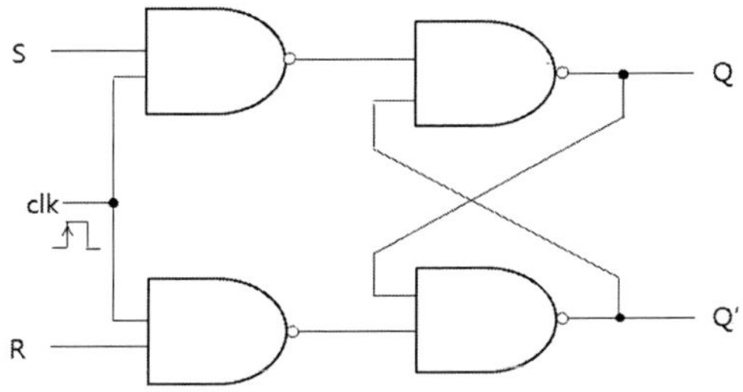

(a) 구조

입력			출력
clk	S	R	Q(t+1)
0	X	X	Q(t)
1	0	0	Q(t)
1	0	1	0
1	1	0	1
1	1	1	X

(b) 진리표

그림 10.21 SR 플립플롭의 구조 및 진리표

우선 플립플롭의 출력은 Q와 Q'이며 서로 보수 관계에 있다. 또한 클럭 신호(clk)가 0일 때는 상태가 변하지 않고, 오직 클럭 신호가 1일 때만 현재의 입력에 따라 출력이 동작한다.

그림 10.21을 통해 SR 플립플롭의 동작 원리에 대해 살펴보자. 그림에서 클럭 신호의 값이 0이면 어떠한 입력값이 들어오더라도 출력 Q는 변화가 없다. 따라서 클럭 신호는 항상 1이 되어야 함을 알 수 있다.

이제 입력 R(set)와 R(reset)이 모두 0으로 초기화 되었다고 가정하자. 이때 플립플롭의 출력은 Q(t+1)=Q(t)가 되어 현재 상태를 계속해서 유지하게 된다. 만일 S가 0, R이 1이라면 Q(t+1)=0으로 리셋된다. 이제 R이 1을 그대로 유지하고, S가 1로 바뀌게 되면 플립플롭의 출력 Q와 Q'는 모두 1이 되어 보수 관계가 성립되지 않는다. 그러나 S가 1, R이 0이면 출력 Q(t+1)=1로 세트된다.

이 밖에도 플립플롭의 종류로는 D 플립플롭, JK 플립플롭 그리고 T 플립플롭이 있다. 그림 10.22는 이들의 구조와 진리표를 보인 것이다.

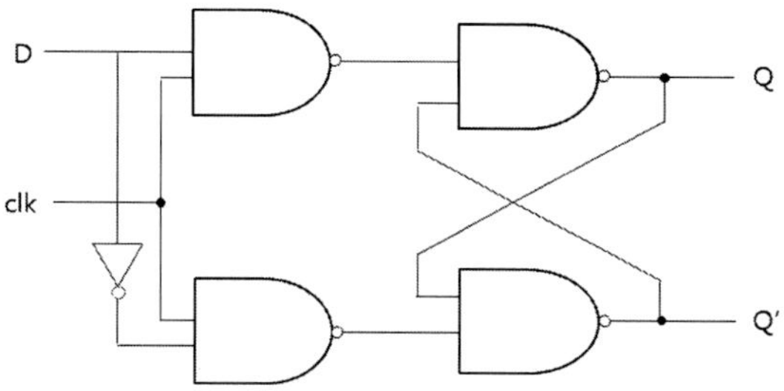

입력		출력
clk	D	Q(t+1)
0	X	Q(t)
1	0	0
1	1	1

(a) D 플립플롭의 구조 및 진리표

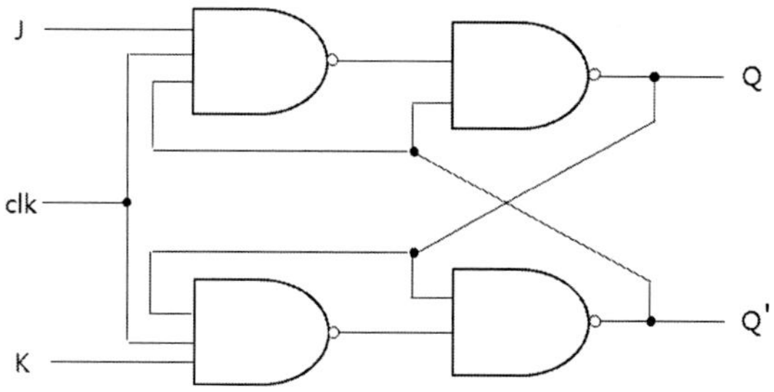

입력			출력
clk	J	K	Q(t+1)
0	X	X	Q(t)
1	0	0	Q(t)
1	0	1	0
1	1	0	1
1	1	1	Q'(t)

(b) JK 플립플롭의 구조 및 진리표

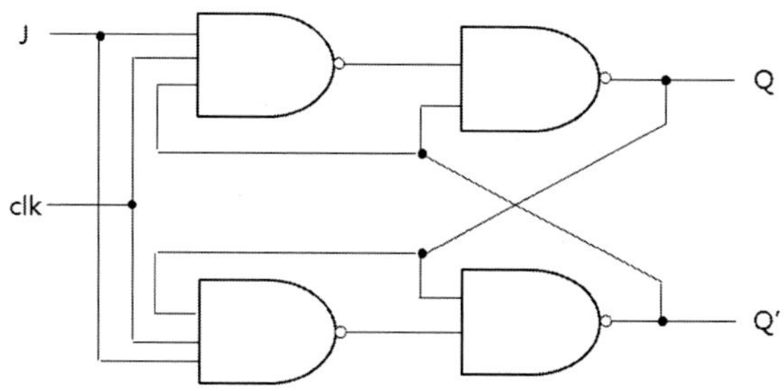

입력		출력
clk	T	Q(t+1)
0	X	Q(t)
1	0	Q(t)
1	1	Q'(t)

(c) T 플립플롭의 구조 및 진리표

그림 10.22 D, JK, T 플립플롭의 구조 및 진리표

D 플립플롭은 한 개의 입력을 가지며, 현재의 입력을 그대로 출력한다. 반면 JK 플립플롭은 SR 플립플롭과는 달리 입력 J와 K가 모두 1일 때 현재의 상태를 바꾸어 주는 보수 기능을 가진다. 또한 T 플립플롭은 현재의 입력이 0이면 현재 상태를 그대로 유지하고, 1이면 현재 상태의 보수값을 출력한다. 플립플롭들을 사용함으로써 컴퓨터 내부의 레지스터나 카운터 등 많은 회로들을 설계할 수 있다. 특히 4비트 레지스터는 네 개의 플립플롭으로 구성되어 있으며, 입력 값을 그대로 저장하기 위해 주로 D 플립플롭을 사용한다. 또한

보수 기능을 갖는 T 플립플롭과 K 플립플롭은 카운터를 설계하는데 많이 이용된다. 다음의 예제를 통해 순차 회로 중의 하나인 3진 카운터를 설계해 보자.

> 순차 회로 : 순차 회로는 현재의 입력 뿐만 아니라 현재 상태에 따라 출력이 결정되는 회로를 말하며, 현재 상태를 기억하기 위해 순차 회로는 플립플롭이라는 기억소자를 포함한다. 레지스터, 쉬프트 레지스터, 각종 카운터 등은 순차 회로의 대표적인 예이다.

예제 10.10

T 플립플롭을 사용하여 3진 카운터를 설계하라. 3진 카운터란 0, 1, 2, 0, 1,...를 반복해서 카운트 하는 순차 회로이다.

풀이

먼저 3진 카운터의 상태도를 그려보면 다음과 같다. 원 안의 숫자는 현재의 상태값을 의미하며, 화살표는 다음 상태로 변함을 의미한다. 각 상태값(0~2)은 최소 2비트를 요구하므로 두 개의 T 플립플롭이 필요하다. 따라서 상태도를 참고하여 상태표를 작성하고, 진리표로부터 상태표를 만족하는 플립플롭의 입력을 결정한다. 상태표는 현재 상태와 다음 상태의 관계를 표로 나타낸 것이다.

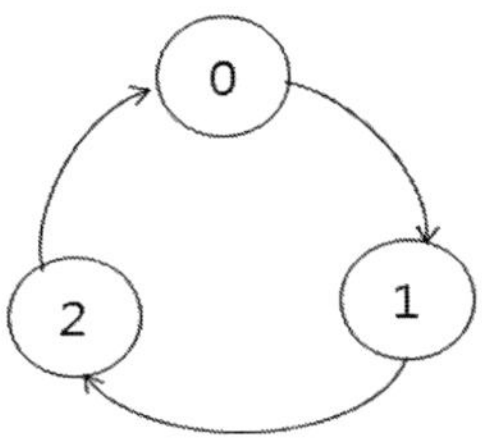

현재 상태 A(t) B(t)	다음 상태 A(t+1)B(t+1)	플립플롭의 입력	
		TA	TB
0 0	0 1	0	1
0 1	1 0	1	1
1 0	0 0	1	0

이제 두 개의 T 플립플롭의 입력인 TA와 TB를 결정하기 위해 카르노맵을 이용하면 다음과 같다. 여기서 상태표에 없는 상태의 변화는 리던던시(reducdancy)의 의미로 X로 표기하고, 회로의 간략화를 위해 필요하다면 1로 간주하여 인접한 다른 1과 묶는데 사용할 수 있다.

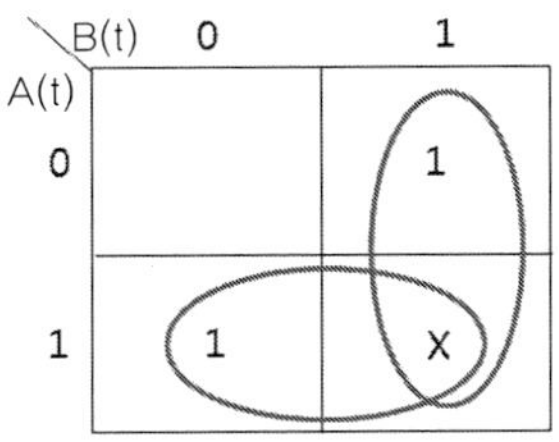

TA=A+B

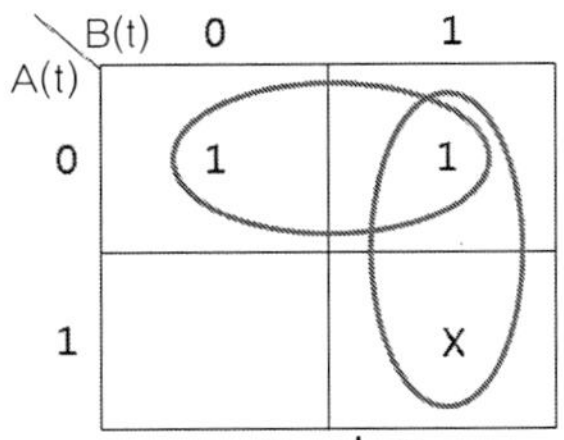

TA=A'+B

이제 T 플립플롭을 이용하여 3진 카운터를 설계하면 다음과 같다. T 플립플롭은 블럭도를 사용하여 나타내었으며, 사각형 안의 작은 삼각형은 클럭 신호를 의미한다.

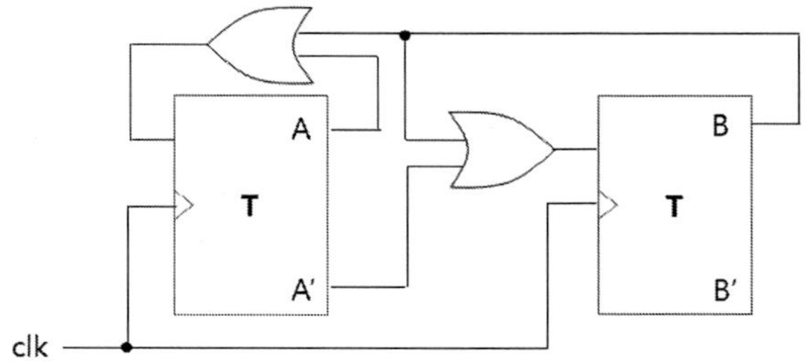

여기서 클럭 신호는 두 개의 플립플롭에 동시에 입력되므로 각 플립플롭의 출력은 입력에 동시에 반응한다. 따라서 이러한 회로를 동기식 순차 회로라 한다.

연 습 문 제

1. 다음에 주어진 진수를 10진수로 변환하라.

(a) 11101_2 (b) 10100.101_2 (c) 12042_8

(d) $401.F2_8$ (e) $3F21_{16}$ (f) $F2.1D_{16}$

2. 다음에 주어진 수를 진법 변환하라.

(a) 764.3_8 을 16진수로 (b) $F4E2D.C_{16}$ 을 8진수로

(c) 10110.1001_2 을 8진수로 (d) 11101101.01101_2 을 16진수로

(e) 482.32_8 을 2진수로 (f) $D2A9.023_{16}$ 을 2진수로

3. 다음의 항등식이 성립하는지를 진리표를 사용하여 증명하라.

(a) $A + BC = (A+B)(A+C)$

(b) $A'B + B'C + AC' = AB' + BC' + A'C$

(c) $(A + B)(A + CD) = A + BCD$

4. 주어진 부울 함수를 간략화하고(부울 대수 및 카르노맵 이용) 게이트로 구현하라.

(a) $ABC + ABC' + A'B$

(b) $(A+B)'(A'+B')$

(c) $A'C' + BC' + ABC$

(d) $A'B + B'C + A'B'C'$

5. 다음의 수를 표현하라.

(a) 123을 부호화된 절대값으로 표현하라.

(b) −17을 부호화된 절대값으로 표현하라.

(c) −31을 1의 보수 및 2의 보수로 표현하라.

6. 35 − 29를 1의 보수법으로 계산하라. 단 각 수는 7비트로 표현된다고 가정

한다.

7. 52 − 39를 2의 보수법으로 계산하라. 단 각 수는 7비트로 표현된다고 가정한다.

8. 10진수 −15.05를 IEEE 754 표준의 단정도 형식으로 표현하라.

9. 1×4 디코더를 설계하라. 1×4 디코더는 두 선택 단자의 값에 따라 한 개의 입력을 네 개의 출력 선 가운데 하나로 내보내는 조합 회로이다.

10. JK 플립플롭을 사용하여 0, 1, 2, 3, 4의 순서를 반복하는 동기식 카운터를 설계하라.

찾 아 보 기

| 저자 소개 |

박 태 희

- 부산대학교 전자공학과 공학박사
- 현) 동명대학교 메카트로닉스공학과 전임교수

| 공동작업 참여업체 |

한성웰텍(주) 대표 서정도

본 과제(결과물)는 교육과학기술부·지식경제부의 출연금으로 수행한 산학협력중심대학육성사업의 연구결과입니다.

This work is financially supported by the Ministry of Education, Science and Technology(MEST), the Ministry of Knowledge Economy(MKE) through the fostering project of HUNIC

정가 18,000원

전기전자기초

2012년 7월 13일 초판 인쇄
2012년 7월 20일 초판 발행
저 자 : 박태희 · 서정도
발행자 : 우명찬 · 송 준
발행처 : 홍릉과학출판사
주 소 : 서울시 강북구 인수동 455-60
142-885
등 록 : 1976년 10월 21일 제5-66호
전 화 : (02) 999-2274~5, 903-7037
팩 스 : (02) 905-6729
e-mail: hongpub@hongpub.co.kr
http://www.hongpub.co.kr
ISBN: 978-89-97570-26-3

저자와의 협의하에 인지생략

Related Title

전기· 전자공학개론

I S B N	9788972836933
저 자	권갑현, 권오신, 이순걸
정 가	25,000원
출간년도	2008-08

전자기술

I S B N	9788972838791
저 자	김진수
정 가	15,000원
출간년도	2010-07

Schaum's Outline of Basic Electricity, 2/E

I S B N	9780071474986
저 자	Gussow
정 가	20,000원
출간년도	2006-12

Grob's Basic Electronics, 11/Ed

I S B N	9780071314008
저 자	Mitchel Schultz
정 가	39,000원
출간년도	2010-4

전자공학의 구조와 흐름: 전파공학을 중심으로

I S B N	9788972836469
저 자	조영기
정 가	15,000원
출간년도	2007-10

전자공학개론

I S B N	8972834653
저 자	김연보 외
정 가	15,000원
출간년도	2005-03

전자시스템 설계 및 실습

I S B N	9788972838555
저 자	류정탁
정 가	10,000원
출간년도	2010-3

Electronics For Dummies

I S B N	9780470286975
저 자	McComb
정 가	25,000원
출간년도	2009-9